压缩感知信号采样方法

Signal Sampling Based on Compressed Sensing

陈　鹏　施岳军　王　成　郑　倩　著

国防工業出版社

·北京·

内 容 简 介

本书内容涉及框架理论、信号采集与重构、芯片设计等多个前沿交叉学科，重点介绍了压缩感知条件下信号欠 Nyquist 采集与重构前沿领域的探索性研究成果。本书围绕当前国际上基于 Gabor 框架的窄脉冲信号欠 Nyquist 采样的热点研究问题，基于压缩感知的思想，从基础理论、发展概况、研究方案等方面体系化地介绍了相关理论和方法。内容重点突出框架理论、Gabor 框架采样模型设计与系统实现、信号重构误差与噪声分析。书中提供了工程实践方案，为未来基于 Gabor 框架的欠 Nyquist 采样技术投入应用奠定了坚实的理论与工程基础。

本书旨在为信号采样领域从业者和学术研究单位提供参考。

图书在版编目（CIP）数据

压缩感知信号采样方法/陈鹏等著. — 北京：国防工业出版社，2022. 8

ISBN 978-7-118-12529-0

Ⅰ. ①压…　Ⅱ. ①陈…　Ⅲ. ①信号－采样　Ⅳ. ①TN911. 2

中国版本图书馆 CIP 数据核字（2022）第 119650 号

※

国防工业出版社 出版发行

（北京市海淀区紫竹院南路 23 号　邮政编码 100048）

北京龙世杰印刷有限公司印刷

新华书店经售

*

开本 710×1000　1/16　插页 2　印张 10½　字数 182 千字

2022 年 8 月第 1 版第 1 次印刷　印数 1—1500 册　定价 99. 00 元

国防书店：（010）88540777　　书店传真：（010）88540776

发行业务：（010）88540717　　发行传真：（010）88540762

现代高新装备电子部件的集成度和复杂度越来越高，高速数字电路在雷达、导弹、火控等系统中的组成占比越来越大，为了保证电子装备的可靠性，无论是外部测试还是机内测试，都要求实现对电路模块中各种故障信号的充分感知，以便于进行人工或智能的分析判断。在此条件下，大量波形未知又包含丰富故障特征的脉冲信号需要进行有效的采集和处理，这些信号通常由多个不定时间间隔的非重复高频脉冲组成，同时波形本身由于受到外部复杂电磁环境干扰而夹杂无法预知的谐波或噪声，采用传统的采样技术面临高速模/数转换器系统复杂度、可靠性和成本的多重限制。

然而，这些信号在一定的信号空间中都可视为稀疏信号。类似于雷达、声呐、核磁共振成像等诸多装备系统中需要采集的信号，其在特定的频域空间、时域空间或时频域空间，都仅包含有限的信息量。从信息论的角度出发，压缩感知（Compressed Sensing，CS）理论的应用，不仅能够大大简化信号采样与处理系统的复杂度和对采样数据量的需求，还能够避免传统的采样系统中海量数据的存储和传输所造成的巨大浪费。基于 CS 理论的欠 Nyquist 采样与处理模型的提出为相关研究提供了新的思路，简化了前端信号采集模块，将前端硬件实现的负担转化为后端计算机中数字量的信号重构与处理，为装备故障诊断实现全方位信息感知提供了途径。

目前，将能够用于解决脉冲波形未知的时域稀疏信号的基于 Gabor 框架的采样系统的研究落实到实际产品开发中还有很长的路要走。在实现过程中存在的主要的问题有以下几点。

（1）采样系统的设计工程性较差。在模拟域中对信号加窗调制的过程中使用的窗函数复杂，其实现成本高昂且对时钟要求高，无法通过类似调制宽带转换器（Modulated Wideband Converter，MWC）中简单的滤波器形式实现。非确定性的测量矩阵在实际应用中难以工程化，尤其是在多通道条件下实现更加困难。

（2）Gabor 框架信号重构困难。使用基于 Gabor 框架的采样系统，就注定了信号稀疏表示将不再使用传统的正交字典完成。Gabor 框架的冗余性越强，则构建的信号稀疏表示字典的正交性就越差，传统的 CS 重构方法就可能面临失效的危险。

（3）在探索了一种新的采样系统构建模型时，必定会面临一些传统采样模型中从未出现过的问题。例如，时域调制窗函数尺度变换对测量矩阵约束等距特性（Restricted Isometry Property，RIP）的影响、指数再生窗函数平滑阶数提升对 Gabor 稀疏矩阵稀疏度的影响、信号子空间探测支撑集压缩对重构效果的影响、Gabor 冗余度对系统稳健性的影响等。

针对目前利用基于 Gabor 框架的采样系统进行窄脉冲信号采样和重构研究中存在的问题，本书对几点关键技术进行了深入研究，确立了研究内容，明确了逻辑结构。本书共分为 7 章，各章主要内容简介如下：

第 1 章为基础理论。介绍了 Gabor 框架的基本理论，分析了 CS 理论和压缩采样技术的基本内容和国内外研究现状，讨论了需要解决问题和未来相关分支研究方向。

第 2 章对 Gabor 框架采样理论模型进行了分析。首先设定了需要采集的窄脉冲信号的信号模型；然后介绍了 Gabor 框架理论和利用截短的 Gabor 框架序列进行窄脉冲信号稀疏表示过程中决定信号逼近误差的影响因素，分析了 Gabor 框架采样系统的模型结构、信号重构基本思路，以及采样系统失配或噪声对信号重构效果的影响；最后针对目前的理论模型在实现过程中需要解决的具体问题，提出了本书需要重点研究的三个关键技术。

第 3 章对基于指数再生窗 Gabor 框架窄脉冲信号欠 Nyquist 采样系统的模型进行研究。首先介绍了指数再生窗的基本概念，并证明了使用指数再生窗构建 Gabor 框架的可行性。其次结合现有的 Gabor 框架采样系统模型设计了指数再生窗函数。再次在新的采样系统模型条件下推导了系数测量矩阵，并对此矩阵的 RIP 特性进行分析，指出了提升测量矩阵 RIP 特性的关键因素。在此基础上，提出了通过窗函数尺度变换提升系统信号重构性能的方法，研究了窗函数本质窗宽对 RIP 特性分析过程中的改善作用，探索了信号子空间探测过程中利用支撑集压缩改善测量矩阵 RIP 特性的策略，针对用于信号逼近的 Gabor 框架的高冗余特性研究了系统的稳健性。最后通过仿真实验，针对以上研究的几点内容进行了验证。

第 4 章对采样系统构建过程中基于指数再生窗的时域调制滤波器进行研究。首先将基于指数再生窗函数加权序列和系统中积分的过程简化为一阶指数滤波器，研究了改进型的滤波器模型的设计来减少测量通道数。其次针对一阶复数单极点指数滤波器现实中实现困难的问题，研究了使用二阶系统对滤波器进行实现的方法，并给出了当滤波器为二阶系统时获取的测量信息和一阶滤波器系统测量信息之间的映射关系。最后研究了利用低通的 Sallen - Key 滤波器对滤波器模型进行实现的方法。

第 5 章对基于信号空间的分块稀疏信号重构方法进行研究。首先将第 3 章中的连续时间模型转化为离散时间模型，构建了分块的离散 Gabor 字典并完成对信号的稀疏表示。其次研究了信号稀疏表示的分块对信号重构的改善作用，并利用分块理论对 SCoSaMP 算法的性能进行研究和分析。再次提出了分块的信号空间投影理论，并研究了基于分块信号空间投影的 SCoSaMP 算法，分析了算法的收敛性和信号稀疏表示分块对于系统测量通道数的影响。最后利用仿真对所研究的理论进行验证。

第 6 章对基于字典相干性的支撑集压缩方法进行研究。首先提出了基于 ε-闭包的分块相干性概念和基于 ε-闭包的支撑集压缩算法，研究了算法收敛的约束条件和对采样系统完成信号精确重构所需的通道数的影响。然后研究了完成支撑集压缩的重构算法在噪声条件下基于 Oracle 估计的噪声上下界，指出了降噪的思路。最后利用仿真对所研究的理论进行验证。

第 7 章对全书所研究的内容进行总结，并分析下一步要解决的问题，提出今后继续研究的方向。

对于基于压缩感知的信号采样的探索，由于作者水平有限，书中难免存在疏漏和不足之处，恳请广大读者批评指正。

作者

2021 年 10 月

目录

第1章 基础理论

1.1 Gabor 框架理论

1.1.1 Gabor 变换

Dennis Gabor 于 1946 年在他的名篇“*Theory of Communication*”中，为了克服单纯的 Fourier 变换只能从频域对信号分析周期信号的不足，提出了 Gabor 变换和 Gabor 展开，从时域和频域两个维度对非周期瞬态信号进行分析和描述。在 Gabor 最初的理论中使用了带有 Gauss 窗函数的短时 Fourier 变换（Short Time Fourier Transform，STFT）。1948 年，仅仅在 Gabor 的论文发表两年后，Shannon 就发表了“*A Mathematical Theory of Communication*”，提出了 Shannon 采样定理，他们都认为可以使用一组可以覆盖时频平面的函数来表示信号。Gabor 更强调使用 Gaussian 窗函数和 Weyl-Heisenberg 结构进行表示，而 Shannon 更强调使用一组正交基，但是并没有提出使用什么样的函数来表示信号。伴随着信号时频域表示的需求，信号本身的时频域分析的研究也在不断取得获得关注。1948 年，Ville 在寻找“瞬时频谱”时，由于受 Gabor 工作的影响在信号分析中引入了相同的变换。但是，Wigner 分布的非线性引起了许多干涉现象，这使得它在许多实际应用中效果并不理想。于是，很多科学家逐渐找到了另一种思路，就是对信号进行切片后再进行 Fourier 变换。但是，由于信号切片的边界就是一个阶跃函数，在进行 Fourier 变换时会引入大量的高频分量，于是大家开始设计各种窗函数，就这样平移加窗的 Fourier 变换——短时 Fourier 变换——诞生了。函数平移加窗的过程如图 1-1 所示。

将时频平面分成分辨率为 (a,b) 尺度的网格，此时加窗的 STFT 可以描述为

$$V_g x(\tau,f) := \int_{-\infty}^{\infty} x(t)g(t-ak)\mathrm{e}^{-2\pi i b l s}\mathrm{d}t\langle x, T_{ak}M_{bl}g\rangle \tag{1-1}$$

式中：$x(t)$ 表示信号；$g(t)$ 表示窗函数。这种变换称为基于采样的 STFT，也称为 Gabor 变换，$g(t)$ 不再拘泥于 Gaussian 窗函数。

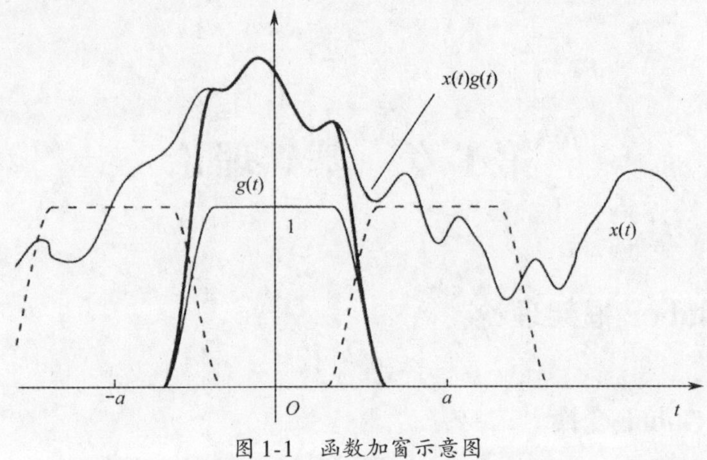

图 1-1　函数加窗示意图

在有了 Gabor 变换之后，就可以计算出对应于每个采样网格的窗函数的系数，使用一个 Gabor 展开式进行 Gabor 表示，即

$$x(t) = \sum c_{kl} g_{kl} \tag{1-2}$$

1.1.2　Gabor 框架

在 Hilbert 空间中，基的主要特征是信号空间中每一个元素均可由基中的元素通过线性组合表示，且其表示唯一。然而，基的限制条件比较严格，要求完备且每个基之间线性不相关。在实际的应用中，信号表示的唯一性不一定在任何时候都需要。有些情况下，如稀疏信号线性表示的场合，往往只要找到一些有用的线性表示系数就足够了，这时可以采用框架。

框架是类似基特征的序列，框架内元素可线性相关，且用于表示信号的线性组合不一定唯一。框架可以理解为一种广义的过完备的基，其构造比基要灵活和简便得多。框架理论于 1952 年由 Duffin 和 Schaeffer 提出，它提出的背景是非调和 Fourier 级数的理论，框架理论的进一步发展主要源于时频分析和小波理论。

框架和基一样，也定义在 Hilbert 空间中，典型的应用空间是 $L^2(\mathbb{R})$ 空间，也就是一个实数域的平方可积空间。令 H 表示内积为 $\langle f,g \rangle$，范数为 $\|f\| = \langle f,f \rangle^{1/2}$ 的任意 Hilbert 空间。如果存在常数 $A,B > 0$，令 H 中的序列 $\{f_k\}$ 满足

$$\forall f \in L^2(\mathbb{R}), \|f\|_2^2 = \sum_k |\langle f,f_k \rangle|^2 \tag{1-3}$$

此时，A，B 称为框架界。如果 $A = B$，称为 $\{f_k\}$ 紧框架，当从框架中去掉任何一个元素，则 $\{f_k\}$ 就不再是框架了。

类比 Fourier 级数的正交基，对应的 Gabor 级数的基函数由于具有冗余性，就构成了 Gabor 框架。当信号需要在时频域进行线性表示时，可以构造一个 Gabor 框架[1]。

在介绍 Gabor 框架之前，首先引入平移算子 T_τ 和调制算子 M_f。

$$\begin{cases} T_\tau x(t) = x(t-\tau) \\ M_f x(t) = \mathrm{e}^{-2\pi i f t} x(t) \end{cases} \tag{1-4}$$

式中：$\tau, f \in \mathbb{R}$，分别表示时间平移参数和频域平移参数。

对式（1-4）中两种算子进行合成可得到时频平移算子 $T_\tau M_f x(t) = \mathrm{e}^{-2\pi i f t} x(t-\tau)$。

如果存在一个确定的窗函数 $g(t) \in L_2(\mathbb{R})$，则信号 $x(t)$ 的短时 Fourier 变换可定义为

$$V_g x(\tau, f) := \langle x, T_\tau M_f g \rangle \tag{1-5}$$

下面给出 Gabor 框架的定义。

定义 1-1[1]　对于任意 $x(t), g(t) \in L_2(\mathbb{R})$，如果存在常数 $0 < A \leqslant B < \infty$，使得函数集合 $\mathcal{G}(g,a,b) = \{T_{ak} M_{bl} g(t); k,l \in \mathbb{Z}\}$ 满足

$$A \| x \|^2 \leqslant \sum_{k,l \in \mathbb{Z}} |\langle x, T_{ak} M_{bl} g \rangle|^2 \leqslant B \| x \|^2 \tag{1-6}$$

则 $\mathcal{G}(g,a,b)$ 为 Gabor 框架。其中，$a > 0$ 和 $b > 0$ 分别为时域和频域的平移间隔，常数 A 和 B 定义为框架界，若 $A = B$，$\mathcal{G}(g,a,b)$ 为紧框架。如果对紧框架中每一个元素进行归一化，就可以使框架界满足 $A = B = 1$，此类紧框架为单位范数紧框架。一个典型的 Gabor 初等函数 $g_{k,l} = T_{ak} M_{bl} g(t) = g(t-ak)\mathrm{e}^{-i\pi blt}$ 集示意图如图 1-2 所示。

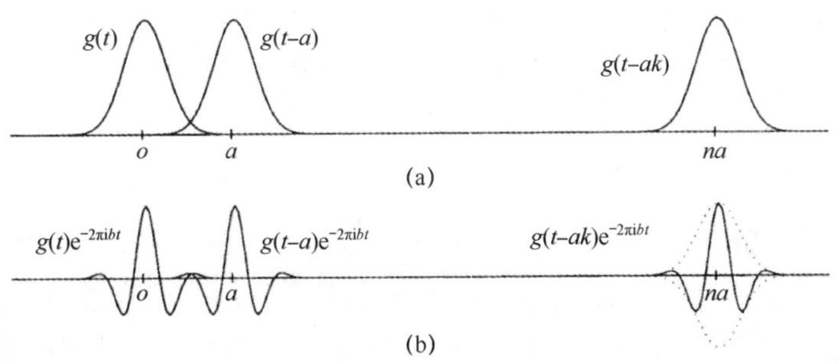

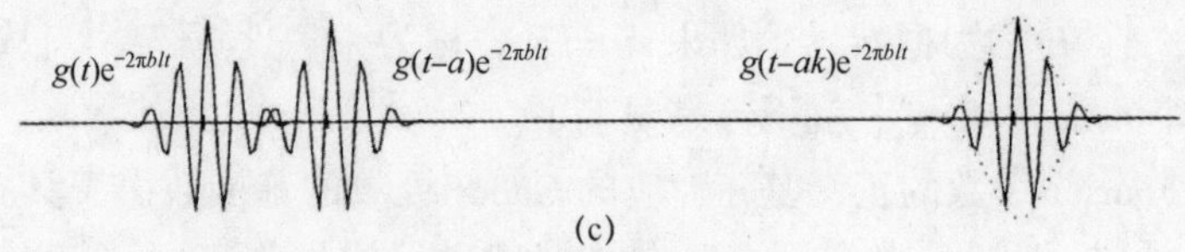

(c)

图 1-2　Gabor 初等函数

任何信号 $x(t)$ 都可以利用 Gabor 框架进行表示，其系数集为 $\{z_{k,l}\}_{k,l\in\mathbb{Z}}$ ，可由信号和 Gabor 系统 $\mathcal{G}(g,a,b)$ 中的元素求内积获得，即

$$z_{k,l} = \langle x, T_{ak}M_{bl}g\rangle = \mathrm{e}^{2\pi akbl}\langle \hat{x}, T_{-ak}M_{bl}\hat{g}\rangle \tag{1-7}$$

式中，系数 $z_{k,l}$ 是信号 $x(t)$ 在时频平面第 (ak,bl) 个网格利用 $g(t)$ 进行加窗的短时 Fourier 变换。此时，存在 $\gamma(t)\in L_2(\mathbb{R})$ ，利用框架系数 $z_{k,l}$ ，可以将 $x(t)$ 在 $\mathcal{G}(\gamma,a,b)$ 框架中进行展开完成逼近

$$x(t) = \sum_{k,l\in\mathbb{Z}} z_{k,l}T_{ak}M_{bl}\gamma(t) \tag{1-8}$$

利用 Gabor 框架对信号 $x(t)$ 的表示可以理解为基本的窗函数 $\gamma(t)$ 在时频平面平移的元素的表示。将时频平面切分为一系列的切片 $\mathrm{Lat} = a\mathbb{Z} \times a\mathbb{Z}$,$\gamma_{k,l}$ 就是在时频平面的 (ak,bl) 网格上的框架元素，每一个展开系数 $z_{k,l}$ 都对应于一个 $\gamma_{k,l}$ 元素。

1.1.3　对偶窗函数

在式（1-8）中，$\gamma(t)$ 和 $g(t)$ 互为对偶窗，$\mathcal{G}(\gamma,a,b) = \{T_{ak}M_{bl}\gamma(t);k,l\in\mathbb{R}\}$ 为 $\mathcal{G}(g,a,b)$ 的对偶框架。通常，$g(t)$ 存在不止一个对偶窗。定义 S 为框架算子，满足 $Sx = \sum_{k,l\in\mathbb{Z}}\langle x, T_{ak}M_{bl}g\rangle T_{ak}M_{bl}g$ ，则标准对偶窗 $\gamma = S^{-1}g$ 。求解 S^{-1} 的方法有很多种，如求解 S 的 Janssen 表达式、Zak 变换方法，以及其他迭代算法[1]。

本书中，所用窗函数 $g(t)$ 在 $[0,W_g]$ 上紧支撑。若存在 $\mu\in[0,1]$ ，使得时频平面网格时域平移间隔为 $a = \mu W_g$ ，频域平移间隔为 $b = 1/W_g$ ，则框架算子具有如下简单形式：

$$S(t) = \sum_{k\in\mathbb{Z}} |g(t-ak)|^2 \tag{1-9}$$

此时，框架的上下界分别为 $A = \mathrm{essinf}S(t)$, $B = \mathrm{esssup}S(t)$ 。标准对偶窗函数为 $\gamma(t) = bS^{-1}(t)g(t)$ 。当 Gabor 框架为紧，其对偶窗函数为 $\gamma(t) = bA^{-1}g(t)$ 。采样框架的冗余度 $\mu = ab$ ，当 $\mu > 1$ 时为欠抽样，会造成信息丢失，而根据 Balian-Law 定理，$\mu = 1$ 时为临界采样，不可能构成框架，所以要

求 $\mu \in (0,1)$ 。框架 $\mathcal{G}(\gamma,a,b)$ 中的对偶窗函数 $\gamma(t) \in S_0$ ，S_0 为 Segal 代数空间，定义为[1]

$$S_0 := \{x \in L_2(\mathbb{R}) \mid \|x\|_{S_0} = \|V_\varphi x\|_{L^1(\mathbb{R}\times\hat{\mathbb{R}})} < \infty\} \tag{1-10}$$

自然地，$x(t)$ 的 S_0 空间范数定义为 $\|x\|_{S_0} = \|V_\varphi x\|_{L^1(\mathbb{R}\times\hat{\mathbb{R}})}$ 。Gaussian 窗、正数阶 B-splines 曲线窗、余弦窗等 $L_2(\mathbb{R})$ 空间中的窗函数，在时域内紧支撑，且其 Fourier 变换属于 $L_2(\mathbb{R})$ 空间，所以都属于 S_0 空间。而矩形窗函数由于其 Fourier 变换不属于 $L_2(\mathbb{R})$ 空间，因此也不属于 S_0 空间。

1.2　CS 理论

Nyquist 理论要求采样率高于信号带宽的 2 倍，而随着人们对信息需求量的增加，模拟信号的带宽也在不断提高，因此对模数转换的采样率和后期数字信号处理的速率要求也越来越高，甚至导致采样系统无法物理实现。考虑到实际系统中的信号往往具有稀疏特性，采集到的数字信号在处理时往往可以进行压缩来舍弃大量冗余信息，因此对于稀疏信号进行 Nyquist 采样实际上是一种资源浪费，如果能够在采集之前进行信号压缩，则可以解决上述资源浪费的问题。

2006 年，美国加州理工大学的 Emmanuel J. Candès、Justin Romberg 和加州大学洛杉矶分校的 Terence Tao，在对核磁共振信号进行成像研究中，通过采集频域中的稀疏信号，大大降低了原始信号的采样点数，并通过重构算法对信号进行精确重构，验证了压缩采样思想的可行性[11]。同年，David L. Donoho 在文献［12］中提出了 CS 的概念，并指出具有稀疏特征的信号可以从低维的少量线性测量中精确重构出原始信号，奠定了 CS 理论的基础。

CS 理论是对传统 Nyquist 采样理论的延伸，但是又与传统 Nyquist 采样理论有重大区别，主要表现在以下三个方面：①传统采样理论的研究对象为连续时间信号，而 CS 理论则是针对 $\mathbb{R}^n$ 空间上的有限维信号，即有限长度数字信号；②传统采样系统直接采集时域上的具体离散点，CS 系统则致力于获取信号在一定变换域上的稀疏表示，即信号和某变换域函数的内积；③传统理论在信号重构时是利用 sinc 函数的线性组合计算原始信号，而 CS 理论则通过一系列非线性方法对原始信号进行重构。

CS 理论模型可以通过图 1-3 进行直观的说明。

在图 1-3 中，高维空间 $\mathbb{R}^n$ 中的一维信号 $\boldsymbol{x} \in \mathbb{R}^{n\times1}$ 在某个变换域中稀疏，可以通过投影矩阵 $\boldsymbol{\Phi} \in \mathbb{R}^{m\times n}$ 投影到一个低维空间 $\mathbb{R}^m$ 中，得到投影向量 $\boldsymbol{y} \in \mathbb{R}^{m\times1}$ ，其中 $n > m$ 。这里，投影矩阵 $\boldsymbol{\Phi}$ 还可称为测量矩阵。由于这个投影向

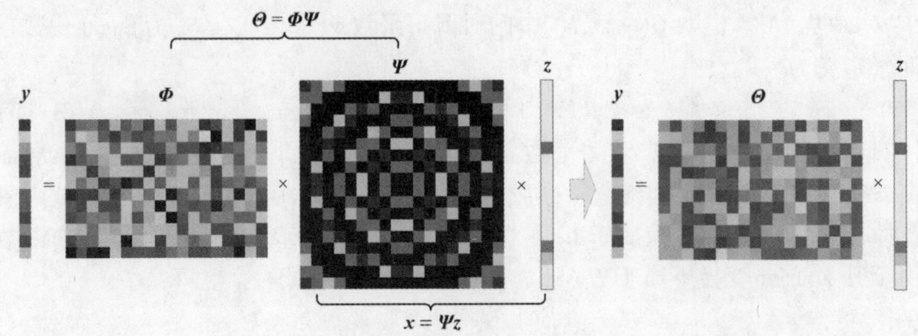

图 1-3　CS 理论模型（见彩图）

量 $\boldsymbol{y}$ 包含原始信号 $\boldsymbol{x}$ 的所有信息，所以可以通过一定的方法从 $\boldsymbol{y}$ 中精确重构出 $\boldsymbol{x}$。用于信号在变换域中稀疏表示的基所构成的矩阵为 $\boldsymbol{\Psi} \in \mathbb{R}^{n \times n}$，变换系数构成的向量为 $\boldsymbol{z} \in \mathbb{R}^{n \times 1}$。矩阵 $\boldsymbol{\Theta} \in \mathbb{R}^{m \times n}$ 为投影矩阵 $\boldsymbol{\Phi}$ 与稀疏表示矩阵 $\boldsymbol{\Psi}$ 的合成矩阵，称为感知矩阵。CS 信号测量模型可表示为

$$\begin{cases} \boldsymbol{y} = \boldsymbol{\Phi x} \\ \boldsymbol{x} = \boldsymbol{\Psi z} \end{cases} \tag{1-11}$$

在本书中，规定范数 $\|\boldsymbol{x}\|_p$ 为向量 $\boldsymbol{x}$ 的 l_p 范数。信号的重构问题即解决下式中所示的线性规划问题，即

$$\min_{z} \|\boldsymbol{z}\|_0 \text{s. t. } \boldsymbol{y} = \boldsymbol{\Theta z} \text{ 或 } \|\boldsymbol{y} - \boldsymbol{\Theta z}\|_2 \leqslant \epsilon \tag{1-12}$$

对于信号 $\boldsymbol{x} \in \boldsymbol{\Sigma}_S$，首先根据式（1-12）求解得到 $\boldsymbol{z}$；然后利用 $\boldsymbol{x} = \boldsymbol{\Psi z}$ 完成信号重构。但是式（1-2）中的目标函数 $\|\cdot\|_0$ 是一个非凸函数，在取任意测量矩阵 $\boldsymbol{\Phi}$ 的情况下，此问题是一个 NP（Nondeterministic Polynomially）完全问题[23]。

通常，在 $\boldsymbol{\Phi}$ 满足一定的条件下，可以适当地增加测量，将式（1-3）中的 $\|\cdot\|_0$ 换成凸函数 $\|\cdot\|_1$，再通过非线性的方法来解决此问题，即

$$\min_{z} \|\boldsymbol{z}\|_1 \text{ s. t. } \boldsymbol{y} = \boldsymbol{\Theta z} \text{ or } \|\boldsymbol{y} - \boldsymbol{\Theta z}\|_2 \leqslant \epsilon \tag{1-13}$$

上面的分析基本上概括了 CS 理论的基本模型和求解，下面将从信号稀疏表示、测量矩阵和信号重构算法三个方面对 CS 的发展现状进行详细的说明。

1.2.1　信号稀疏表示

CS 理论中，信号 $\boldsymbol{x}$ 对应模拟信号 $x(t)$ 的离散化表示，如果变换系数 $\boldsymbol{z}$ 的非零值远小于向量本身的维度，可以认为信号是稀疏的，用 $\boldsymbol{\Sigma}_S$ 表示变换域中 S-稀疏信号的集合，则

$$\boldsymbol{\Sigma}_S := \{\boldsymbol{x} = \boldsymbol{\Psi z}, \|\boldsymbol{z}\|_0 \leqslant S\} \tag{1-14}$$

对于一个 $\mathbb{R}^n$ 上的赋范线性空间 X，如果矩阵 $\boldsymbol{\Psi}$ 中的元素 $\psi_i \in X$ 线性相关，则 $\{\psi_i\}_{i=1}^{n}$ 构成完备空间 X 的一组基。如果信号本身为稀疏的，那么稀疏变换矩阵本身为单位矩阵，2010 年以前的大部分研究都是在这种假设条件下。但是实际信号往往本身并不稀疏，而在某个变换域中却是稀疏的，这种情况下，矩阵 $\boldsymbol{\Psi}$ 中的元素 ψ_i 往往难以满足线性相关的条件。假设 $X \in \mathbb{R}^d$，$n > d$，且 $\{\psi_i\}_{i=1}^{n}$ 是完备，如果满足下式，则 $\{\psi_i\}_{i=1}^{n}$ 构成空间 X 的一个框架[24]，即

$$A \| \boldsymbol{x} \|_2^2 \leqslant \| \boldsymbol{\Psi}^{\mathrm{T}} \boldsymbol{x} \|_2^2 \leqslant B \| \boldsymbol{x} \|_2^2 \tag{1-15}$$

式中，常数 $A > 0$ 和 $0 < B < \infty$ 为框架界。当 $A = B$ 时，$\{\psi_i\}_{i=1}^{n}$ 为紧框架。在信号逼近理论中，无论是基还是框架，都可以统称为“字典”[25]，框架就是一个冗余字典。目前关于稀疏字典的研究涉及过采样离散 Fourier 变换（Discrete Fourier Transform，DFT）域、Gabor 变换域[26]、曲波变换域[27]、小波变换域[28]，以及多种变换的混合域等场合，主要应用于多谐波信号、雷达回波、图像信号，以及各种混合信号的处理。

针对信号稀疏表示的研究主要集中在以下三个方面。

（1）信号稀疏表示字典相关理论研究。信号稀疏表示字典的应用最终目标是为了提高信号的重构精度和重构系统的稳健性，而字典本身的性能起决定性作用，因此通过字典的相干性[29]和约束等距特性（Restricted Isometry Property，RIP）[30]估算可以进行误差边界的分析，文献［31］分析了基于 Jackson and Bernstein 不等式的 RIP，给出了过完备字典信号精确逼近的条件，这是一种基于最坏情况分析的估算方法。除此之外，还发展出了基于平均情况的字典特性分析[32-33]。在对字典性质的分析基础上，利用 Near-Oracle 估计分析噪声边界来设计最优字典的研究热点。除了直接利用单位紧框架降低信号重构的均方误差（Mean Squared Error，MSE），文献［34－35］通过算法对紧框架字典进行优化，从而进一步提高了重构性能。当处理逆合成孔径雷达（ISAR）成像[36]、高光谱[37]等复杂应用背景下的重构问题时，通过奇异值分解、训练数据集等方式进行字典学习，可以构造更加精确的稀疏字典。基于 K-SVD 字典学习[37]、几何多分辨率分析（Geometric Multi-Resolution Analysis，GMRA）字典学习[38]、在线字典学习（Online Dictionary Learning，ODL）[39]等方法的提出，进一步拓展了字典学习的应用范围。

（2）稀疏模型优化。稀疏模型优化方面的研究主要是针对实际应用中遇到的问题，提出更符合实际的字典形式。一个研究方向是信号稀疏表示的结构化[40]。信号稀疏表示的目标是降低信号的维度，对于高维信号的稀疏表示，就要根据信号特征确定如何使用最简单的方式进行表示。除了前面提到选择不

同的种类的字典外，还要将信号归纳为不同的子空间联合（Union of Subspaces，UoS），以此弥补单子空间存在的不足[41-42]。利用 UoS 的好处是可以将高维信号投影到低维空间，从而大大降低运算量。还有一种结构化表示方法是将信号进行分块表示[43]，信号分块表示的前提是信号在变换域中表示时，使用的字典原子是成簇聚集的，一种典型的情况是 Gabor 框架字典下信号的分块表示[44]。另一个研究方向是稀疏补[45]，在信号稀疏表示的过程中，利用字典对信号进行合成的模型称为“合成模型”，利用字典的伴随矩阵构成的分析字典对信号分解的模型称为“分析模型”。当字典高度冗余时，由于不能保证原子间相互正交，导致感知矩阵 $\boldsymbol{\Theta}$ 的维度远小于原子个数，难以满足基本 RIP 条件，信号的重构就可能失败。然而，由于其分析字典却是正交的，就可以利用这种与合成模型对偶的模型进行信号的稀疏补表示，从而保证采集到的信号的精确重构。

（3）实际应用。信号的稀疏表示及其字典已经在通信、雷达、声呐信号处理、语音识别、医学成像、视觉成像、机器学习、数据库，以及阵列信号处理等诸多领域广泛应用，但是未来其应用范围将更加广泛。相比较传统的一维或二维信号的稀疏表示，三维信号的变换及表示仍面临诸多的困难与挑战。3D 打印机技术的发展也为其提供了无尽的想象空间[46]。另外，还存在一系列非传统信号，这些信号都是非平稳随机信号，如复杂的高维数据云等[47]。

1.2.2 测量矩阵

根据 CS 理论，测量矩阵可对高维的信号 $\boldsymbol{x}$ 进行变换，获得低维的测量向量 $\boldsymbol{y}$。评价测量矩阵 $\boldsymbol{\Phi}$ 优劣的标准为：是否可以利用 $\boldsymbol{\Phi}$ 通过一定的方法从向量 $\boldsymbol{y}$ 中重新恢复出原始信号 $\boldsymbol{x}$。文献［48］中利用 RIP 特性对测量矩阵的重构性能进行了评价，此后，RIP 得到了广泛研究，其定义如下。

定义 1-2 对于测量矩阵 $\boldsymbol{\Phi}$ 和稀疏度为 S 的稀疏向量 $\boldsymbol{x}$，如果存在 $0 < \delta_S < 1$，满足

$$(1-\delta_S)\|\boldsymbol{x}\|_2^2 \leqslant \|\boldsymbol{\Phi x}\|_2^2 \leqslant (1+\delta_S)\|\boldsymbol{x}\|_2^2 \tag{1-16}$$

则认为 $\boldsymbol{\Phi}$ 满足约束等距特性，即 RIP。其中，保证式（1-16）成立的最小值称为约束等距常数（Restricted Isometry Constants，RIC）。

矩阵 $\boldsymbol{\Phi}$ 的 RIP 特性体现了 $\boldsymbol{\Phi}$ 中列向量之间的正交特性，式（1-6）等价与 Gram 矩阵 $\boldsymbol{\Phi}^{\mathrm{T}}\boldsymbol{\Phi}$ 的特征值在 $[1-\delta_{2S}, 1+\delta_{2S}]$ 之间。当 δ_S 越接近于 0，说明 $\boldsymbol{\Phi}$ 越接近于正交矩阵。如果 $\boldsymbol{\Phi}$ 满足 $2S$ 性质，且 $\delta_{2S} \leqslant \sqrt{2}-1$，则对于任意稀疏度为 $2S$ 的向量 $\boldsymbol{x}$ 可以完成精确重构[49-50]。事实上，任意矩阵的 RIC 是难以估计的，在实际的理论研究中往往也是对具体的矩阵类型按需求进行针对性的

分析[51]。目前，理论分析和实际应用中的测量矩阵分为随机矩阵、确定性矩阵和结构性随机矩阵三种[52]。

随机矩阵中最常见的有 Gaussain 矩阵、Bernoulli 矩阵等，其元素都满足独立同分布，这些矩阵都能够以极高的概率满足 RIP 条件[53]。其表现形式是要求信号的稀疏度和字典的维度满足一定的约束关系，即当 $m \leqslant c_1 S\lg(n/S)$ 时，信号能够以 $1 - e^{-c_2 n}$ 的概率精确重构，其中常数 c_1 和 c_2 依赖于 δ_S，根据惯例用 lg 表示以 10 为底的对数。与确定性矩阵相比，随机矩阵的 RIP 条件是最宽松的，但是在实际物理实现中存在很大困难。但是，在随机解调器（Random Demodulator，RD）和 MWC 等采样系统的研究中，利用部分随机矩阵能够满足 RIP 条件[54-55]。另外，针对不同结构的随机矩阵也层出不穷。例如，Toeplitz 随机矩阵、分块随机矩阵、对角随机矩阵等。Toeplitz 随机矩阵本质上是一种列元素随机分布的循环矩阵，其最大的好处是可以等效成一个随机滤波器并完成卷积功能[56]。文献［57］对 Toeplitz 随机矩阵的 RIP 进行了分析，并将其应用于线性时不变系统中，这是将其引入采样系统应用过程的重大进步。对矩阵进行分块可以获得更好的分块相干特性与分块 RIP 特性[43]，分块的 Toeplitz 矩阵[58]和分块的对角矩阵[59]等各种矩阵也越来越多地被设计和应用到实际中。

确定性矩阵相比随机矩阵，其 RIP 特性并不占优势，但是在工程设计中却有利于降低内存使用，以构建更快的重构算法。同时，随机矩阵的精确重构只是一个概率事件，并不能保证每次重构都能获得好的结果。Fourier 矩阵是应用范围最广的一类确定性矩阵。2006 年，文献［60］最早提出了满足 CS 凸优化精确重构 Fourier 矩阵的 RIP 条件，但是这个条件仍然比较松弛。

为了将随机矩阵优越的 RIP 特性与确定性矩阵良好的工程可实现性结合起来，更多的研究则集中在结构随机矩阵上。结构随机矩阵是介于确定与随机矩阵之间的一种矩阵。与确定性矩阵相比，结构随机矩阵多了些随机性，因而可以证明其具有较好的 RIP 性质，同时，结构随机矩阵的随机性较弱，一般仅具有行随机。目前，关于结构性随机矩阵的研究主要集中在部分随机 Fourier 矩阵等方面。2008 年，文献［61］给出了利用 Fourier 矩阵的子矩阵构建测量矩阵时需要满足的更加精确的 RIP 条件，并进行了充分证明。2010 年，针对之前的测量矩阵的不确定性，文献［62］给出了一种确定性的构建方法，进一步提升了测量矩阵的压缩性能。之后基于概率统计约束等距特性（Statistical RIP，StRIP）估计[63]、基于 Katz 特征叠加估计[64]、随机线性编码[62]等方法不断被提出，使得矩阵具有更加优越的性能，为基于 Fourier 的确定性测量矩阵提供了更多方法。除了基于 Fourier 的确定性测量矩阵，其他类型的测量矩阵也得到广泛研究。文献［65］提出了一种基于光学正交编码（Orthogonal Optical Codes，OOC）的二进制测量矩阵，可以根据矩阵的循环特性，利用快速 Fourier 变换降低重构的复杂度。Chirp 感知矩阵[66]每一个元素类似于 Fourier 矩阵，但指数部分增加了二次项，可以将满足 RIP 的约束条件降低到 $m \leqslant (\sqrt{n}+1)/2$。二进制 BCH（Bose-Chaudhuri-Hocquenghem）矩阵[63]优点类似范德蒙矩阵，但其指数元素的底数为 BCH 序列。与传统二进制矩阵相比，二进制 BCH 矩阵可以大大简化采样系统的构成、降低运算复杂度。另外，编码矩阵还有二阶 Reed-Muller 感知矩阵[63]，基于有限域的平均曲线的感知矩阵[67]等，都具有很好的 RIP 特性。目前，比较新颖的还有基于框架的矩阵，如对角紧框架矩阵[68]，这类矩阵的具体形式研究比较少，还有很大的探索空间。

1.2.3　信号重构算法

CS 理论中的信号重构算法成立的前提是感知矩阵为非奇异矩阵、重构信号为稀疏信号，是一种非线性的重构算法，其中有不少甚至来源于 CS 理论未提出之前就已存在的稀疏信号逼近方法。因此，在过去的十几年间，各种算法层出不穷，在重构精度、噪声抑制及运算负荷等方面各有千秋。本节将首先介绍目前存在的经典算法类型，然后再着重对目前算法在处理分块稀疏问题、多向量问题和冗余字典问题等几个方向上的发展进行阐述。

1. 经典算法类型

图 1-4 所示为目前 CS 重构算法中主要的经典算法类型及分支。

凸优化算法通过线性规划的方式解决凸优化问题来对信号进行重构[69]，其特点是可以从极少的测量点中恢复出原始信号，但是计算复杂度高。典型的方法有基追踪（Basis Pursuit，BP）[70]、基追踪去噪（Basis Pursuit De-Noising，BPDN）[70]、改进型 BPDN[71]、最小绝对收缩选择算子（Least Absolute Shrinkage and Selection Operator，LASSO）[72]、Dantzig 分类器（Dantzig Selector，DS）[70]、核范数最小化[73]。然而，更多的研究则是针对具体的 CS 系统模型进行的算法改进，如基于凸几何的线性优化算法[74]是基于测量矩阵相干性的算法，引入原子范数对原有算法进行改进，更加适用于测量矩阵为随机 Fourier 和 Toeplitz 矩阵的情况。对于盲信号，文献［75］提出了多种改进型算法，对信号结构未知的稀疏信号具有很好的效果，更重要的是此论文画出了不同算法的相位过渡曲线，更加有利于实际应用。

贪婪迭代算法是 CS 信号重构中使用最普遍，发展最完备的一类算法。其利用“贪婪”的策略，在每一次迭代过程中实现局部最优化，最终选出最优支撑集对原始稀疏信号进行估计。与凸优化算法相比，其运算速度大大提高，

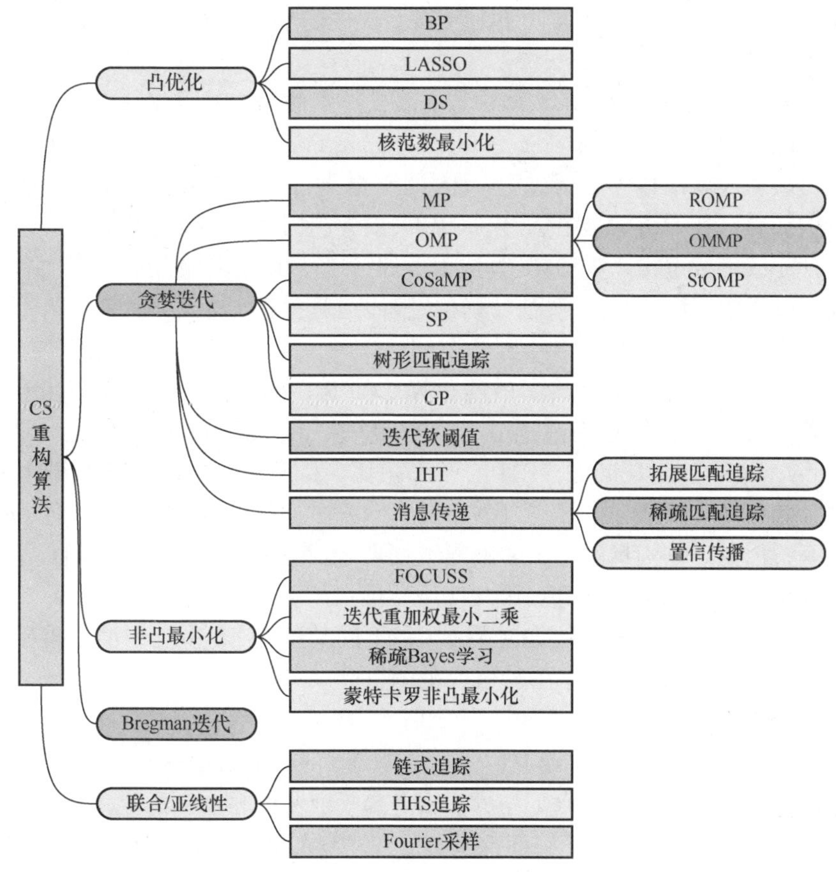

图 1-4　CS 重构算法及分类

非常适用于高维数据信号的重构，但是重构精度低于凸优化算法。任何一种贪婪算法都必备两个关键步骤：一是从残差中选取最优支撑集；二是利用更新支撑集对应的子测量矩阵或感知矩阵进行局部最优化，估计信号。

1974 年，投影“追踪”的概念被提出[76]，根据这个思想，在 1993 年 Mallat 提出了匹配追踪（Matching Pursuit，MP）[77]。2007 年，Tropp 在信号估计的步骤中对已选所有支撑进行正交化后再重构信号，提出了正交匹配追踪（Orthogonal Matching Pursuit，OMP）[78]。OMP 算法是最经典的 CS 重构算法，具有简洁的运算过程和真正满足需求的信号精度。鉴于 OMP 算法对信号的稀疏程度要求很高，在其上又衍生出了正则正交匹配追踪（Regularized OMP，ROMP）算法[79]、正交多重匹配追踪（Orthogonal Multiple Matching Pursuit，OMMP）算法[80]及分段正交匹配追踪（Stagewise OMP，StOMP）算法[81]，以及同样在信号估计部分从 MP 算法基础上改进的梯度追踪（Gradient Pursuits, GP）[82]算法等。

2008 年，Needell 对 OMP 算法从更新支撑集的角度进行改进，提出了压缩采样匹配追踪（Compressive Sampling Matching Pursuits，CoSaMP）[83]。CoSaMP 算法每次从残差中整体更新尺寸为 $2S$ 的支撑集，在完成第一次局部最优稀疏向量估计后，从稀疏向量中选出 S 个最大项，利用对应的支撑集重新对信号进行估计完成信号重构。CoSaMP 算法不但保持了 OMP 算法的精度，还大大提高了迭代过程中算法的收敛速度，减轻了整体运算负荷。令 CoSaMP 中第一次更新支撑集尺寸为 S，则可以得到子空间追踪（Subspace Pursuit，SP）[84]算法。2014 年，国内的宋超兵分析了这两种算法的 RIP 特性，证明了算法在不同测量矩阵条件下强大的适用范围[85]。与 2009 年 Blumensath 提出的迭代硬阈值（Iterative Hard Thresholding，IHT）算法相比，CoSaMP 是在 OMP 基础上对信号估计和更新支撑集方面都进行改进得到的方法，具有更好的 RIP 条件和重构成功率，但是在重构精度、运算量等方面明显存在差距[86]。正规 IHT 算法的提出改善了 IHT 的 RIP 特性，因此应用范围更广。

图 1-4 中列出的其他类型的算法，在不同类型的 CS 系统和信号重构中具有各自的优势，但不属于本书的研究范围，此处不再赘述。

2. 块稀疏算法

2008 年，Eldar 提出了分块信号稀疏条件下的凸优化算法，利用 l_2/l_1 混合规划的方式完成凸松弛优化，分析了算法的收敛特性和 RIP 条件，通过实验对比，证明了其比 BP 具有更好的重构成功率[87]。2010 年，文献［43］根据矩阵的分块相干性又给出了 l_2/l_1 凸松弛算法的重构必要条件。为了进一步提高重构性能，2012 年，文献［88］将 l_2/l_1 凸松弛拓展为 l_p/l_1 凸松弛，并通过子空间相干性分析了 p 的变化对算法性能的提升效果，利用实验证明了 $p=\infty$、$p=1$ 和 $p=2$ 时重构成功率的递进关系。2014 年，文献［89］提出了基于群 LASSO 处理光滑的块稀疏信号，解决了高维稀疏信号重构的问题。

2008 年，文献［90］提出了分块匹配追踪（Block MP，BMP）算法和分块正交匹配追踪（Block OMP，BOMP）算法，并分析了算法满足 RIP 的充分条件。2011 年，在引入 Block RIP 之后，可以证明 BOMP 算法可以在 $S+1$ 阶 Block-RIC 充分小的情况下，通过不超过 S 步对任意块稀疏信号进行精确重构[91]。2012 年，电子科技大学的方俊提出了噪声条件下 BOMP 重构的充要条件，指出相比 OMP，BOMP 算法完成精确重构时对信号稀疏度具有更加宽泛的条件。

2010 年，Baraniuk 提出了分块的 CoSaMP 算法[89]，并分析了测量矩阵的分块 RIC 满足 $\delta_{4S}<0.1$ 时算法的收敛性不等式，虽然证明了分块 CoSaMP 算

法的重构精度和 RIP 特性优于普通 CoSaMP 算法，但是并未对分块尺寸产生的影响进行详细分析。文献［92］在 OFDM 雷达目标检测中对分块 CoSaMP 进行了应用，但是也没有对算法的特性进行专门分析。文献［89］还分别给出了块稀疏 SP 和 IHT 在 $\delta_{4S} < 0.1$ 和 $\delta_{3S} < 0.1$ 时的算法收敛不等式。

3. 联合稀疏算法

联合稀疏算法用于解决多测量向量（Multiple Measurement Vector，MMV）问题，与其对应的是单测量向量（Single Measurement Vector，SMV）问题，式(1-11) 中的模型就是 SMV 问题。假设 $\boldsymbol{Y} = [\boldsymbol{y}_1, \boldsymbol{y}_2, \cdots, \boldsymbol{y}_L]$，$\boldsymbol{Z} = [\boldsymbol{z}_1, \boldsymbol{z}_2, \cdots, \boldsymbol{z}_L]$，则 MMV 问题的模型可以表示为

$$\boldsymbol{Y} = \boldsymbol{\Theta} \boldsymbol{Z} \tag{1-17}$$

式中，$\boldsymbol{z}_l$ 为稀疏向量。

此时问题式（1-12）转化为

$$\min_{z} \| \boldsymbol{Z} \|_{p,0} \ \text{s. t.} \ \boldsymbol{Y} = \boldsymbol{\Theta Z} \ 或 \ \| \boldsymbol{Y} - \boldsymbol{\Theta Z} \|_2 \leqslant \epsilon \tag{1-18}$$

这里，令 $p \geqslant 1$，拓展范数 $\| \boldsymbol{Z} \|_{p,q}$ 为

$$\| \boldsymbol{Z} \|_{p,q} = \left(\sum_{l=1}^{L} \| \boldsymbol{z} \|_p^q \right)^{\frac{1}{q}} \tag{1-19}$$

与前面的分析相，式（1-19）中的问题是一个 NP 难题，于是可以将式（1-18）中的 $\| \boldsymbol{Z} \|_{p,0}$ 转化成 $\| \boldsymbol{Z} \|_{p,1}$ 或者 $\| \boldsymbol{Z} \|_{p,2}$ 数值。$\boldsymbol{Z}$ 的稀疏度可以定义为

$$\text{supp}(\boldsymbol{Z}) = \bigcup_{l=1}^{L} \text{supp}(\boldsymbol{z}_l) \tag{1-20}$$

如果 $|\text{supp}(Z)| \leqslant S$，则称 $\boldsymbol{Z}$ 是 S 阶联合稀疏的。联合稀疏信号的重构可以采用针对 SMV 的方法对每个向量逐个进行重构，也可以转化成分块稀疏重构模型后使用块稀疏重构算法。但是，将所有向量进行同步重构，可以放宽对测量点数的约束，改善 RIP 特性。2006 年，Tropp 首先提出了同步凸优化方法，给出了组合优化、凸松弛和松弛同步稀疏逼近三种算法，并分析了成功重构的条件[93]；然后提出的各种凸优化方法属于关于不同 $l_{p,q}$ 拓展范数的大类[93]。p 和 q 通常会取 1、2 或 ∞ 等，这些算法统统可以归为混合范数方法。鉴于联合稀疏重构方法提出的目的是放宽对测量点的约束，使用贪婪算法相比较凸优化方法则是一种更好的选择。2006 年，Tropp 等还提出了同步正交匹配追踪（Simultaneous OMP，SOMP）算法[94]。通常，这些方法对于 $\boldsymbol{Z}$ 的秩是有一定要求的，决定于 $\boldsymbol{\Theta}$ 的相关性和 $\boldsymbol{Y}$ 的秩，而且越小越好[95]。为了拓展 $\boldsymbol{Z}$ 的秩的范围，甚至满足在满秩条件下信号的重构，可以使用用于处理阵列信号的阵

列信号分类（MUltiple SIgnal Classification，MUSIC）算法[96]，该算法应用于CS重构中取得了精确的重构效果。围绕 $\boldsymbol{Z}$ 的秩的研究提出的重构算法一度也成为热点。2012年，针对秩未知矩阵，文献［97］提出了子空间增广阵列信号分类（Subspace Augmented MUSIC，SAMUSIC）算法，证明只要部分支撑集已知，信号就能精确重构。2014年，Blanchard 系统的提出了同步压缩采样匹配追踪（Simultaneous CoSaMP，SCoSaMP）、同步迭代硬阈值（Simultaneous IHT，SIHT）和同步硬阈值追踪（Simultaneous Hard Thresholding Pursuit，SHTP）算法，并推导了基于非对称约束等距特性（Asymmetric RIP，ARIP）的收敛特性，画出了测量矩阵为 Gaussain 矩阵时相位转移特性曲线[98]。这几种算法不仅适应秩已知或未知的情况，而且在秩未知的情况下相比之前的各种算法需要的测量点更少，而在秩已知的情况下则具有更好的弱相位转移特征。

4. 基于冗余字典的算法

2008年，Rauhut 等开始系统的分析当字典为过完备或冗余时，两种典型凸优化和贪婪迭代算法重构所要满足的 RIP 条件[99]。文章探索了混合矩阵 $\boldsymbol{\Theta}=\boldsymbol{\Phi\Psi}$ 的 RIC 与测量矩阵 $\boldsymbol{\Phi}$ 和字典矩阵 $\boldsymbol{\Psi}$ 的 RIC 的关系，根据传统算法的分析方法，推导出冗余条件下算法对 $\boldsymbol{\Theta}$ 的约束条件。2011年，Candès 发表了一篇重要论文，再次讨论了当信号稀疏表示字典为冗余字典时的信号重构问题，指出冗余条件下，信号重构应从解决系数域的问题转变为解决信号域的问题，这是一个重大创新[100]。在这种思路下，不再专门分析 $\boldsymbol{\Theta}$ 的 RIC 与 $\boldsymbol{\Phi}$ 和 $\boldsymbol{\Psi}$ 的 RIC 的关系，而是采样一种全新的约束等距特性进行分析，即 D-RIP。这是一种基于字典特性的 RIP，定义如下。

定义 1-3 对于测量矩阵 $\boldsymbol{\Phi}$ 和稀疏向量 $\boldsymbol{x}\in\Sigma_S$，其中 Σ_S 为字典矩阵 $\boldsymbol{\Psi}$ 列张成的子空间的联合，由如果存在 $0<\delta_S<1$，满足

$$(1-\delta_S)\|\boldsymbol{x}\|_2^2\leqslant\|\boldsymbol{\Phi x}\|_2^2\leqslant(1+\delta_S)\|\boldsymbol{x}\|_2^2 \tag{1-21}$$

则认为 $\boldsymbol{\Phi}$ 满足 D-RIP 特性。传统的 RIP 要求信号 $\boldsymbol{x}$ 本身是 S 阶稀疏向量，而 D-RIP 只要求 $\boldsymbol{x}$ 在字典 $\boldsymbol{\Psi}$ 稀疏表示的系数向量 $\boldsymbol{z}$ 具有小于 S 个非零值。通常，相比较 $\boldsymbol{\Theta}$ 满足 RIP，$\boldsymbol{\Phi}$ 满足 D-RIP 相对来说要容易一些。

2013年，Davenport 提出了基于信号空间的压缩采样匹配追踪（Signal Space CoSaMP，SSCoSaMP）算法[101]，主要针对过完备字典或高度冗余字典的情况。其关键改进是在更新信号支撑集时，将 $\boldsymbol{x}$ 投影到字典上再选取 $\boldsymbol{\Phi}$ 中相关性最强的列构成最优支撑集。不同于利用 CoSaMP 直接更新 $\boldsymbol{\Theta}$ 的支撑集，SSCoSaMP 充分体现了字典在更新支撑集的作用，保证在 $\boldsymbol{x}$ 存在 $\boldsymbol{\Psi}$ 下多种稀疏表示情况下能够最终选取与信号本身最接近的 $\boldsymbol{\Phi}$ 支撑集。文献［101］还推导了基于 D-RIP 算法收敛性不等式，证明 SSCoSaMP 算法的收敛性高于 CoSaMP。

文献［102］在此基础上完成了冗余字典投影对于误差边界影响的理论推导，并给出了一些最优化投影的例子。文献［103］在传统 SSCoSaMP 方法上进行拓展，提出了分块的 SSCoSaMP 算法，并使用 Oracle 估计器估计了噪声条件下的重构误差。2015 年，文献［104］在此框架下利用加权稀疏度的方法进一步提高了测量矩阵 $\boldsymbol{\Phi}$ 的 D-RIP 估算精度，并给出了 $\boldsymbol{\Phi}$ 为结构性矩阵时的一些例子。

除了信号空间投影的方法，2013 年，Giryes 通过在更新支撑集时剔除相关度过高的字典支撑集，增强提取字典的正交性，提出了基于 ε-闭包的 OMP 重构算法[105]，放宽了 OMP 算法在字典高度冗余条件下的 RIP 条件。文献［102－103］在 SSCoSaMP 算法利用字典投影获取最优支撑集的步骤中也应用了此方法，从而进一步提高了 SSCoSaMP 算法的重构精度。冗余字典条件下的信号重构方法目前研究较少，仍具有较大的发展空间。

1.3　压缩采样技术

1949 年，Shannon 发表了论文“*Communication in the Presence of Noise*”，奠定了信息理论的基础，成为影响后世 60 多年的经典之作。当时 Shannon 为了构造出“速率/失真”理论，提出将模拟信号转化为数字序列[26]，打开了模拟世界通向数字世界的大门。Shannon 还在这篇论文中阐述了采样定理，即对于带限信号，在不发生混叠的情况下，带通信号的采样率只需高于 2 倍信号带宽，该数值与 Nyquist 的分析一致[2]。20 世纪 80 年代末到 90 年代初，基于 Shannon 定理的采样技术的研究已经达到了相当成熟的地步[3-4]。与此同时，模/数转换（Analog to Digital Conversion，ADC）芯片的技术也在飞速进步，其采样速率也越来越高，并且发展出闪式、折叠式、流水管线式、时间重叠式、并行采样等多种架构[5-8]。但是伴随着 ADC 采样速率的攀升，各种新的问题也随之产生。首先，印制电路板设计时，抑制射频干扰、保证电磁兼容及减少散热成为设计成本控制的主要方面；然后，高速的采样率产生巨额的数字信息，其存储和传输将消耗大量的资源，导致系统复杂度成指数速率提高；最后，ADC 的有效量化比特数和采样速率是不可调和的矛盾，根据 M. Mishali 和 Y. C. Eldar 等对过去 10 年间各个主流 ADC 生产厂家产品的分析[5]，随着 ADC 采样速率的提升，其效量化比特数逐渐陷入瓶颈。

2000 年以后，空间采样理论的研究得到广泛重视。根据空间采样理论的基本原理，可以针对不同类型的实际被测信号，采用具体的信号空间函数对其进行逼近[9-10]。在实际应用中，很多信号在一定的信号空间中都可视为稀疏的。如雷达、声呐、核磁共振成像等诸多装备系统中需要采集的信号，其在特定的频域空间、时域空间或时频域空间，都仅包含有限的信息量。显然，这种有限的信息量对于传统 Nyquist 采样的背景下复杂的采样系统、海量的存储和传输数据量都构成了一种巨大浪费。2006 年，CS 理论的提出，从理论上证明了利用信号的稀疏性可以大大简化信号采样的复杂度和对采样数据量的需求[11-12]。其基本思想是，对于本身维度较高的稀疏信号，可以从其较低维度的线性测量向量中对其进行精确恢复。在具备一定先验信息的条件下，CS 理论使得稀疏信号可以通过欠 Nyquist 采样完成精确重构。这种采样方法本质上是对 Nyquist 采样的一种拓展，考虑到此方法更多的是从信息的角度出发，并为了与传统的 ADC 进行区分，使用这种采样方法构建的采样系统称为模拟信息转换（Analog to Information Conversion，AIC）系统[13]。

AIC 系统的提出为欠 Nyquist 采样提供了新的思路，其应用与实现就成了亟待探索的问题。为此，在 Dennis Healy 提出了模拟-信息计划（Analog to Information Project，A2I）[14]之后，立即得到美国国家先进技术预先研究项目计划署（Defence Advanced Research Projects Agency，DARPA）的立项支持。美国莱斯大学、密歇根大学、加州理工大学等研究机构迅速联合包括美国国家仪器（National Instruments，NI）公司、美国得州仪器（Texas Instruments，TI）公司等多家机构展开研究，Joel A. Tropp 等提出了针对谐波信号的随机解调器（RD）[15]。以色列理工大学的 Yonina C. Eldar 的团队针对载频未知的多带信号提出了调制宽带转换器（Modulated Wideband Converter，MWC）[16]。在此基础上，哈尔滨工业大学的张京超提出了基于随机循环 MWC[17]。针对脉冲波形已知的时域稀疏信号，在 Vetterli[18-19]的基础上还提出了基于 CS 的有限新息率（Finite Rate of Innovation，FRI）采样方法[20]；电子科技大学的杨峰也提出了类似的超宽带脉冲采样系统[21]。另外，针对脉冲波形未知的时域稀疏信号，Ewa Matusiak 提出了基于 Gabor 框架的采样系统[22]。

在雷达、通信、认知无线电等应用领域，对于时域稀疏脉冲信号的采集方法有着巨大的需求。比较 FRI 采样和 MWC 采样系统，基于 Gabor 框架的采样系统，打破了单纯的基于时域空间或频域空间的采样模式，能够同时获取信号在时域和频域两种空间的信息；并在时域稀疏窄脉冲信号欠 Nyquist 采样的中，不再需要将脉冲波形作为信号重构的先验条件，放宽了对采样信号的限制，具有更广泛的适用空间。但是，目前这一理论方法相关研究尚未成熟，工程实现性较差。因此，建立更加合理、简单、具有较强工程实现意义的基于 Gabor 框架的欠 Nyquist 采样系统模型，并研究 Gabor 框架下更加具有针对性的 CS 信号重构方法，将具有重要的理论价值和工程实践意义。

根据 Nyquist 采样定理，决定采样率的关键因素是采集信号的带宽。基于 CS 的采样系统，数据的采样率决定于信号的信息量。2011 年，Eldar 等统一将基于 CS 的采样系统使用一个新的单词 Xampling 进行表述[106]。Xampling 来自 CS 与 Sampling 的组合，其发音与 CS-Sampling 相同，都为/k'sæmpliŋ/。

目前，Xampling 采样的基本思想是根据信号特征，利用采样设备将信号 $x(t)$ 投影到时域、频域或者时频域空间中，使用低速率的 ADC 测量信号 $y[n]$，再通过子空间探测和凸优化、匹配追踪、零化滤波、MUSIC 等估计算法对信号进行重构。信号的采样流程如图 1-5 所示，分为信号采样和信号重构两个部分。

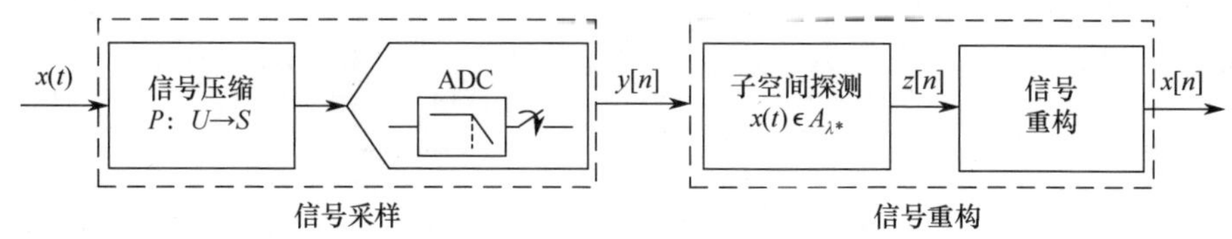

图 1-5　基于 Xampling 的采样流程

图 1-5 中采集的信号 $x(t)$ 位于平移不变（Shift-Invariant，SI）空间中。SI 空间是欠 Nyquist 采样中最通用的信号空间，由一系列平移不变的基函数 $\varphi_\xi(t)$ 张成，即 $S = \text{span}\{\varphi_\xi(t), 1 \leqslant \xi \leqslant m\}$，$m$ 可为有限或无限。SI 空间任何信号都可表示为

$$x(t) = \sum_{\xi=1}^{m} \sum_{n \in \mathbb{Z}} d_\xi[n] \varphi_\xi(t - nT) \tag{1-22}$$

采集的离散序列为 $\{d_\xi(n), 1 \leqslant \xi \leqslant m, n \in \mathbb{Z}\}$。在欠 Nyquist 采样中，时间点 nT 上的信号可由 SI 空间中 m 个基函数完整表达，采样过程可视为将信号通过一个 m 阶滤波器组后均匀采样，此时采样系统的整体采样率为 m/T[107]。如果信号可以用 $k \leqslant m$ 个函数进行表示，那么就认为信号是稀疏的，信号的整体采样率可以降到 k/T，这也是实现欠 Nyquist 采样的最基本条件。

目前，应用中的很多信号在 SI 空间采样中表达参数不确定且需要很高的自由度，使用传统的单子空间采样大大限制了采样率的进一步降低，而用 UoS 表示信号并在其上采样可以弥补单子空间的不足[41-42,108]。若 Hilbert 空间 $\mathcal{H} = L_2(\mathbb{R})$ 上的模拟信号 $x(t)$ 属于 UoS，则

$$x(t) \in \mathcal{U} \triangleq \bigcup_{\lambda \in \Lambda} \mathcal{A}_\lambda \tag{1-23}$$

式中：Λ 为 $\mathcal{H}$ 中子空间 $\mathcal{A}_\lambda$ 的指标集。由于在实际采样的过程中 λ 未知，所以要求采样使用的基函数在 $\mathcal{H}$ 空间完备，对于稀疏信号欠 Nyquist 采样，这组基

是冗余的。完成采样后，首先要探测出 λ ，然后再根据采集的离散序列和基函数对信号进行表达，从而完成信号 $x(t)$ 的重构。

1.3.1 基本采样模型

目前的采样方法包括：针对载频未知的多带信号的调制宽带转换器(MWC) 采样[5,16]，针对时域稀疏信号的有限新息率（FRI）采样和 Gabor 框架采样[20]，针对谐波信号的随机解调器（RD）[15] 和 Gabor 框架采样结构[22] 等。归结起来都可用如图 1-6 所示的模型进行描述。

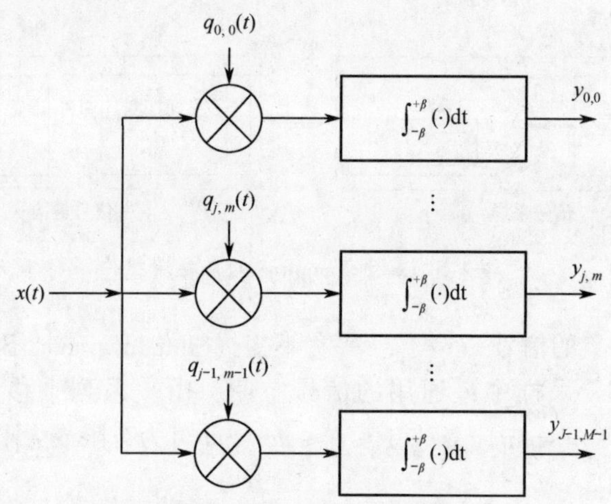

图 1-6　欠 Nyquist 信号采样模型

图 1-6 中，$x(t)$ 分多个通道进行采样，采样时间长度为 $t \in [-\beta,\beta]$ ，每一个通道上采集的信号可以表示为

$$y_{j,m} = \int_{-\beta}^{+\beta} x(t) q_{j,m}(t) \mathrm{d}t \tag{1-24}$$

式中，$q_{j,m}(t) = w_j(t) s_m(t)$ ，满足 $0 \leqslant j \leqslant J-1$ ，$0 \leqslant m \leqslant M-1$ 。$w_j(t)$ 为调制波形，$s_m(t)$ 为采样空间函数。$s_m(t) = \sum_{-N_0}^{N_0} c_{m,n} \overline{g(t-nT_s)}$ ，$\overline{g(t)}$ 表示 $g(t)$ 的共轭，采样点数为 $N = 2N_0 + 1$ 。采样的过程中，$x(t)$ 与 $w_j(t)$ 相乘可实现信号稀疏表示。

1.3.2 频域稀疏信号采样

频域稀疏信号模型主要为多带信号，其在 Fourier 空间中可由有限个窄带信号表示，广泛应用在通信、电子对抗等领域。每个载频对应的频带为一个子空间，多带信号组成一个联合子空间。信号模型如图 1-7 所示。

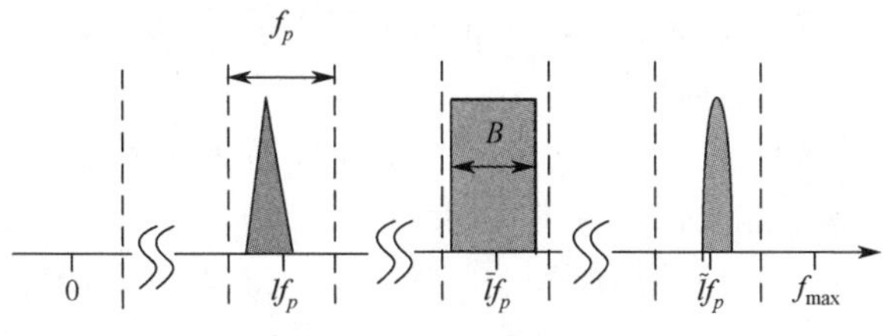

图 1-7　多带信号示例图

由于载频 f_i 在 $[0, f_{\max}]$ 上连续，信号在频域联合子空间有无穷多个。为了用有限个子空间表示信号，将整个频带均匀切分成有限个通带子空间 $\mathcal{V}_l$，信号模型可利用 $\mathcal{V}_l$ 构成的联合子空间进行表达[16]。若各个子带的最大带宽为 B，切分最小带宽要满足 $f_p \geqslant B$，全频带切分的个数 $L_0 = \lceil (f_{\max} + B)/f_p \rceil - 1$[109]，包含 k 个子带信号子空间 $\mathcal{A}_\lambda$。$\mathcal{A}_\lambda$ 可以用 $\mathcal{V}_l$ 的直和表示，即 $\mathcal{A}_\lambda = \oplus \mathcal{V}_l$，这里 UoS 的维度有限，而子空间 $\mathcal{A}_\lambda$ 由于信号波形未知，其维度无限。

频域稀疏信号的一个特例是 $B \to 0$ 时，$x(t)$ 为谐波信号，由有限个正弦波叠加而成[15]，信号模型可表示为 $x(t) = \sum_{f \in \Omega} a_\omega \mathrm{e}^{-2\pi i f t}$，其中 $\Omega \subset \{0, \pm 1, \pm 2, \cdots, \pm W/2\}$，为信号频率空间。由于每个子空间波形是确定的正弦信号，其子空间 $\mathcal{A}_\lambda$ 的维度有限。这类模型广泛应用在声信号、缓变 Chirp、平滑及分段平滑信号等的稀疏采样中[110-112]。

频域稀疏信号采样模型主要有 MWC 和 RD 两类，分别应用于多带信号和谐波信号的采集。

MWC 采样模型的主体思想是将图 1-7 中的频率切片合入基带，低通滤波后进行基带采样，采集到的序列为不同幅度调制的基带信号的叠加。由于不同通路幅度调制系数按频带排列成的向量具有很好的相干性，保证了信号 $x(t)$ 在载频未知的情况下可用远低于 Nyquist 采样率完成信号采样和重构。

采样时，MWC 将信号 $x(t)$ 分入多个通道，使用周期为 T_p 的波形 $w_j(t)$ 进行调制，完成信号频域稀疏表示，再使用低通滤波器 $s_m(t)$ 取出基带信号进行低通滤波和逐点采样。$w_j(t)$ 可以用 Fourier 级数 $w_j(t) = \sum_{l=-\infty}^{\infty} d_{jl} \mathrm{e}^{2\pi i f_p l t}$ 表示，通过时域相乘实现频谱搬移，获得基带内稀疏叠加的测量信号。令 z_n 为 $x(t)\mathrm{e}^{2\pi i f_p l t}$ 在频域的表示，采样 $N = 2N_0 + 1$ 次得到测量值为 $\boldsymbol{Y}_{J \times N}$，MWC 采样系统可以表示为

$$\boldsymbol{Y} = \boldsymbol{D}\boldsymbol{Z} \tag{1-25}$$

式中，$D_{J\times L}=\{d_{jl}\}_{J\times L}$；$Z_{L\times N}=[z_1,z_2,\cdots,z_N]$。

由于多带信号在频域稀疏，x_n 为稀疏向量。若 $x(t)$ 子带个数为 K_0，且频率支撑域未知，则 x_n 的稀疏度 $K\leqslant 2K_0$。文献［109］证明了使用 MWC 在采样率 $f_s\geqslant 2K_0B$ 的条件下信号能精确重构。而根据文献［16］还可进一步对采样率范围进行扩展，如果信号频率支撑域已知，则在采样率 $f_s\geqslant K_0B$ 条件下采样信号可精确重构。为使采集信号的频域支撑能够覆盖原始信号的整个频带，即 $Lf_p\geqslant f_{\max}$，需要保证在支撑域内 $d_{j,l}\neq 0$。文献［5］通过位移寄存器产生的随机序列实现了 $w_j(t)$ 硬件电路，在实际采样具有很好的采样效果。为了提高 MWC 的稳健性，文献［113］对比了调制函数 $w_j(t)$ 为 Maximal、Gold、Hadamard、Kasami 以及 Gaussain 伪随机序列等多种序列，证明 $w_j(t)$ 选择 Maximal、Gold 序列可以用更少的采样通道更好的恢复出平均功率很低的信号。选择合适的调制序列本质在于提高 $\boldsymbol{D}$ 列向量的相干性，保证式（1-25）满足信号恢复所需核函数的正交性。

RD 采样的主体思想和 MWC 类似，但其是将频域平移变换改为频域伸缩变换后进行采样，利用随即序列发生器调制采样矩阵，提高测量矩阵的相干性，最终实现欠 Nyquist 采样与重构。其采样模型只有一路通道，$w(t)=w_j(t)$ 为非周期伪随机信号，$s(t)=s_m(t)$ 为理想的低通滤波器。RD 将信号 $x(t)$ 和一个翻转速率为 W/s 的随机 ±1 信号序列相乘，再以恒定的采样率 $R<W$ 进行采样，得到长度为 R 的向量 $\boldsymbol{y}$。令 $\boldsymbol{z}$ 为 $t\in[n/W,(n+1)/W]$ 内 $f(t)$ 的均值在每个频点的幅度，则采样模型的数学表示为

$$\boldsymbol{y}=\boldsymbol{\Phi F z} \tag{1-26}$$

MWC 和 RD 这两种采样模型都在实际中得到了实现[114-115]，两种采样方法都是通过频域变换完成信号的稀疏表示和采样，但它们有各自的适用范围，MWC 适合多带信号采样而 RD 更适合谐波信号采样。文献［109］从需要的硬件精度、软件复杂度以及失配模型稳健性方面对 MWC 和 RD 进行了综合分析，RD 方法在采集 RF 信号时，调制信号的时域精度要求更严格，重构过程中运算量更大，而且对模型失配的敏感度更高。

1.3.3 时域稀疏信号采样

时域稀疏信号在雷达、通信、全球定位系统（GPS）导航等领域有很重要的应用。此类信号基本模型为

$$x(t)=\sum_{n\in\mathbb{Z}}\sum_{s=1}^{S}a_s[n]p_s(t-t_s-n\tau) \tag{1-27}$$

式中：$a_s[n]$ 为调制幅度；$p_s(t-t_s-n\tau)$ 为时域支撑较窄的波形。根据式（1-27）

参数的设置，目前研究主要归纳为三种类型的信号。

第一种类型 S 为有限正整数，$p(t)$ 已知，$\tau=0$。$x(t)$ 仅由幅度和延迟 $\{a_s,t_s\}_{1\leqslant s\leqslant S}$ 这 $2S$ 个参数确定，此类信号称为有限新息率（FRI）信号[18,116]，信号自由度为 $2S$，能以最低 $2S$ 的采样率进行采样和重构。为了简化采样方法，多数文献在 $\tau\neq 0$ 的条件下对信号进行周期延拓后进行研究[117-119]，因为 τ 是否为零对子空间的维度和联合子空间的维度都没有影响。由于波形已知，子空间 $\mathcal{A}_\lambda$ 的维度有限，而连续时域 $t\in[n\tau,(n+1)\tau]$ 内 t_s 的位置组合有无限多种可能，使得联合子空间 $\mathcal{U}$ 的维度 $|\Lambda|$ 为无限。由于 $t_s\leqslant\tau$，此种模型又称为有限延迟 FRI 模型。

第二种类型 $S\to\infty$，$p(t)$ 已知，此种模型称为无限新息序列。文献［116，118］中将无限新息序列分成一系列有限延迟 FRI 模型，采用前一种类型的采样方法获取信号，但在切分好的有限延迟 FRI 子空间中，其采样率要上升到 $6S$ 以上[118]。而在实际采样中，S 为有限正整数，$a_s[n]\neq a_s[n+\tau]$，$\tau\neq 0$ 条件下的 $f(t)$ 的模型特例应用最为广泛[119-120]，其子空间维度和联合子空间维度 $|\Lambda|$ 都为无限。$x(t)$ 在采样后利用修正矩阵滤波器对信号完成重构，采样率可以降低至 $2S/\tau$。

第三种类型 S 为有限正整数，$p(t)$ 未知，时域内 $p(t)$ 个数有限，最大宽度范围可估。此类信号研究最少，目前只有文献［22］探索了基于 Gabor 框架的采样方法。此类信号在频域的刻画和多带信号几乎相同，不同的是其稀疏域在时域而不是频域，信号模型关于联合子空间的分析参照多带信号。

FRI 采样中 S 有限的信号模型欠 Nyquist 采样的基本思想是首先获得 Fourier 系数：

$$F[k]=\frac{1}{\tau}\int_0^\tau x(t)\mathrm{e}^{-2\pi ikt/\tau}\mathrm{d}t=\frac{1}{\tau}P(2\pi k/\tau)\sum_{l=1}^{L}a_l\mathrm{e}^{-2\pi ikt_l/\tau} \tag{1-28}$$

然后再从复指数序列的叠加中利用谱估计恢复出 a_s 和 t_s 信息[121-122]，时域稀疏的 FRI 信号利用很少量的 Fourier 系数即可获得信号的全部信息，使得需要采样点大幅减少，从而大幅降低所需的采样率。

经典的单通道的 FRI 采样模型中 $w(t)=w_j(t)=1$，通过采样核函数滤波器 $s(t)=s_m(t)$ 获取维度为 $L\geqslant 2S$ 的向量 $\boldsymbol{y}$，其和 Fourier 系数向量 $\boldsymbol{z}$ 的关系为

$$\mathrm{DFT}\{\boldsymbol{y}\}=\boldsymbol{S}\boldsymbol{z} \tag{1-29}$$

式中，$\boldsymbol{S}$ 为 $L\times L$ 的对角滤波器矩阵，对角线上第 k 个元素为 $s(t)$ 的频率响应的复共轭 $S^*(2\pi k/\tau)$。

采样核函数的选择是 FRI 采样的关键，可保证所有的 $F[k]$ 通过 S 后不丢失信息。文献［18］最早提出了使用 Gaussain 采样核函数采样的方法，但快

速发散或收敛的指数项对采样点调制时系统的稳定性较差。文献［116］提出使用样条函数作为采样核函数，可用信号时域样本代替 Fourier 系数，但是当 S 尺寸很大时系统稳定性也开始变坏。sinc 函数具有稳定性的优点，但由于支撑域无限且衰减较慢，不适合限延迟信号采样[123]。为了选择更好的采样核函数，文献［118］提出了一种通用的条件，即

$$S(\omega)=\begin{cases}0 & \omega=2\pi k/\tau,k\notin\mathcal{K}\\ \text{非}\,0 & \omega=2\pi k/\tau,k\in\mathcal{K}\\ \text{任意数} & \text{其他}\end{cases} \tag{1-30}$$

式中，$\mathcal{K}$ 为满足 $P(2\pi k/\tau)\neq 0$ 的长度为 L 的指标集。sinc 叠加窗（Sum of Sincs，SoS）函数严格满足此标准，能保证时域紧支撑，且 SoS 加 Hamming 窗时效果更好。

另一种符合条件式（1-30）的核函数为指数再生核函数[124]，不仅与自身对偶函数的内积为冲击函数，而且可以轻松地通过微分电路实现[19]。2013 年，Blu 等人提出了以指数再生窗函数作为核函数的 FRI 采样系统，并发展了高效的重构方法，尤其指出指数再生窗作为核函数具有更好的噪声抑制能力[124]。他们将 SoS 核函数归为一类特殊的指数再生窗，并给出了通用函数模型。同年，西安电子科技大学的王亚军提出了一种改进型指数再生窗并用于 FRI 采样系统[125]。这种改进方法主要针对当一般情况下分析使用的白噪声变为有色噪声的情况，对核函数进行一些特殊的设计，令核函数中包含噪声的统计特性，从而保证在有色噪声的情况下具有很好的重构性能。

FRI 多通道采样模型可以提供更多的自由度，更低的采样率实现有限或者无限自由度信号的采集。文献［126］在文献［116］的基础上进行改进，将采样模型从单通道拓展为多通道，在每个通道上降低了采样率，但是它的整体采样率和文献［116］提出的方法相当。文献［127］在信号核函数滤波之前，增加了信号调制，令 $w_j(t)=\mathrm{e}^{2\pi\mathrm{i}kt/T_s}$，体现出多通道的优势，真正降低了采样率。此种方法的优点是直接利用振荡器、乘法器和积分器即可实现，但这也恰恰是它的弱点，因为需要用很多的振荡器，对系统同步要求较高。

将此模型进行拓展，文献［126］又提出了混合 Fourier 系数采样模型，$w_j(t)$ 改进为 $w_j(t)=\sum_{k\in\mathcal{K}}w_{qk}\mathrm{e}^{\mathrm{i}2\pi kt/T_s}(q=1,2,\cdots,Q)$。可将每个 Fourier 系数的信息分布于多个通道，当其中一个通道不可用或者不同通道的振荡器频率不同时，采样和信号恢复不受影响。使用 $w_j(t)$ 预先调制信号后，相当于在采样前对 $\boldsymbol{y}$ 先进行 Fourier 变换，若选择 sinc 采样核函数，式（1-29）在多通道情况下改写为

$$\boldsymbol{y}=\boldsymbol{D}\boldsymbol{z} \tag{1-31}$$

无限新息序列信号模型仍然可以使用 $w_j(t) = 1$ 的模型直接采样，采样通道为 M 路，使用带宽为 $2\pi M/\tau$ 的核函数进行滤波和采样，采样率为 $1/\tau$。和 MWC 采样类似，多路信号可以合并在一个滤波器中滤波后进行采样，但采样率要提高 M 倍。滤波器的作用是在进行低速采样前使脉冲信号变得平滑，保证每个周期都能够采集到延时信息。对于其中延迟周期性重复的这一类特殊信号，文献［128］提出了一种比较好的采样重构系统模型，其关键部分在于重构，如图 1-8 所示。

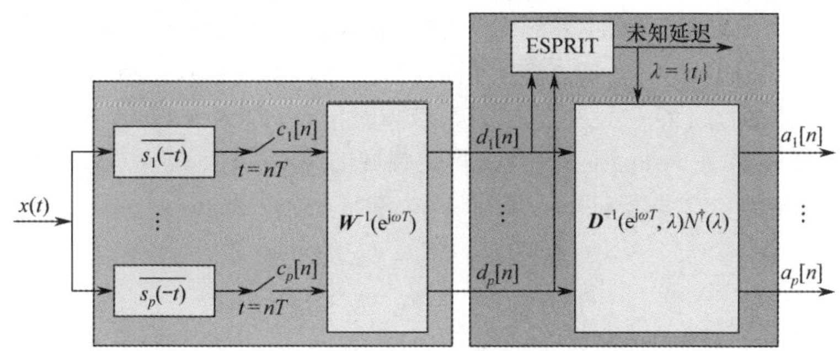

图 1-8　无限新息序列采样重构模型

图 1-8 中左侧为采样系统模型，右侧为重构系统模型。为保证信号精确重构，信号采样中还要令采集到的信号序列经过一个数字矫正滤波器组，其 DTFT 域的频率响应矩阵为 $\boldsymbol{W}^{-1}(e^{j\omega T})$。$\boldsymbol{W}^{-1}(e^{j\omega T})$ 决定于采样核函数 $\overline{s_p(-t)}$ 和脉冲波形 $h(t)$，令 $1 \leqslant l,m \leqslant p$，则其元素定义为

$$\boldsymbol{W}^{-1}(e^{j\omega T})_{l,m} = \frac{1}{T}\overline{S_l\left(\omega + \frac{2\pi m}{T}\right)}H\left(\omega + \frac{2\pi m}{T}\right) \tag{1-32}$$

经过数字矫正，得到矫正后的采样向量序列为 $\boldsymbol{d}[n]$。信号重构时采用 ESPEIT 算法，利用范德华矩阵，首先获得信号的延迟参数 $t = \{t_1, t_2, \cdots, t_L\}$。当延迟参数确定之后，采用图中的滤波器组获取幅度参数序列 $a_l[n]$。图 1-8 中，矩阵 $\boldsymbol{D}$ 是对角元素为 $e^{-j\omega t_k}$ 的对角矩阵，而 $\boldsymbol{N}(t)$ 是元素为 $e^{-j2\pi\omega t_k/T}$ 的范德华矩阵。通常，为保证精确重构，采样通道数 p 需要满足 $p \geqslant 2L$[128]，因此最小采样率需要达到 $2L/T$。

针对时域稀疏信号波形未知的情况，文献［22］提出了 Gabor 框架下信号采样的方法。Gabor 框架下信号采样的主体思想是采集 Gabor 系数，将脉冲的位移信息利用非零值的位置提取出来，利用加窗短时 Fourier 变换将波形信息降低到低频单独表示，最终通过重构合成信号。

在此采样模型中，可令 $w_j(t) = \sum_{l=-L_0}^{L_0} d_{jl}\mathrm{e}^{2\pi iblt}, s_m(t) = \sum_{-N_0}^{N_0} c_{m,n}\, \overline{g(t-an)}$，完成有限时长信号的调制。定义算子 $T_\tau x(t) := x(t-\tau), M_f x(t) := \mathrm{e}^{2\pi ift}x(t)$，第 jm 个通道采样值表示为

$$y_{j,m} = \int_{-\beta/2}^{\beta/2} x(t) q_{j,m} \mathrm{d}t = \sum_{l=-L_0}^{L_0} d_{jl} \sum_{n=-N_0}^{N_0} c_{mk} \langle x, T_{bl}M_{an}g\rangle \tag{1-33}$$

令 $z_{k,l} = \langle f, T_{bl}M_{an}g\rangle$，式（1-31）可用矩阵方程 $\boldsymbol{Y} = \boldsymbol{D}\boldsymbol{X}^{\mathrm{T}}$ 表示，其中 $\boldsymbol{X} = \boldsymbol{CZ}$ 。Gabor 采样框架的主体思想是对时域信号进行时频分析，采样的过程就是获得加窗的短时 Fourier 变换系数 $z_{k,l}$ 的过程。结合式（1-31）可知，$\boldsymbol{C}$ 决定了信号的时域瞬时信息，$\boldsymbol{D}$ 决定了信号的频域瞬时信息。$\boldsymbol{D}$ 为 $w_j(t)$ Fourier 级数的系数，为了使 $x(t)$ 短时 Fourier 变换过程中频域信息不丢失，令 $u(t)$ 表示 $w_j(t)$ 系统滤波后的特性，需要保证频率响应 $\hat{u}(f)$ 满足

$$\hat{u}(f)\begin{cases}1 & f = bl, |l| \leqslant L_0 \\ 0 & f = bl, |l| \leqslant L_0 \\ \text{任意数} & \text{其他}\end{cases} \tag{1-34}$$

窗函数 $g(t)$ 的选择决定了短时 Fourier 变换对脉冲波形的重构精度，要保证 Gabor 采样时频网格不出现欠抽样，否则会造成信息模糊。其基本条件为冗余 Gabor 框架冗余度 $\mu = ab \leqslant 1$ 。文献［129－130］结合窗函数的波形和冗余度，对其支撑特性进行了分析。文献［131－132］提出了 $\mu \geqslant 0.5$ 条件下的样条窗函数并证明了其优良的特性。目前，基于 Gabor 框架的欠 Nyquist 采样窗函数的选择仍基于这些讨论，随着 Gabor 理论的进一步发展，窗函数的选择将会有更好的解决方案。

第 2 章　窄脉冲信号 Gabor 框架采样理论模型分析

2.1　引言

有限时间长度窄脉冲信号欠 Nyquist 采样技术是近年来国内外研究的热点，在雷达、超声波探测等众多领域都具有广泛的应用[118,133-138]。针对这类信号，经典的采样方法有逐点采样和先采集 Fourier 系数再从 Fourier 系数中重构的方法。前者要求采样率高于信号带宽的 2 倍，当脉冲过窄时，虽然单个脉冲的位置容易探测，但由于 ADC 有限的采样率会导致频谱混叠，引起波形失真。后者虽然可以精确恢复波形，但脉冲的位置难以探测。Gabor 采样作为一种加窗的短时 Fourier 变换，不仅可以精确重构脉冲波形，还可以探测出脉冲在有限时间内的位置。

以色列理工学院的 Ewa Matusiak 和 Yonina C. Eldar 根据 Gabor 采样原理，提出基于 Gabor 框架的窄脉冲信号欠 Nyquist 采样和重构的理论模型，能够将采样率减小为瞬态信号的持续时间分之一，并利用 CS 理论降低采样通道数，具有重要的理论意义[22]。虽然这种模型在工程实践仍未有实际系统验证，但为窄脉冲信号的采样和重构指明了方向。本章首先拓展了适用于此采样理论的信号模型，将文献［22］中适用于 Gabor 框架采样系统的非因果信号拓展为因果信号；然后分析了 Gabor 框架理论在采样系统中的应用；最后详细分析了采样重构理论模型在工程实践中所存在的问题。

2.2　窄脉冲信号模型

采样和重构的对象为有限连续时间长度的窄脉冲信号 $x(t) \in L_2(\mathbb{R})$，$L_2(\mathbb{R})$ 表示 Hilbert 空间。在文献［22］中，信号定义在时间域 $t \in \left[-\frac{1}{2}T, \frac{1}{2}T\right]$ 中。但是这种信号为非因果信号，很难在工程中进行应用。

将信号 $x(t)$ 的时间域拓展到 $t \in [0, T]$，这样信号 $x(t)$ 就定义成为一个因果时间信号。多脉冲信号 $x(t)$ 的单个脉冲 $h(t)$ 最大宽度为 W，且在时域紧支撑，脉冲最大个数为 N_{p}，其中 $WN_{\mathrm{p}} \ll T$。信号 $x(t)$ 为实函数，其模型的数学表达式为

$$x(t) = \sum_{n=1}^{N_{\mathrm{p}}} h_n(t), \max_n | \operatorname{supp}(h_n(t)) | \leqslant W \tag{2-1}$$

信号中不同单个脉冲波形未知，其位置未知且可重叠。信号模型如图 2-1 所示。

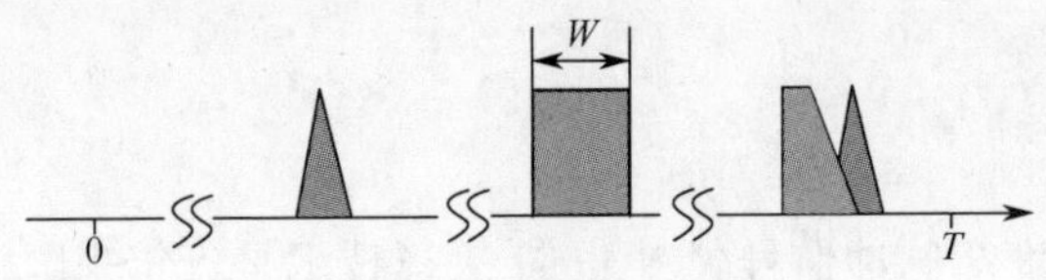

图 2-1　窄脉冲信号模型

根据测不准原理，有限时间信号不能保证为带限信号。但是为了便于研究，将信号定义为 ϵ_{Ω}-带限信号，即定义本质带宽 $F = [-\Omega/2, \Omega/2]$，存在 $\epsilon_{\Omega} < 1$，使得

$$\int_{F^c} |\hat{x}(if)|^2 \mathrm{d}f \leqslant \epsilon_{\Omega} \| x(t) \|_2^2 \tag{2-2}$$

式中，F^c 表示 F 以外的频带，$\hat{x}(if)$ 为 $x(t)$ 的 Fourier 变换，根据帕斯瓦尔定理，$\| \hat{x}(if) \|_2^2 = \| x(t) \|_2^2$。本质带宽中“本质”的含义为：频域信号 $\hat{x}(if)$ 在 F 以外的能量非常小，即式（2-2）中的 ϵ_{Ω} 非常小。在信号采样系统中，存在由 ϵ_{Ω} 引起的微小系统误差。

信号的时频特性和本质带宽决定于脉冲的波形，这里以矩形窗脉冲、单周期正弦脉冲、3 阶 B-样条脉冲和高斯脉冲组成的脉冲串为例进行直观地说明。图 2-2（a）中从左到右依次分别为这四种脉冲的时域波形图，图 2-2（b）所示为信号的时频特性。

根据图 2-2，设定 ϵ_{Ω}-本质带宽后，信号的时频特性在时域稀疏而频域不稀疏。脉冲信号的本质带宽取决于上升时间 t_{r} 和下降时间 t_{d}，且 t_{r} 和 t_{d} 越小，本质带宽也越宽。

当脉冲中存在载频调制或多普勒频率时，时频特性如图 2-3 和图 2-4 所示。图 2-3 中的窄脉冲信号在图 2-2 基础上增加了载频，ϵ_{Ω}-本质带宽增大。由于频谱聚集在载频附近，信号的时域和频域皆稀疏。图 2-4 中的窄脉冲信号在图 2-3 的基础上增加了多普勒频率，此时，频谱范围进一步增大，在固定的频率点上，时域变得更加稀疏。但是，无论波形怎样变化，信号在时域总是稀疏

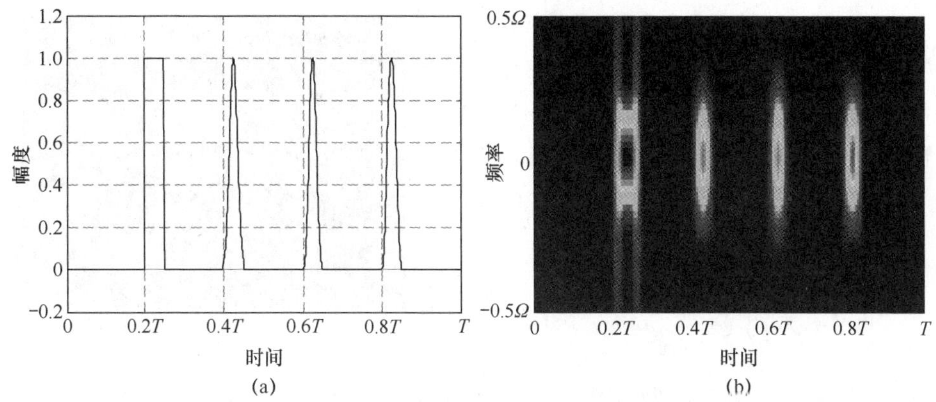

图 2-2　脉冲串信号的时域波形和时频特性（见彩图）

（a）时域波形图；（b）时频特性图。

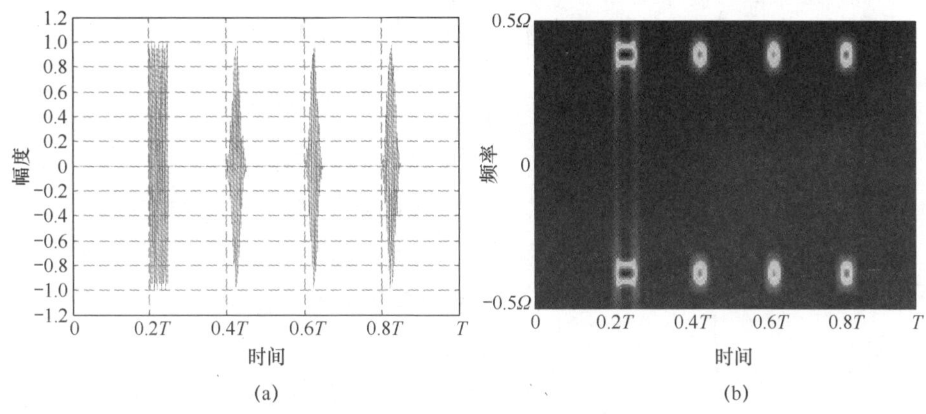

图 2-3　带载频的脉冲串信号的时域波形和时频特性（见彩图）

（a）时域波形图；（b）时频特性图。

的。本书研究的采样系统就是要通过脉冲信号的时域稀疏特性进行通道数的压缩，再利用 CS 理论重构出原始脉冲信号。

在过去的研究中，窄脉冲信号欠 Nyquist 采样主要集中在 FRI 信号。此类信号在实际应用中虽然应用广泛，但是也具有很强的局限性，最大的局限性就是要求脉冲 $h_n(t)$ 的波形已知。令 $h_n(t) = A_n h(t - t_n)$，则利用采样系统采集信号时，需要探测的信息主要为脉冲幅度 A_n 和脉冲延迟 t_n。采样系统的采样率取决于信号 $x(t)$ 的自由度，以及单位时间内需要采集的采样点数。

如果 $h(t)$ 为已知脉冲波形，比如 $h(t) = \delta(t)$，其中 $\delta(t)$ 为狄拉克脉冲，则自由度为 $2N$[139]，则采样点数为 $2N$ 的整数倍。自由度越高，需要的采样率

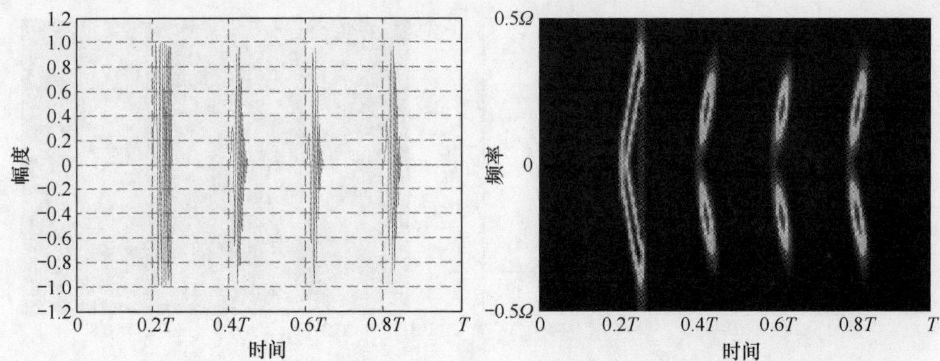

图 2-4　带多普勒频率的脉冲串信号的时域波形和时频特性（见彩图）
（a）时域波形图；（b）时频特性图。

就越高；如果脉冲波形未知，每秒的自由度至少要上升到 2 倍带宽，则此时无法使用低于 Nyquist 率的采样率对信号完成采样和重构。

2.3　截短的 Gabor 框架序列

对于本书中的 $\mathcal{G}(g,a,b)$ 框架，如果其窗函数在 $[0,W_g]$ 上紧支撑，且 $a = \mu W_g$，$b = 1/W_g$，冗余度参数满足 $\mu \in [0,1]$，则当 $x(t)$ 的时域支撑范围 $t \in [0,T]$ 时，式（1-8）可以转化为截短为有限元素的 Gabor 序列构成的级数，即

$$x(t) = \sum_{k=K_1}^{K_2} \sum_{l=-L_0}^{L_0} z_{k,l} T_{ak} M_{bl} \gamma(t) \tag{2-3}$$

式中，K_1 和 K_2 的选择需要保证包含所有非零的 $z_{k,l}$ 值，所以要求

$$(K_2 - K_1)a \geqslant W_g + T \Rightarrow K_2 - K_1 = \left\lceil \frac{W_g + T}{a} \right\rceil - 1 \tag{2-4}$$

按照式（2-2）中本质带宽的定义方法，定义窗函数 $g(t)$ 的 ϵ_{B_g}-本质带宽为 $[-B_g/2, B_g/2]$，则 L_0 的选择应该包含 $\left[-\frac{B_g+\Omega}{2}, \frac{B_g+\Omega}{2}\right]$ 所有的频域网格，其精确的计算方法为

$$2bL_0 + 1 \geqslant B_g + \Omega \Rightarrow L_0 = \left\lceil \frac{B_g + \Omega}{2b} \right\rceil - 1 \tag{2-5}$$

此时用于表示信号 $x(t)$ 的 Gabor 序列经过截短后的误差可由定理 2-2 表示。

定理 2-1[22]　$x(t)$ 为有限时间信号，时域支撑区间为 $[0,T]$，ϵ_{Ω}-本质带宽为 $[-\Omega/2,\Omega/2]$，$\gamma \in S_0$ 为 Gabor 框架 $\mathcal{G}(g,a,b)$ 的对偶窗函数。对于每一个 $\epsilon_{B_g} < 1$，都存在满足式（2-4）和式（2-5）的 K_1、K_2 和 $L_0 < \infty$，使得

$$\left\| x - \sum_{k=-K_1}^{K_2} \sum_{l=-L_0}^{L_0} z_{n,l} M_{bl} T_{ak} \gamma \right\|_2 \leqslant \widetilde{C}_0 (\epsilon_{\Omega} + \epsilon_{B_g}) \| x \|_2 \tag{2-6}$$

式中，$\widetilde{C}_0 = C_{a,b}^2 \| \gamma \|_{S_0} \| g \|_{S_0}$，$C_{a,b} = (1 + 1/a)^{1/2} (1 + 1/b)^{1/2}$。

此时，总的采样点数就是 $K = K_2 - K_1$ 和 $L = 2L_0 + 1$ 的乘积。如果令 $T' = W_g + T$，$\Omega' = \Omega + B_g$，则采样点数为

$$KL = \left(\left\lceil \frac{W_g + T}{a} \right\rceil - 1 \right) \left(\left\lceil \frac{B_g + \Omega}{2b} \right\rceil - 1 \right) \approx \frac{T'\Omega'}{ab} = T'\Omega'\mu^{-1} \tag{2-7}$$

根据式（2-7），μ 越小，采样点数越少。当 $\mu \to 1$，总采样点数为 $T'\Omega'$。当 μ 和误差设定为确定值，频域的采样点数就取决于 Gabor 窗频域函数 $\hat{g}(if)$ 的衰减特性。因此，要获得最少的采样点数，就要选择具有很好频域衰减特性的窗函数 $g(t)$。从另一个方面讲，当确定了 Gabor 框架 $\mathcal{G}(g,a,b)$ 之后，采样产生的误差就决定于 L。

为便于后续的处理，如果将系数集 $\{z_{k,l}\}$ 按照时频平面上不同网格位置的分布表示为一个存储矩阵 $\mathbf{Z}$，$\mathbf{Z}$ 的第 (k,l) 个元素为 $z_{k,l}$。当利用 Gabor 框架进行逼近的信号为类似图 2-2 中的窄脉冲信号时，矩阵 $\mathbf{Z}$ 结构如图 2-5 所示。

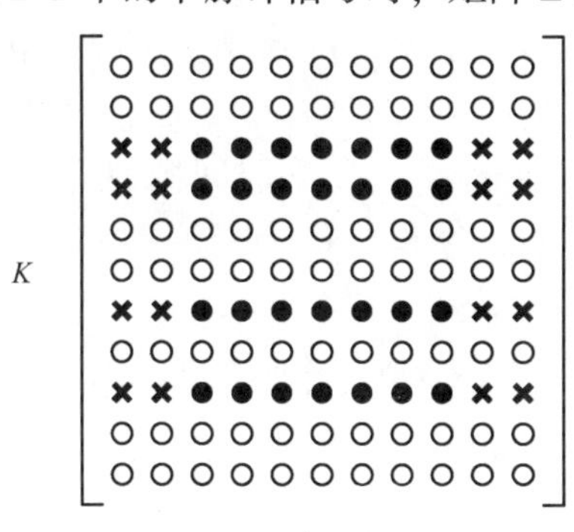

图 2-5　矩阵 $\mathbf{Z}$ 结构的示意图

在图 2-5 中，黑色实心圆“●”点代表值较大的系数，黑色十字叉“×”代表值较小的系数，空心圆点“○”代表零点。$\mathbf{Z}$ 的每一列非零元素位置相同，$\mathbf{Z}$ 可以理解为一个列稀疏的矩阵。在 CS 理论中，如果能够获取 $\mathbf{Z}$ 的压缩测量值，则可以进一步压缩通道数。

2.4 Gabor 框架采样系统模型

2.4.1 采样模型结构

Gabor 框架采样系统的基本结构如图 2-6 所示。

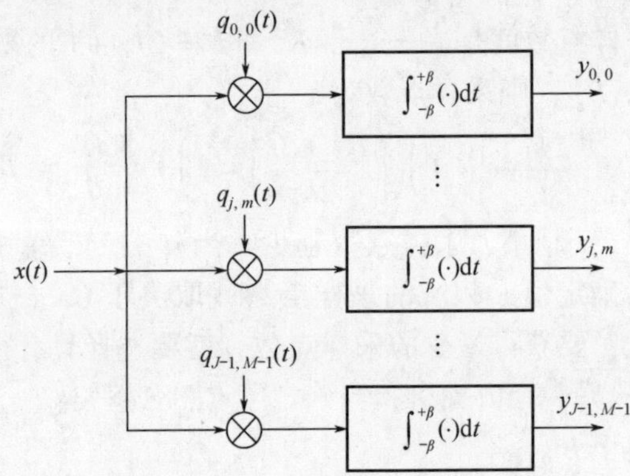

图 2-6 Gabor 框架采样系统结构

在图 2-6 中，信号 $x(t)$ 同步进入 $J\times M$ 个通道。在第 (j,m) 个通道中，$x(t)$ 首先和函数 $q_{j,m}(t)=w_j(t)s_m(t)$ 相乘，然后利用积分器完成积分，其中 $0\leqslant j\leqslant J-1$，$0\leqslant m\leqslant M-1$，且 $j,m\in\mathbb{Z}$。函数 $q_{j,m}(t)$ 根据 Gabor 框架 $\mathcal{G}(g,a,b)$ 进行设计，其窗函数 $g(t)$ 在时间域 $[0,W_g]$ 上紧支撑，且其 ϵ_Ω-本质带宽为 $[-B_g/2,B_g/2]$。令 K_1、K_2 和 L_0 满足式（2-4）和式（2-5），则 $q_{j,m}(t)$ 的表达式为

$$q_{j,m}(t)=w_j(t)s_m(t) \tag{2-8}$$

其中

$$\begin{cases} w_j(t)=\sum\limits_{l=-L_0}^{L_0} d_{jl}\mathrm{e}^{-2\pi iblt} \\ s_m(t)=\sum\limits_{k=K_1}^{K_2} c_{mk}\overline{g(t-\mathrm{a}k)} \end{cases} \tag{2-9}$$

式中：$w_j(t)$ 为频域调制函数；$s_m(t)$ 为时域调制函数。$x(t)$ 经过第 (j,m) 个通道后进行采样，每一个通道上的测量值可以表示为

$$
\begin{aligned}
y_{j,m} = \int_0^T f(t) q_{j,m}(t) \mathrm{d}t &= \sum_{l=-L_0}^{L_0} d_{jl} \sum_{k=K_1}^{K_2} c_{mk} \langle x, M_{bl} T_{ak} g \rangle \\
&= \sum_{l=-L_0}^{L_0} d_{jl} \sum_{k=K_1}^{K_2} c_{mk} z_{k,l}
\end{aligned}
\tag{2-10}
$$

通过采样系统获得测量值 $y_{j,m}$ 后，可以根据调制函数中的 d_{jl} 和 c_{mk} 等参数信息求解出 Gabor 系数 $z_{k,l}$ ，再利用式（2-3）合成出原始信号 $x(t)$ 。

采样系统仅需要在一个积分过程完成之后采集一次数据，采样周期要大于 $T + W_g$ 。如果将时域调制和积分的过程合并，采样过程可以理解为信号先利用 $w_j(t)$ 对信号进行调制，再通过一个滤波器进行滤波。

令

$$
s(-t) = \sum_{m=0}^{M} s_m(t + W_g K m) \tag{2-11}
$$

则通道数可以由 JM 减为 J ，采样时间为 $\tau = W_g K m$ 。此采样时间对应的采样率远远小于信号的两倍带宽，通常情况下普通的模数转换设备就能胜任。

2.4.2　信号重构

为了便于求解 Gabor 系数 $z_{k,l}$ ，式（2-10）可以写成矩阵形式：

$$
\boldsymbol{Y} = \boldsymbol{D}\boldsymbol{U}^{\mathrm{T}}, \boldsymbol{U} = \boldsymbol{C}\boldsymbol{Z} \tag{2-12}
$$

式中：$\boldsymbol{Y}$ 是一个 $J \times M$ 的矩阵，其中第 (j,m) 个元素为 $y_{j,m}$ ；$\boldsymbol{U}$ 是一个 $M \times L$ 的矩阵，其第 (m,l) 个元素为 $u_{m,l}$ ；Gabor 系数矩阵 $\boldsymbol{Z}$ 的第 l 个列为 $\boldsymbol{Z}[l] = [z_{K_1,l}, \cdots, z_{K_2,l}]^{\mathrm{T}}$ ；测量矩阵 $\boldsymbol{C}$ 的第 $(m, K_1 + k)$ 个元素为 c_{mk} ，$\boldsymbol{D}$ 的第 $(j, L_0 + l)$ 个元素为 d_{jl} 。$\boldsymbol{C}$ 和 $\boldsymbol{D}$ 的选择要保证能够从 $\boldsymbol{Y}$ 中恢复出 $\boldsymbol{Z}$ 。如果 $J = L, M = K$ ，且 $\boldsymbol{C}$ 和 $\boldsymbol{D}$ 为单位矩阵，则图 2-6 中的采样系统就是一个标准的无通道数压缩的 Gabor 采样系统。

矩阵 $\boldsymbol{C}$ 为 $s_m(t)$ 中每一个窗函数的加权系数，决定了利用 CS 理论进行信号重构所需要的最小采样通道数。$\boldsymbol{D}$ 为 $w_j(t)$ 中每一个频域调制分量的加权系数，对于多脉冲信号，$\boldsymbol{D}$ 的选取并不影响信号采样率，但可以用于简化硬件实现。如果 $\boldsymbol{D}$ 为满足 $J \geqslant L$ 的列满秩矩阵，则 $\boldsymbol{U}^{\mathrm{T}} = \boldsymbol{D}^{\dagger}\boldsymbol{Y}$ ，其中 $\boldsymbol{D}^{\dagger}$ 为 $\boldsymbol{D}$ 的 Moore-Penrose 逆。如果信号在频域不稀疏，则可以令 $J = L$ 且 $\boldsymbol{D} = \boldsymbol{I}$ ，这样式（2-12）就可以简化为 $\boldsymbol{U} = \boldsymbol{C}\boldsymbol{Z}$ 。在后续的研究中，主要针对时域稀疏且频域不稀疏的信号。当然，对于时域和频域都稀疏的信号可以进一步降低通道数，其分析方法和单纯的时域稀疏信号一样。

按照前面的分析，$\boldsymbol{Z}$ 的结构如图 2-5 所示，是一个列向量稀疏的信号，且每一列的非零值位置相同。$\boldsymbol{Z}$ 的稀疏度为 $\lceil 2\mu^{-1} \rceil N_p$，非零值的位置代表了脉冲的位置。在 CS 理论中，求解 $\boldsymbol{Z}$ 的问题是一个 MMV 问题，即

$$\hat{\boldsymbol{Z}} = \arg\min |\operatorname{supp}\boldsymbol{Z}| \text{ s. t. } \boldsymbol{U} = \boldsymbol{C}\boldsymbol{Z} \tag{2-13}$$

解决了此问题，接下来是利用联合稀疏信号的 CS 重构算法对信号进行重构，然后再利用式（2-3）完成信号的最终合成。

2.4.3 噪声或失配的影响

在 Gabor 框架欠 Nyquist 采样重构系统的实际的应用中，采集信号的过程中可能存在噪声或失配的影响。信号采集时，会因为采样电路串扰、接地、外部干扰等引入噪声或失配，导致脉冲之外可能存在能量叠加或泄露，文献［22］对此类问题进行了分析。对于本质带宽为 $[-\Omega/2, \Omega/2]$ 的多脉冲信号，如果由于噪声或失配导致脉宽不能严格小于 W_g，则可以假设存在常数 $\delta_W < 1$，使得

$$\| x(t) - x_p(t) \|_2 \leqslant \delta_W \| x(t) \|_2 \tag{2-14}$$

式中，$x_p(t)$ 表示在系统中无噪声和失配条件下重构得到的理想信号。

当系统中存在噪声和失配时，$\boldsymbol{Z}$ 的列向量 $\boldsymbol{Z}[l]$ 就不再是完全稀疏的了。然而 $\boldsymbol{Z}$ 可以由稀疏度为 $\lceil 2\mu^{-1} \rceil N_p$ 的系数矩阵 $\boldsymbol{Z}^S$ 进行逼近，这里 $\boldsymbol{Z}^S$ 表示 $\boldsymbol{Z}$ 的 S 行最佳逼近。此时，式（2-12）可以转化为

$$\boldsymbol{Y} = \boldsymbol{D}\boldsymbol{U}^{\mathrm{T}} + \boldsymbol{N}' \tag{2-15}$$

式中，$\boldsymbol{N}'$ 为 $J \times M$ 的噪声矩阵。

当 $\boldsymbol{D}$ 为列满秩矩阵，式（2-15）可简化为 $\boldsymbol{U} = \boldsymbol{C}\boldsymbol{Z} + \boldsymbol{N}$，其中 $\boldsymbol{N} = \boldsymbol{D}^{\dagger}\boldsymbol{N}'$。$\boldsymbol{Z}$ 的 S 项最佳逼近可以利用 CS 算法实现。特别地，当 RIC $\delta_{2S} \leqslant \sqrt{2} - 1$ 且 $\boldsymbol{N}$ 有界时，满足

$$\| \boldsymbol{Z} - \tilde{\boldsymbol{Z}} \|_2 \leqslant C_1 \| \boldsymbol{Z} - \boldsymbol{Z}^S \|_{2,1} + C_2 \| \boldsymbol{N} \|_2 \tag{2-16}$$

式中，C_1 和 C_2 是关于 δ_{2S} 的常数。

定理 2-2 中的式（2-6）可以写成如下形式：

$$\begin{aligned} \left\| x - \sum_{k=-K_1}^{K_2} \sum_{l=-L_0}^{L_0} z_{n,l} M_{bl} T_{ak} \gamma \right\|_2 &\leqslant \tilde{C}_0 (\epsilon_\Omega + \epsilon_B) \| x \|_2 \\ &\quad + \tilde{C}_1 \| \boldsymbol{Z} - \boldsymbol{Z}^S \|_{2,1} + \tilde{C}_2 \| \boldsymbol{N} \|_2 \end{aligned} \tag{2-17}$$

式中，$\tilde{C}_0 = C_{a,b}^2 \| \gamma \|_{S_0} \| g \|_{S_0}$，$\tilde{C}_1 = C_{a,b} C_1 \| \gamma \|_{S_0}$，$\tilde{C}_2 = C_{a,b} C_2 \| \gamma \|_{S_0}$。

式（2-17）是一个综合的不等式。当只存在噪声而无失配时，$\boldsymbol{Z} = \boldsymbol{Z}^S$，式（2-17）不等号右侧就只有噪声项。当只存在失配而无噪声时，式（2-17）中不等号右侧噪声项就可以去掉。

2.5　Gabor 框架采样模型实现中存在的问题

Gabor 框架采样模型的提出具有重要的理论和应用价值，但是目前基本上仅仅停留在理论模型阶段，其具体的物理实现仍有很多限制。本研究目的在于减少这些限制，将理论模型向物理实现推进。本书从以下三节所介绍的三个方面进行分析，而且在论文后续的研究中，也主要针对这三个问题展开探索。

2.5.1　采样系统模型及滤波器设计

Gabor 框架采样系统包含多个通道，每个通道由 $w_j(t)$ 和 $s_m(t)$ 两个函数串联组成。其中，矩阵 $\boldsymbol{D}$ 和调制函数 $w_j(t)$ 可由多种序列构成，文献［113］对比了 Maximal、Gold、Hadamard、Kasami 和 Gaussain 伪随机序列等多种序列，其无论理论还是实践上都已经比较成熟，而时域调制函数 $s_m(t)$ 的直接应用在文献［22］中却是首次提出。文献［22］中，矩阵 $\boldsymbol{C}$ 直接选择了 Bernoulli 矩阵，关于窗函数也仅分析过分段样条曲线、B 样条曲线和 Gaussain 窗。文献中设计的 $s_m(t)$ 函数存在两个主要问题。

（1）通过 Bernoulli 矩阵 $\boldsymbol{C}$ 对窗函数进行调制，在实际应用中非常难以实现。如果函数 $s_m(t)$ 的实现在函数 $q_{j,m}(t)$ 与信号 $x(t)$ 的相乘阶段完成，生成 $s_m(t)$ 必须使用复杂的任意波形发生器。而为保证 $s_m(t)$ 中每个窗函数在叠加时平移相等的时间间隔，对波形发生器的精度要求很高。同时，在相乘的过程中必须保证各个通道都具有高精度的同步。此时，构建采样系统过程中所付出的代价就远高于普通的多通道并行采样，使得基于 Gabor 框架的采样系统在采集窄脉冲信号时仅仅具有理论意义。

（2）文献［22］所研究的时域调制函数 $s_m(t)$ 中，用于加权叠加的每个窗函数 $g(t-ak)$ 的设计要求能够保证 Gabor 框架具有较低的冗余度 μ 。文中分析了 $\mu=0.3$ 、$\mu=0.5$ 和 $\mu=0.75$ 三种情况下的系统重构误差，虽然具有很好的效果，但是都是在无系统噪声或失配的条件下完成的。根据框架理论，μ 越小，系统的稳健性越好[140]。而 μ 越小，问题（1）就越突出，这是一个矛盾的问题。

2.5.2　冗余字典条件下信号重构方法改进

信号的 UoS 表示能够对一类信号进行稀疏表示的子空间的集合。如果令 $\mathcal{V}=\{v_{k,l}\}_{k\in\Lambda,l\in\mathbb{Z}}$ 表示有限维子空间的基或框架，则对于 $x\in\mathcal{A}_\lambda$ ，信号在子空

间中可表示为 $x = \sum_{k\in\Lambda}\sum_{l\in\mathbb{Z}} z_{k,l}v_{k,l}$，其中 $z_{k,l}$ 为信号 x 在子空间 $\mathcal{A}_\lambda$ 进行稀疏表示的系数。式（2-12）中求解 $\boldsymbol{Z}$ 的过程可理解为子空间 $\mathcal{A}_\lambda$ 的探测，子空间探测的精度决定了信号重构的精度。

当信号 x 转化为离散的向量 $\boldsymbol{x}\in\mathbb{R}^d$，系数为向量 $\boldsymbol{z}\in\mathbb{R}^{KL}$，其稀疏度满足 $\|\boldsymbol{z}\|_0 < SL$，则可以将 $\mathcal{V}$ 转化为一个 Gabor 字典 $\boldsymbol{V}\in\mathbb{R}^{d\times KL}$，此时信号表示为 $\boldsymbol{x}=\boldsymbol{V}\boldsymbol{z}$。向量 $\boldsymbol{z}$ 中的第 $(k-1)L+l$ 个元素对应 $\boldsymbol{Z}$ 的第 (k,l) 个元素。$\boldsymbol{Z}$ 的结构如图 2-5 所示，是一种结构化的稀疏模型，其对应的向量 $\boldsymbol{z}$ 也是一个分块稀疏的向量。文献［22］中在进行子空间探测的时候将 $\boldsymbol{Z}$ 的求解归结为一个 MMV 问题，求解方法比较成熟简便。但是，Gabor 框架本身的冗余性决定了用于信号合成的字典 $\boldsymbol{V}$ 的冗余性，尤其是在采样系统中用于时域调制的窗函数为指数再生窗时，字典 $\boldsymbol{V}$ 的冗余性将更高。如果重构过程中不考虑字典 $\boldsymbol{V}$ 列向量线性相关特性的影响，很有可能因为信号稀疏表示具有多种表示方法导致不能选取最优的信号稀疏表示支撑集，最终使得信号重构失败或具有较大误差。因此，在对信号重构的过程中，需要进一步对信号空间进行分析，将子空间探测这种面向稀疏域的重构过程改进为面向信号域的重构。目前该领域内容研究比较少，但是在采样系统信号重构中是一个亟待解决的关键问题。

2.5.3 支撑集压缩和重构噪声估计

在解决以上两个基本问题的过程中，还可能伴随一些其他问题。

（1）冗余的 Gabor 字典条件下信号的 CS 重构需要测量矩阵 $\boldsymbol{C}$ 满足一定的 RIP 条件，而 $\boldsymbol{C}$ 的 RIP 特性主要受到系数 $\boldsymbol{Z}$ 的稀疏度、列维度和系统采样通道数三个方面的影响。当 $\boldsymbol{C}$ 采用确定性矩阵时，为了进一步降低采样通道数，并保证满足 RIP 条件，需要根据信号的冗余字典的稀疏表示在必要的稀疏度上进行压缩，但是在分块 Gabor 字典条件下采用何种方法进行准确的支撑集压缩目前没有具体的研究。

（2）由式（2-17）可以看出，信号的噪声抑制决定于信号重构算法。目前的研究中针对信号重构误差估计的方法虽然较多，但是针对不同的信号重构算法进行的误差边界的估计需要根据具体的算法确定。本书中，在对信号重构算法进行一系列的改进之后，有必要探索新的误差边界的估计，并据此分析算法抑制噪声的能力，相关问题有待进一步研究。

小　结

本章针对 Gabor 框架理论模型进行了分析，首先定义了信号采样和重构对象的窄脉冲信号模型；其次介绍了 Gabor 框架理论和截短的 Gabor 框架序列对信号表示的影响；然后阐述了 Gabor 框架采样理论模型的结构、信号重构方法及噪声或失配的影响；最后分析了目前的 Gabor 框架理论模型在工程物理实现过程中存在的问题。

第3章 基于指数再生窗的窄脉冲信号 Gabor 框架采样

3.1 引言

第2章分析了基于 Gabor 框架的窄脉冲信号欠 Nyquist 采样理论模型，这个模型在工程中难以实现，实现的难点在于信号时域调制过程中的多通道窗函数叠加序列的产生过于复杂，成本高且通道间同步困难。本章将指数再生窗引入 Gabor 框架，利用时域平移指数再生窗的加权叠加可以生成指数函数曲线的性质，将采样系统复杂的时域调制函数简化为简单的指数函数。本章还将重点研究将指数再生窗引入基于 Gabor 框架的采样系统后，采样系统的相关性质和信号重构所需满足的必要条件，解决以下几个关键问题。

（1）如何设计适用于采样系统的指数再生窗函数和选取合适的采样时间。指数再生窗函数不同于文献［22］中使用的 Gaussian 窗、正弦窗和固定阶数的 B-splines 窗，本身参数较多，需要根据待采集的窄脉冲信号特征和 Gabor 采样系统构建的需求进行设计。同时，由于时域调制函数和文献［22］相比发生了很大变化，采样时间的选取也有不同，需要重新计算。

（2）使用指数再生窗构建 Gabor 框架后，采样系统信号重构的测量矩阵如何构建，测量矩阵在何种条件下其 RIP 特性能够满足信号子空间探测的要求。测量矩阵的构建决定于采样系统设计，要优化测量矩阵还需要研究以下三个问题：如何调整时域调制函数，如何在分析中利用指数再生窗函数的性质，以及如何对重构过程进行优化。这三个问题也将在本章中解决。

（3）本采样系统中，指数再生窗的平滑阶数决定了 Gabor 框架的冗余度，系统采样重构的稳健性和 Gabor 框架冗余度是怎样的关系，还会受到采样系统中哪些参数的影响。本章将对此进行理论分析。

本章最后通过仿真实验的方式对这三个问题的研究结果进行验证。

3.2　指数再生窗

3.2.1　基本概念

指数再生窗概念的提出源于对 E-splines 窗函数性质的分析，起初用于数字信号处理[141-142]，其定义如下。

定义 3-1[141]　指数再生窗函数 $g(t)$ 是指与其平移后的一簇窗函数集进行加权叠加后，满足下式的一类函数，即

$$\sum_{k\in\mathbb{Z}} v_{n,k}g(t-k) - \mathrm{e}^{\alpha_n t} \tag{3-1}$$

式中，$n=0,1,\cdots,N$，$\alpha_n\in\mathbb{C}$。选取 $g(t)$ 的准双正交对偶窗 $\gamma(t)$，则加权系数 $v_{n,k}$ 可表示为 $v_{n,k}=\int_{-\infty}^{\infty}\mathrm{e}^{\alpha_n t}\gamma(t-k)\mathrm{d}t$。注意，$\gamma(t-k)$ 为关于 k 的离散时间函数序列，满足

$$v_{n,k}=\int_{-\infty}^{\infty}\mathrm{e}^{\alpha_n t}\mathrm{e}^{\alpha_n k}\gamma(t)\mathrm{d}t=\mathrm{e}^{\alpha_n k}v_{n,0} \tag{3-2}$$

指数再生窗函数源于 E-splines 窗，一般窗函数和指数样条函数的卷积都可构成指数再生窗函数。用 $\beta_\alpha(t)$ 表示 E-splines 窗，一般的指数再生窗函数表达式为 $\varphi(t)=\psi(t)*\beta_\alpha(t)$，$\psi(t)$ 为任意函数，本书中为了方便研究，取 $\psi(t)=\delta(t)$，则 $\varphi(t)=\beta_\alpha(t)$。

标准的一阶指数样条函数为

$$\beta_\alpha(t)=\mathrm{e}^{\alpha}\mathrm{rect}\left(t-\frac{1}{2}\right) \tag{3-3}$$

其 Fourier 变换表达式为

$$\hat{\beta}_\alpha(\omega)=\frac{1-\mathrm{e}^{\alpha-\mathrm{j}\omega}}{\mathrm{j}\omega-\alpha} \tag{3-4}$$

式中，$\beta_\alpha(t)$ 为紧支撑函数，与其平移后的一簇窗函数集进行加权叠加后可得 $\mathrm{e}^{\alpha t}$。N 阶的指数样条曲线为 N 个一阶函数的卷积：

$$\beta_\alpha(t)=(\beta_{\alpha_1}*\beta_{\alpha_2}*\cdots*\beta_{\alpha_N})(t) \tag{3-5}$$

式中，$\alpha=(\alpha_1,\alpha_2,\cdots,\alpha_N)$，其 Fourier 变换为

$$\hat{\beta}_\alpha(\omega)=\prod_{n=1}^{N}\frac{1-\mathrm{e}^{\alpha_n-\mathrm{j}\omega}}{\mathrm{j}\omega-\alpha_n} \tag{3-6}$$

高阶的 E-splines 窗 $\beta_\alpha(t)$ 也是紧支撑的，与其平移后的一簇窗函数集进行加权叠加后得到的函数属于由 $\{\mathrm{e}^{\alpha_1 t},\mathrm{e}^{\alpha_2 t},\cdots,\mathrm{e}^{\alpha_N t}\}$ 张成的子空间。

由于 α 中的元素可以是复数，所以 $\beta_\alpha(t)$ 也存在为非实函数的可能。当 α 中的元素由共轭对构成时，则可以保证 $\beta_\alpha(t)$ 为实函数。

3.2.2 指数再生窗构建 Gabor 框架的可行性

为了说明指数再生窗构建 Gabor 框架的可行性，这里给出定理 3-2。

定理 3-2 如果函数集 $\mathcal{G}(g,a,b)=\{M_{bl}T_{ak}g(t);k,l\in\mathbb{Z}\}$ 中参数 a 和 b 使得在 $g(t)$ 为紧支撑窗函数条件下保证 $\mathcal{G}(g,a,b)$ 可构成一个 Gabor 框架，当 $g(t)=\beta_\alpha(t)$ 时，则 $\mathcal{G}(g,a,b)$ 仍是一个 Gabor 框架。

证明 定义了指数再生窗 $\beta_\alpha(t)$ 之后，根据文献［141］中的 E-splines 窗的 Riesz 基性质的描述，可知 $\{T_k\beta_\alpha(t)\}_{k\in\mathbb{Z}}$ 可构成一个 Riesz 基。

此时当且仅当存在 $0<r_\alpha<R_\alpha<+\infty$ 时，满足

$$r_\alpha\|c\|_{l_2}\leqslant\left\|\sum_{k\in\mathbb{Z}}c[k]T_k\beta_\alpha\right\|_{L_2}\leqslant R_\alpha\|c\|_{l_2} \tag{3-7}$$

式中，r_α 和 R_α 分别为上、下 Riesz 基界，即

$$\begin{cases}r_\alpha=\inf\limits_{\omega\in[-\pi,\pi]}\sqrt{A_\alpha(\mathrm{e}^{\mathrm{j}2\pi f})}\\ R_\alpha=\sup\limits_{\omega\in[-\pi,\pi]}\sqrt{A_\alpha(\mathrm{e}^{\mathrm{j}2\pi f})}\end{cases} \tag{3-8}$$

式中，$A_\alpha(\mathrm{e}^{\mathrm{j}2\pi f})$ 为 $\{T_k\beta_\alpha(t)\}_{k\in\mathbb{Z}}$ 的指数级数表达式。

式（3-7）可以改写为

$$\frac{r_\alpha}{b}\|c\|_{l_2}\leqslant\left\|\sum_{k\in\mathbb{Z}}c[k]M_{bl}T_k\beta_\alpha\right\|_{L_2}\leqslant\frac{R_\alpha}{b}\|c\|_{l_2} \tag{3-9}$$

由于 $b\neq0$，所以 $0<\dfrac{r_\alpha}{b}<\dfrac{R_\alpha}{b}<+\infty$，因此 $\{M_{bl}T_{ak}\beta_\alpha(t)\}_{k\in\mathbb{Z}}$ 仍是一个 Riesz 基。

根据文献［140］中定理 9.6.1 指出，$L_2(\mathbb{R})$ 空间 $\mathcal{H}$ 的 Riesz 基是 $\mathcal{H}$ 的框架，且框架界和 Riesz 基界一致，可见 $\{M_{bl}T_{ak}\beta_\alpha(t)\}_{k\in\mathbb{Z}}$ 为 Gabor 框架，所以 $\mathcal{G}(\beta_\alpha,a,b)$ 满足式（1-6）。

说明 根据定理 3-2 可知，指数再生窗构建 Gabor 框架是可行的，且具有有限的框架界。但是，构建的 Gabor 框架界计算十分复杂，这里并不作为重点。

本书更关心的是 Gabor 框架的参数设置的约束条件，为此，可参见定理 3-3。

定理 3-3[143] 令 $n\in\mathbb{N}$，$\beta_\alpha(t)$ 是一个节点在 $0,1,\cdots,n$ 上的正实数指数样条窗，则 $\mathcal{G}(\beta_\alpha,a,b)$ 在满足如下任意一种条件下可构成一个 Gabor 框架。

(1) $0<a<n$ 且 $0<b<n^{-1}$；

(2) $a\in\{1,2,\cdots,n-1\}$，$b>0$ 且 $ab<1$；

(3) $a > 0$, $b \in \{1, 2^{-1}, \cdots, (n-1)^{-1}\}$ 且 $ab < 1$ 。

说明　由定理3-3可知，为了保证 $\mathcal{G}(\beta_\alpha, a, b)$ 为 Gabor 框架，需要 a,b 中任意一个参数和单个 $\beta_\alpha(t)$ 的支撑宽度 W_β 都不成比例。由定理3-3还可知，a，b 满足 $0 < a < W_\beta$ 和 $0 < b < 1/W_\beta$ 。

3.3　Gabor 框架指数再生窗函数设计

根据3.2.1节中的定义，指数再生窗函数 $g(t) = \psi(t) * \beta_\alpha(t)$ 可以理解为任何采样核函数 $\psi(t)$ 经过 E-splines 函数 $\beta_\alpha(t)$ 系统的时域响应函数。在理想的条件下，令 $\psi(t) = \delta(t)$ ，则窗函数可以化简为 $g(t) = \beta_\alpha(t)$ 。由于1阶 E-splines 函数 $\beta_\alpha(t)$ 在时域区间 $t = [0,1]$ 上紧支撑，N 阶 E-splines 函数 $\beta_\alpha(t)$ 作为 N 个 $\beta_\alpha(t)$ 的卷积，其在时域区间 $t = [0,N]$ 上紧支撑。利用尺度变换因子 N/W_g 对 $\beta_\alpha(t)$ 进行时域伸缩，得到的 Gabor 窗函数和其对偶窗函数为

$$\begin{cases} g(t) = \beta_\alpha(tN/W_g) \\ \gamma(t) = \tilde{\beta}_\alpha(tN/W_g) \end{cases} \tag{3-10}$$

此时，Gabor 窗函数 $g(t)$ 在时域区间 $t = [0, W_g]$ 上紧支撑。在这种条件下，时频网格参数满足 $a = \mu W_g$ 和 $b = 1/W_g$ 。如果令 $\mu = 1/N$ ，可获得时域调制函数，即

$$s_m(t) = \sum_{k=0}^{K-1} c_{m,k} \overline{\beta_\alpha(tN/W_g - \mu Nk)} = \sum_{k=0}^{K-1} c_{m,k} \overline{\beta_\alpha(tN/W_g - k)} \tag{3-11}$$

将式（3-10）代入式（3-1），可得

$$\sum_{k\in\mathbb{Z}} v_{n,k} g(t-k) = \sum_{k\in\mathbb{Z}} v_{n,k} \beta_\alpha(tN/W_g - k) = \mathrm{e}^{\alpha_n Nt/W_g} \tag{3-12}$$

令序号 m 和 n 一一对应，则 $c_{mk} = v_{m,k}$ 。此条件下采样系统中时域变换函数为

$$s_m(t) = \begin{cases} \mathrm{e}^{\overline{\alpha_n} Nt/W_g} & t \in [0,T] \\ 0 & t \notin [0,T] \end{cases} \tag{3-13}$$

注意，下标 m 和 n 与数量 M 和 N 虽然是相等的，但是为了方便区分通道和指数样条曲线的平滑阶数，在本书中依然用不同的字母分别表示。

由于信号 $x(t)$ 的时域区间为 $[0,T]$ ，且采样率低于 $1/T$ ，窗函数序列 $\{\beta_\alpha(tN/W_g - k)\}_{k\in\mathbb{Z}}$ 就需要截短。为了保证所使用的所有窗函数 $\beta_\alpha(tN/W_g - k)$ 覆盖时间区间 $[0,T]$ ，$g(t)$ 平移的最大时域切分量 a 个数 K_1 和 K_2 分别为

$$\begin{array}{l} K_1 a \geqslant -W_g \\ K_2 a \leqslant T + W_g \end{array} \rightarrow \begin{array}{l} K_1 = -N \\ K_2 = \left\lceil \dfrac{(T+W_g)N}{W_g} \right\rceil - 1 \end{array} \tag{3-14}$$

根据式（3-14），整个时域被切分为 $K = K_2 - K_1$ 个区间。另外，还需取总的时域调制函数个数和 E-splines 窗的平滑阶数相等，即 $M = N$。因此，采样通道数决定于 E-splines 窗的平滑阶数，相应地，为了增加测量点，就必须提高平滑阶数 N。

3.4 系数测量矩阵

在采样系统中，信号的重构需要首先通过解决式（2-13）中的问题获得 Gabor 系数 $z_{k,l}$，再根据式（2-3）利用对 Gabor 框架 $\mathcal{G}(\gamma,a,b)$ 对原始信号 $x(t)$ 进行逼近。在式（2-13）中，系数矩阵 $\boldsymbol{Z}$ 的第 l 个列向量 $\boldsymbol{Z}[l]$，其长度为 K 且稀疏度为 S，非零值的位置对应时域区间 $[0,T]$ 上脉冲 $h_n(t)$ 的位置。在利用 CS 理论对 $\boldsymbol{Z}$ 进行重构的过程中，系数测量矩阵 $\boldsymbol{C}$ 非常关键。下面对 $\boldsymbol{C}$ 的设计进行分析。

3.4.1 系数测量矩阵的设计

本小节将给出系数测量矩阵 $\boldsymbol{C}$ 中第 (m,k) 个元素 $c_{m,k}$ 的表达式。根据 3.3 节中的分析，令 $\alpha_m = \alpha_0 + \mathrm{i}\lambda\xi(m)$，其中 $\alpha_0 = W_g/NW$。这里暂不详细描述 α_0 的取值为 $\alpha_0 = W_g/NW$ 的原因，在第 4 章滤波器设计中将会看到 α_0 取此值的优势。

根据式（3-2），可知

$$c_{m,k} = \mathrm{e}^{\alpha_m k} c_{m,0} \tag{3-15}$$

此时，如果在 $\mathrm{i}\lambda\xi(m)$ 中存在关于 $2\pi m\mathrm{i}$ 的项，则系数测量矩阵 $\boldsymbol{C}$ 将具有 DFT 矩阵的某些关键性质。所以，令 $\lambda = 2\pi/K$，则

$$\alpha_m = \frac{W_g}{NW} + \mathrm{i}\,\frac{2\pi\zeta(m)}{K} \tag{3-16}$$

根据 3.3 节中窗函数的设计，如果存在 $p,q \in \{K_1, K_1+1, \cdots, K_2\}$，且 p 和 q 满足 $p + q = K - 2N$，则可得根据系统设计和指数再生窗函数的定义，通过计算系数 $v_{m,k}$ 间接获得 $\boldsymbol{C}$ 中的元素 $c_{m,k}$，表达式如定理 3-4。

定理 3-4 $\boldsymbol{C}$ 中的元素 $c_{m,k}$ 的表达式为

$$c_{m,k} = \mathrm{e}^{\overline{\alpha_m} k} \frac{\Xi(m)}{|\Xi(m)|^2},\ \Xi(m) = \frac{W_g}{N}\prod_{n=1}^{N} \frac{1 - \mathrm{e}^{-(\overline{\alpha_n}+\overline{\alpha_m})}}{\overline{\alpha_m} + \overline{\alpha_n}} \tag{3-17}$$

式中，$m \in \{1,2,\cdots,M\}$，$k \in \{K_1,K_1+1,\cdots,K_2\}$。

证明　令 $p,q \in \{K_1,K_1+1,\cdots,K_2\}$，$p+q=K-2N$，则

$$\begin{aligned}
c_{m,k} &= v_{m,q} \\
&= v_{m,(K-2N-p)} \\
&= \int_{-\infty}^{+\infty} \mathrm{e}^{-\overline{\alpha_m}Nt/W_g}\,\overline{\widetilde{\beta_\alpha}(-tN/W_g+(K-2N-p-1))}\,\mathrm{d}t \\
&= \mathrm{e}^{\overline{\alpha_m}(K-2N-p)} \int_{-\infty}^{+\infty} \mathrm{e}^{-\overline{\alpha_m}Nt/W_g}\,\overline{\widetilde{\beta_\alpha}(-tN/W_g-1)}\,\mathrm{d}t \\
&= \mathrm{e}^{\overline{\alpha_m}q} \int_{-\infty}^{+\infty} \mathrm{e}^{-\overline{\alpha_m}Nt/W_g}\,\overline{\widetilde{\beta_{-\alpha}}(tN/W_g)}\,\mathrm{d}t
\end{aligned} \tag{3-18}$$

式（3-18）中，假设 $s=\overline{\alpha_m}N/W_g$，将积分简化为对 $\overline{\widetilde{\beta_{-\alpha}}(tN/W_g)}$ 的拉普拉斯（Laplace）变换可得。如果令 $B_\alpha(s)$ 和 $\widetilde{B_\alpha}(s)$ 分别为 $\beta_\alpha(t)$ 和 $\widetilde{\beta_\alpha}(t)$ 的拉普拉斯变换表达式，则

$$\begin{aligned}
B_{-\alpha}(s) &= \int_{-\infty}^{+\infty} \mathrm{e}^{-\overline{\alpha_m}Nt/W_g}\,\overline{\beta_{-\alpha}(tN/W_g)}\,\mathrm{d}t \\
&= \frac{W_g}{N}\int_{-\infty}^{+\infty} \mathrm{e}^{-st}\,\overline{\beta_{-\alpha}(tN/W_g)}\,\mathrm{d}(tN/W_g) \\
&= \frac{W_g}{N}\prod_{n=1}^{N}\frac{1-\mathrm{e}^{-\overline{\alpha_n}-sW_g/N}}{sW_g/N+\overline{\alpha_n}} = \frac{W_g}{N}\prod_{n=1}^{N}\frac{1-\mathrm{e}^{-(\overline{\alpha_n}+\overline{\alpha_m})}}{\overline{\alpha_m}+\overline{\alpha_n}}
\end{aligned} \tag{3-19}$$

由于 $B_\alpha(s)$ 存在

$$\widetilde{B_\alpha}(s) = \frac{B_\alpha(s)}{|B_\alpha(s)|^2} \tag{3-20}$$

所以根据式（3-18）、式（3-19）和式（3-20）可得式（3-17）。

由定理3-4 可知，$\boldsymbol{C}$ 是由 $\Xi(m)/|\Xi(m)|^2$ 对 DFT 矩阵进行加权得到的测量矩阵。如果指数再生窗 $\beta_\alpha(t)$ 的平滑阶数 N 和 K 满足一定的条件，则 $\boldsymbol{C}$ 为 DFT 矩阵。因此可得推论 3-5。

推论 3-5　$\boldsymbol{C}$ 中的元素 $c_{m,k}$ 表达式满足定理3-4，若满足式（3-21），则 $\boldsymbol{C}$ 为 DFT 矩阵，有

$$\frac{N^2}{KW_g} = 2C_\Xi \tag{3-21}$$

式中，$C_\Xi \in N^+$。

证明　由式（3-17）可知

$$\begin{aligned}\frac{\Xi(m)}{|\Xi(m)|^2} &= \frac{1}{|\Xi(m)|}\mathrm{e}^{-\sum_{n=0}^{N}\frac{2\alpha_0-\mathrm{j}\frac{2\pi(n+m)}{K}}{2}\frac{N}{W_g}} \\ &= \frac{1}{|\Xi(m)|}\mathrm{e}^{-\sum_{n=0}^{N}\frac{\alpha_0 N}{W_g}+\mathrm{j}\sum_{n=0}^{N}\frac{\pi(n+m)}{K}\frac{N}{W_g}} \\ &= \frac{1}{|\Xi(m)|}\mathrm{e}^{-\sum_{n=0}^{N}\frac{\alpha_0 N}{W_g}}\mathrm{e}^{\mathrm{j}\sum_{n=0}^{N}\frac{\pi(p+m)}{K}\frac{N}{W_g}}\end{aligned} \tag{3-22}$$

如果$\Xi(m)/|\Xi(m)|^2$为固定常数，则$\boldsymbol{C}$为DFT矩阵。所以由式（3-22），如果存在正整数C_Ξ，可令$\Xi(m)/|\Xi(m)|^2$之间的角度差为2π的C_Ξ倍，其中$C_\Xi \in N^+$，则

$$\begin{aligned}&\tan(\Xi(m+1)) - \tan(\Xi(m)) \\ &= \frac{\pi N}{KW_g}\left(\sum_{n=0}^{N}(n+m) - \sum_{n=0}^{N}(n+m)\right) \\ &= \frac{\pi N^2}{KW_g} = 2\pi C_\Xi\end{aligned} \tag{3-23}$$

由式（3-23）可得式（3-21）。

在工程上，如果$\boldsymbol{C}$为DFT矩阵，则更易于计算机实现，还能减小数字信号处理过程中存在的浮点舍入误差。

另外，为了保证$g(t) = \beta_\alpha(tN/W_g)$为实函数，需要满足$\mathrm{Im}(\alpha_m) + \mathrm{Im}(\alpha_{M+1-m}) = 0$。因为$\mathrm{Im}(\alpha_m) = \mathrm{i}\frac{2\pi\zeta(m)}{K}$，可以令

$$\zeta(m) = m - \frac{M+1}{2} \tag{3-24}$$

3.4.2 RIP特性分析

确定了系数测量矩阵$\boldsymbol{C}$后，式（2-13）中的问题能否精确求解，系数测量矩阵$\boldsymbol{C}$的RIP十分关键。当$\boldsymbol{C}$为DFT矩阵或其子矩阵，则$\boldsymbol{C}$在满足式（3-25）的条件下，具有很好的RIP特性，且能够以高于$1-5\mathrm{e}^{-ct}$（c为大于零的常数）的概率完成$\boldsymbol{Z}$的精确重构[61]，即

$$M = CtS\log^4 K \tag{3-25}$$

式中，C为大于零的常数，$t>1$且$K,S>2$。当$\Xi(m)/|\Xi(m)|^2$不为固定常数时，$\boldsymbol{C}$为加权DFT矩阵或加权DFT子矩阵。此时，$\boldsymbol{C}$的S阶RIC δ_S没有很好的计算方法，本书中采用间接的方法进行考察。定义矩阵$\boldsymbol{\Theta}$的列相干性为

$$\theta(\boldsymbol{\Theta}) := \max_{i\neq j}\frac{|\langle\varphi_i,\varphi_j\rangle|}{\|\varphi_i\|_2\|\varphi_j\|_2} \tag{3-26}$$

根据 Gershgorin's 圆定理，矩阵 $\boldsymbol{\Theta}$ 满足常数为 $\delta_S = (S-1)\theta(\boldsymbol{\Theta})$ 的 S 阶 RIP 性质[52]。进一步来说，如果 $2S$ 阶 RIP 矩阵满足 $\delta_{2S} < 1$，则矩阵 $\boldsymbol{\Theta}$ 的任意 $2S$ 个列线性相关，此时对于归一化的 DFT 矩阵需要满足 $\delta_{2S} = (2S-1)\theta(\boldsymbol{\Phi})$[68]。

这里，将式（3-17）中的系数 $c_{m,k}$ 代入相干性计算公式，可得

$$\begin{aligned}\theta(\boldsymbol{C}) &= \frac{|\langle c_k, c_l\rangle|}{\|c_k\|_2\|c_l\|_2} \\ &= \frac{\left|\sum_{m=0}^{M-1}\frac{\mathrm{e}^{\overline{\alpha_m}k}\mathrm{e}^{\overline{\alpha_m}l}}{|\Xi(m)|^2}\right|}{\sqrt{\sum_{m=0}^{M-1}\frac{\mathrm{e}^{\overline{\alpha_m}k}\mathrm{e}^{\alpha_m k}}{|\Xi(m)|^2}}\sqrt{\sum_{m=0}^{M-1}\frac{\mathrm{e}^{\overline{\alpha_m}l}\mathrm{e}^{\alpha_m l}}{|\Xi(m)|^2}}} \\ &= \frac{\left|\sum_{m=0}^{M-1}\frac{\mathrm{e}^{\mathrm{i}\frac{2\pi m}{K}(l-k)}}{|\Xi(m)|^2}\right|}{\sum_{m=0}^{M-1}\frac{1}{|\Xi(m)|^2}} \leqslant \frac{\sum_{m=0}^{M-1}\left|\mathrm{e}^{\mathrm{i}\frac{2\pi m}{K}(l-k)}\right|}{M} = \theta(\boldsymbol{F}_Q)\end{aligned} \tag{3-27}$$

式中，Q 为指标集 $\{1,2,\cdots,M\}$，且满足 $M \leqslant K$；$\boldsymbol{F}_Q$ 表示一个 DFT 矩阵 $\boldsymbol{F}$ 的子矩阵。其中，尺寸为 $K\times K$ 的 $\boldsymbol{F}$ 矩阵的元素为

$$\boldsymbol{F}_{m,k} = \frac{1}{\sqrt{K}}\exp\left(\mathrm{i}\,\frac{2\pi mk}{K}\right)$$

根据式（3-27），$\theta(\boldsymbol{C}) \leqslant \theta(\boldsymbol{F})$。因此，矩阵 $\boldsymbol{C}$ 比一般的 DFT 矩阵具有更加严格的 RIP 性质。此时，矩阵 $\boldsymbol{C}$ 仍然满足式（3-25）中的条件。

在获得准确的系数矩阵 $\boldsymbol{Z}$ 后，根据式（2-3）可以完成信号重构。在式（2-3）中，用于完成信号 $x(t)$ 逼近的对偶 Gabor 框架窗函数对应于 $\boldsymbol{Z}$ 的非零行，可以构成信号的一个子空间。因此，可以认为由相同波形脉冲构成的一类信号属于 Gabor 子空间的联合，Gabor 系数矩阵 $\boldsymbol{Z}$ 的重构的过程为**子空间探测**。所以，为了能够精确恢复原始信号 $x(t)$，令系数测量矩阵 $\boldsymbol{C}$ 满足式（2-25）显得至关重要。在现有的采样系统中，为了提高 $\boldsymbol{C}$ 的 RIP 特性，最关键的是要保证稀疏度 S 和系数矩阵列维度 K 尽可能小且具有合适的比例。

在本书提出的采样系统中，冗余度 $\mu = 1/ab = 1/N$，稀疏度满足

$$S = \left\lceil \frac{WN_p}{mW_g} \right\rceil + N_pN \tag{3-28}$$

根据式（3-28），当 $W_g = W$，稀疏度与文献［22］中稀疏度 S' 相同，即 $S = S' = N_p\lceil 2\mu^{-1}\rceil = 2N_pN$。如果 $W_g \gg W$，稀疏度趋于下限，即 $S \to N_pN$。但是无论在哪种情况，都存在 $S > N = M$。为了减小稀疏度 S，可以在系统设

计的时候增大 Gabor 窗函数宽度，并尽可能保持较小的窗函数平滑阶数 N 。另外，由于式（3-28）中的分母 $\mu W_g = a$ ，在系统设计完毕后为固定值。因此，如果能够减小计算过程中有效的窗宽度，可以进一步减小稀疏度 S 。

根据前面分析，还可以得到 Gabor 系数矩阵 $\boldsymbol{Z}$ 列向量的维度，即系数测量矩阵 $\boldsymbol{C}$ 的列数为

$$K = \left\lceil \frac{T}{\mu W_g} \right\rceil + 2N - 1 \tag{3-29}$$

由式（3-29），对于固定的时间长度 T , K 主要决定于时间平移参数 a 和 N。可见，同降低稀疏度 S 的方法一样，可以增大 W_g 并尽可能保持较小的 N 。

将式（3-28）和式（3-29）代入式（3-25），可知在常数 $C' > 0$ 的条件下，当满足式（3-30）时，系数矩阵 $\boldsymbol{Z}$ 可以在极高的概率下精确重构，则

$$M \geqslant C'N\lg^4(TN/W_g) \tag{3-30}$$

式中，在文献［22］中，Gabor 窗宽为 $W_g = W$ ，通道数 M 的选取和 N 无关。同时，由于 $T \gg W$ ，可知 N 越小越好。为了方便研究，这里令 $M = N$ ，所以为了能够对 $\boldsymbol{Z}$ 完成精确重构，式（3-30）转化为

$$\lg^4(TN/W_g) \leqslant \frac{1}{C'} \tag{3-31}$$

为满足式（3-31）的约束条件，在采集的信号时域长度 T 确定的情况下，需要选择合适的 W_g 和 N 。因此，3.5 节将围绕 W_g 和 N 进行研究，对窗函数设计进一步完善，以尽可能提高系数测量矩阵 $\boldsymbol{C}$ 的 RIP 性质。

3.5 窗函数尺度变换及本质窗宽

向量 $\boldsymbol{Z}[l]$ 的维度 K 和稀疏度 S 共同决定了系数测量矩阵 $\boldsymbol{C}$ 满足用于 $\boldsymbol{Z}$ 精确重构所需的采样通道数 M ，因此，必须从改善 K 和 S 进行研究。这两个参数主要和 Gabor 窗宽度 W_g 与 E-splines 窗的平滑阶数 N 两个方面密切相关，本节将对这两个方面进行详细阐述。

3.5.1 窗函数尺度变换

在本小节的研究中，令 Gabor 框架窗函数宽度 $W_g = \zeta W$ ，其中 $\zeta \geqslant 1$ 。此时，$a = \zeta W/N$ ，将其代入式（3-28）和式（3-29），可得

$$\begin{cases} S = \left(\left\lceil \dfrac{N}{\zeta} \right\rceil + N\right) N_p \\ K = \left\lceil \dfrac{TN}{\zeta W} \right\rceil + 2N - 1 \end{cases} \tag{3-32}$$

根据式（3-32），当 $\zeta=1$，则 $W_g=W$，向量 $\mathbf{Z}[l]$ 的维度 K 和稀疏度 S 与文献［22］中的 K' 和 S' 相同，即

$$\begin{cases} S' = 2N_pN \\ K' = \left\lceil \left(\dfrac{T}{W}+2\right)N \right\rceil - 1 \end{cases} \tag{3-33}$$

当 $\zeta>1$ 时，则 $W_g>W$，随着 ζ 的进一步增大，K 和 S 进一步减小，使得式（3-25）可以更高的概率得以满足。

下面，通过对比窗函数尺度变换条件下和文献［22］中 $W_g=W$ 条件下截短框架逼近原始信号的误差边界，分析尺度变换对于重构精度的影响。这里，首先给出引理3-6。

引理3-6　对于任意 Gabor 窗函数 $g(t)\in S_0$，如果存在常数 $0<\zeta<\infty$，则

$$\| g(t/\zeta) \|_{S_0} = \zeta \| g(t) \|_{S_0} \quad g(t/\zeta)\in S_0 \tag{3-34}$$

证明　令 $g'(t)=g(t/\zeta)$，其 Fourier 变换为

$$V_{g'}g'(\tau,f) = \zeta\int_{-\infty}^{\infty} \mathrm{e}^{-\frac{2\pi\mathrm{i}\omega t}{\zeta}} g\left(\frac{t}{\zeta}\right) g\left(\frac{t}{\zeta}-\tau\right)\mathrm{d}\,\frac{t}{\zeta} = \zeta V_g g(\tau,f) \tag{3-35}$$

则

$$\begin{aligned} \| g'(t) \|_{S_0} &= \int_{-\infty}^{\infty}\int_{-\infty}^{\infty} |V_{g'}g'(\tau,f)|\,\mathrm{d}\tau\mathrm{d}f \\ &= \zeta\int_{-\infty}^{\infty}\int_{-\infty}^{\infty} |V_g g(\tau,f)|\,\mathrm{d}\tau\mathrm{d}f = \zeta \| g(t) \|_{S_0} \end{aligned} \tag{3-36}$$

根据 Segal 代数空间的定义，对于任意 $g(t)\in S_0$，在 $0<\zeta<\infty$ 条件下满足 $\| g(t) \|_{S_0}<\infty$。由式（3-36）可知 $\| g'(t) \|_{S_0}=\zeta\| g(t) \|_{S_0}<\infty$，所以 $g(t/\zeta)\in S_0$。

根据引理3-6，如果 Gabor 框架窗函数时域支撑宽度为 W，则当对窗函数进行 ζ 倍的尺度变换之后，其 S_0 范数为原来的 ζ 倍，且窗函数仍然属于 S_0 空间。同时，S_0 范数与时频平面中的切分网格和框架冗余度无关。接下来，利用定理3-7可以分析窗函数尺度伸缩对于信号逼近误差边界的影响。

定理3-7　$x(t)$ 为有限时间信号，时域支撑区间为 $[0,T]$，ϵ_Ω-本质带宽为 $[-\Omega/2,\Omega/2]$，$\mathcal{G}(g,a,b)$ 为窗函数在 $[0,W]$ 上紧支撑的 Gabor 框架，其 ϵ_B-本质带宽为 $[-B/2,B/2]$，对偶窗函数为 $\gamma\in S_0$，其中 $\epsilon_B>0$。对于框架窗函数 $g'(t)=g(t/\zeta)$，其对偶窗函数为 $\gamma'\in S_0$。存在 $K_1<0$、$K_2>0$ 和 $L_0>0$，使得

$$\left\| x - \sum_{k=K_1}^{K_2}\sum_{l=-L_0}^{L_0} z_{k,l} M_{b'l} T_{a'k}\gamma' \right\|_2 \leqslant \zeta C_\zeta(\zeta\epsilon_\Omega + \sqrt{\zeta}\epsilon_B)\,\| x \|_2 \tag{3-37}$$

式中，$a' = \zeta a$，$b' = b/\zeta$，$C_\zeta = \bar{C}_\zeta^2 \|\gamma\|_{S_0} \|g\|_{S_0}$，$\bar{C}_\zeta = (1 + 1/\zeta a)^{1/2}(1 + \zeta/b)^{1/2}$，$C_\zeta$ 和 $\bar{C}_\zeta$ 是与框架设计有关的常数。

证明 由于 $\mathcal{G}(g,a,b)$ 与 $\mathcal{G}(\gamma,a,b)$ 互为对偶的 Gabor 框架，因此对于每一个尺度变换的窗函数 $g'(t) = g(t/\zeta)$，其信号可分解为

$$x(t) = \sum_{k=K_1}^{K_2} \sum_{l \in \mathbb{Z}} z_{k,l} M_{\zeta ak} T_{bl/\zeta} \gamma'(t) \tag{3-38}$$

式中，$\gamma'(t) = r(t/\zeta)$ 为对偶窗。

由于本质带宽为 $[-B/2, B/2]$ 的 ϵ_B-带限的窗 $g(t)$ 在 S_0 上位稠密的，如果令 $f' = \zeta f$，则在 $[0, \zeta W]$ 上紧支撑的 $g'(t)$ 满足

$$\begin{aligned}\left(\int_{F_{B_g}^c} |g'(f)|^2 \mathrm{d}f\right)^{1/2} &= \left(\int_{F_{B_g}^c} |\zeta g(\zeta f)|^2 \mathrm{d}f\right)^{1/2} \\ &= \left(\zeta \int_{F_{B_g}^c} |x(f')|^2 \mathrm{d}f'\right)^{1/2} \leqslant \sqrt{\zeta}\epsilon_{\zeta B_g} \|g(t)\|_2\end{aligned} \tag{3-39}$$

由于 $\zeta B_g = B$，则 $g'(t)$ 为 $[-B/2\zeta, B/2\zeta]$ 上的带限信号。另外，由于

$$\left(\int_{F_{B_g}^c} |g'(f)|^2 \mathrm{d}f\right)^{1/2} \leqslant \epsilon_{B_g} \|g'\|_2 = \zeta \epsilon_{B_g} \|g\|_2 \tag{3-40}$$

可知

$$\epsilon_{B_g} = \frac{1}{\sqrt{\zeta}} \epsilon_B \tag{3-41}$$

因此，存在 $g'_c \in S_0$，使得

$$\|g' - g'_c\|_{S_0} \leqslant \epsilon_{B_g} \|g'\|_{S_0} = \sqrt{\zeta}\epsilon_B \|g\|_{S_0} \tag{3-42}$$

类似地，存在 $\|x - x_c\|_{S_0} \leqslant \epsilon_\Omega \|x\|_{S_0}$。

所以对于满足 $\mathrm{supp}\hat{x} \cap \mathrm{supp}\hat{g}' + bl/\zeta \neq \varnothing$ 的指数 l，存在 $|z_{k,l}| = |\hat{x}, M_{-\zeta ak} T_{bl/\zeta} \hat{g}'| \neq 0$。令 L_0 为所需的最小整数，则对于任意 $|l| > L_0$，满足 $|z_{k,l}| = 0$。

这里，定义序列 q_{kl}，满足

$$q_{k,l} = \begin{cases} z_{kl}^c & K_1 \leqslant k \leqslant K_2, |l| \leqslant L_0 \\ 0 & \text{其他} \end{cases} \tag{3-43}$$

因此，对于所有 $k, l \in \mathbb{Z}$，有

$$|q_{kl}| \leqslant | V_{g'-g'_c} x(\zeta ak, bl/\zeta) + V_{g'_c}(x - x_c)(\zeta ak, bl/\zeta) | \tag{3-44}$$

则

$$\left\| x - \sum_{k=K_1}^{K_2} \sum_{l=-L_0}^{L_0} z_{k,l} M_{bl/\zeta} T_{\zeta ak} \gamma' \right\|_2 = \left\| x - \sum_{k \in \mathbb{Z}} \sum_{l \in \mathbb{Z}} q_{k,l} M_{bl/\zeta} T_{\zeta ak} \gamma' \right\|_2$$

$$\leqslant \zeta \bar{C}_\zeta \| \gamma \|_{S_0} \| q_{k,l} \|_{l_2}$$

$$\leqslant \zeta \bar{C}_\zeta \| \gamma \|_{S_0} (\| V_{g'-g'_c} x \|_{l_2} + \| V_{g'_c}(x - x_c) \|_{l_2}) \tag{3-45}$$

$$= \zeta \bar{C}_\zeta^2 \| \gamma \|_{S_0} \| g \|_{S_0} (\zeta \epsilon_\Omega + \sqrt{\zeta} \epsilon_B) \| x \|_2$$

说明　根据定理3-7可知，对于窄脉冲信号采样系统，$\zeta \in [0,1)$。误差边界中的 $1+\zeta/b$ 项、$\zeta\epsilon_\Omega + \sqrt{\zeta}\epsilon_B$ 项随着 ζ 增大而增大的量可忽略，而 $1+1/\zeta a$ 项对整个误差边界的估计起决定性作用。随着 ζ 从1开始增大，$1+1/\zeta a$ 迅速减小，导致整个误差边界也迅速减小。随着 ζ 的进一步增大，误差边界减小的速度趋于平缓。另外，当对 Gabor 窗进行尺度拉伸时，窗函数在支撑域上的能量随之增大，当对本质带宽进行等比例伸缩时，带外信号能量也等比例增大。利用 S_0 范数可以计算忽略的稀疏系数在时频域的能量，随着尺度拉伸，其值自然也随之增大。最简单的减小其引起误差的方法，是在系统构建时选择更宽的本质带宽，减小窗函数带外能量。当然，这是以硬件和重构时信号处理计算量为代价的。

实际上，上面的误差边界的分析是假设系数矩阵 $\boldsymbol{Z}$ 在完全精确重构条件下的误差估计，但是考虑到窗函数尺度变换导致的 $\boldsymbol{C}$ 的 RIP 特性变化，误差边界还应增加与 $\boldsymbol{Z}$ 有关的项。由式（3-37）进一步推导，可得

$$\left\| x - \sum_{k=K_1}^{K_2} \sum_{l=-L_0}^{L_0} z_{k,l} M_{b'l} T_{a'k} \gamma' \right\|_2 \leqslant C_0 \| x \|_2 + C_1 \| \boldsymbol{Z} - \boldsymbol{Z}_\Lambda \|_{2,1} \tag{3-46}$$

式中，$C_0 = \zeta C_\zeta^2 (\zeta\epsilon_\Omega + \sqrt{\zeta}\epsilon_B) \| \gamma \|_{S_0} \| g \|_{S_0}$，$C_1 = \zeta C_\zeta C'_1 \| \gamma \|_{S_0}$，$C_\zeta = (1 + 1/\zeta a)^{\frac{1}{2}} (1+\zeta/b)^{\frac{1}{2}}$。$\boldsymbol{Z}_\Lambda$ 为 $\boldsymbol{Z}$ 的 S 行最优逼近，C' 是与 $\boldsymbol{C}$ 的 RIC δ_S 相关的常数。

在式（3-46）中，由于 ϵ_Ω 和 ϵ_B 为趋近于0的常数，因此相比较 C_1，C_0 几乎可以忽略不计。由于在设计的实际系统中，$\| \gamma \|_{S_0}$ 和 $\| g \|_{S_0}$ 本身也为非常小的值，使得式（3-46）中小于等于号右侧的第二项明显起主要作用。在第二项中，C' 是与 δ_S 和 S 正向相关的常数。当窗函数拉伸时，式（3-25）能够以更高的概率满足。同时，$\boldsymbol{C}$ 的列和行的维度的比值 $r = M/K$ 更大，RIC δ_S 减小，C' 也相应减小，ζC_ζ 和 C' 对 C_1 的影响相互抵消。因此，在进行窗函数尺度拉伸的时候，在提高 $\boldsymbol{Z}$ 重构成功率的同时，并不对误差边界产生明显的影响。但是，值得注意的是，$\| \boldsymbol{Z} - \boldsymbol{Z}_\Lambda \|_{2,1}$ 本身也是影响信号重构误差边界的重要因素，而其与 CS 重构方法有关。因此，为了进一步降低信号误差边界，就需要在重构 $\boldsymbol{Z}$ 的方法上进行进一步的探索。换言之，**改善信号子空间探测方法是提高信号恢复误差的重要途径**。

如果用 $[-B/2, B/2]$ 表示 Gabor 窗函数支撑宽度为 $[0, W]$ 条件下的 ϵ_B-本

质窗宽，则根据 Fourier 尺度变换的性质，$B_g = B/\zeta$。此时，频域切分尺寸为 $b = 1/W\zeta$。同时，频域切分个数为 $L = \lceil (\zeta\Omega + B)W \rceil - 1$，比较文献［22］中的 $L' = \lceil (\Omega + B)W \rceil - 1$ 更大。由此可见，窗函数尺度变换将时域需要测量的信息转化到了频域。

为了估计尺度伸缩对总的 Gabor 系数的个数，即短时 Fourier 变换采样点数 KL 的影响，可以令 $T' = T + 2\zeta W$，$\Omega' = \Omega + B/\zeta$。根据上面的分析，可知

$$K \approx \frac{T'N}{\zeta W}, L \approx \zeta W W' \tag{3-47}$$

此时，可得

$$KL \approx \frac{T'N}{\zeta W}\zeta W\Omega' = T'\Omega'N \tag{3-48}$$

由式（3-48）可知，进行尺度伸缩之后，Gabor 系数个数 KL 相比较 $K'L'$ 并无过于明显地减少。

除了信号和窗函数的时频域支撑对 Gabor 系数的影响，关系最大的是冗余度 $\mu = 1/N$。μ 越小，则 KL 越大。为了进一步减小 KL，可以将频移因子 b' 由 $b' = 1/\zeta W$ 减小为 $b = 1/W$。此时，冗余度 $\mu = \zeta/N$。如果尺度伸缩因子 ζ 满足 $\zeta < N$，则 $\mathcal{G}(g,a,b)$ 仍旧可以构成一个 Gabor 框架，并保证信号的精确重构。此时 $L \approx W\Omega'$，则 Gabor 系数的个数约为

$$KL \approx T'\Omega'N/\zeta \tag{3-49}$$

此时，$KL < K'L'$ 在 ζ 足够大的情况下，Gabor 系数个数的运算量大为降低。另外，调制函数通常由周期为 $T_p = b'$ 的伪随机编码实现，最小时间变化间隔为 $\Delta T_p = b'/L$，在 $b' = 1/\zeta W$ 的条件下，伪随机编码依然可以具有很好的性能。根据定理 3-7，重构误差边界的表达式不变，但是常数转化为

$$C'_\zeta = (1 + 1/\zeta a)^{1/2} (1 + 1/b)^{1/2} \tag{3-50}$$

此时，误差边界会增大。但是，如果 ζ 在合适的范围内，依然可以获得理想的误差边界。

3.5.2 本质窗宽

指数再生窗 $\varphi(t) = \psi(t) * \beta_\alpha(t)$ 是采样核函数经过 E-splines 窗 $\beta_\alpha(t)$ 滤波后的响应。理想状态下，可以令 $\psi(t) = \delta(t)$，则窗函数表达式为 $\varphi(t) = \beta_\alpha(t)$。然而，E-splines 具有一个很特殊的性质，即随着平滑阶数 N 的提高，窗函数能量集中聚集在一个越来越窄的支撑域中。其中，令 $\alpha_0 = 1/N$，且 $\mathrm{Im}(\alpha_m) + \mathrm{Im}(\alpha_{M-m}) = 0$，则不同平滑阶数 N 的归一化的 E-splines 窗如图 3-1 所示。

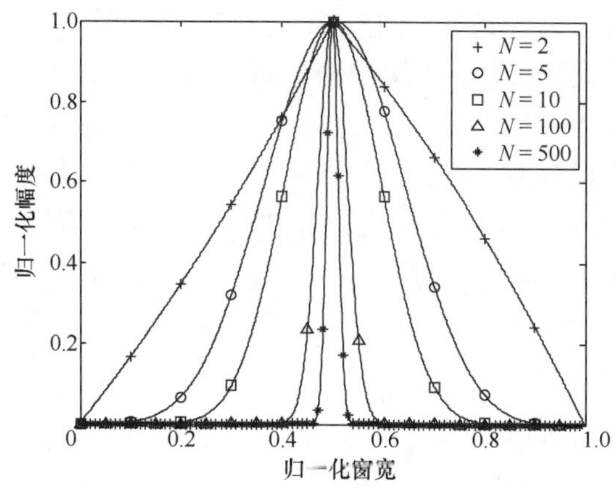

图 3-1　不同平滑阶数 N 的归一化的 E-splines 窗

由图 3-1 可知，随着 N 的增加，窗函数的宽度越来越窄，当 $N = 100$ 时，窗函数 99% 以上的能量集中在整个紧支撑域的 1/5 的宽度范围内。为了进行定量分析，这里引入"本质窗宽"的概念。

定义 3-8　令 $T_{\mathrm{E}} = [t_1, t_2]$，$T_{\mathrm{E1}}^{\mathrm{c}} = [0, t_1]$，$T_{\mathrm{E2}}^{\mathrm{c}} = [t_2, W_g]$，其中 $0 \leqslant t_1 < t_2 \leqslant W_g$，如果存在常数 $\epsilon_W < 1$，当满足下式时，$W_{\mathrm{E}} = |T_{\mathrm{E}}|$ 为 ϵ_W - 本质窗宽，即

$$\left(\int_{T_{\mathrm{E1}}^{\mathrm{c}} + T_{\mathrm{E2}}^{\mathrm{c}}} |\varphi(t)|^2 \mathrm{d}t\right)^{1/2} \leqslant \epsilon_W \|\varphi(t)\|_2 \tag{3-51}$$

定义本质窗宽因子为 $\eta = W_{\mathrm{E}}/W_g$，则可以更精确的分析窗宽截短后系统的重构误差边界。但是 η 非常难以计算，这里用图 3-2 给出误差分别为 $\epsilon_W = 10^{-1}$、$\epsilon_W = 10^{-3}$ 和 $\epsilon_W = 10^{-5}$ 条件下，不同平滑阶数 E-splines 窗函数的 η 的变化趋势。

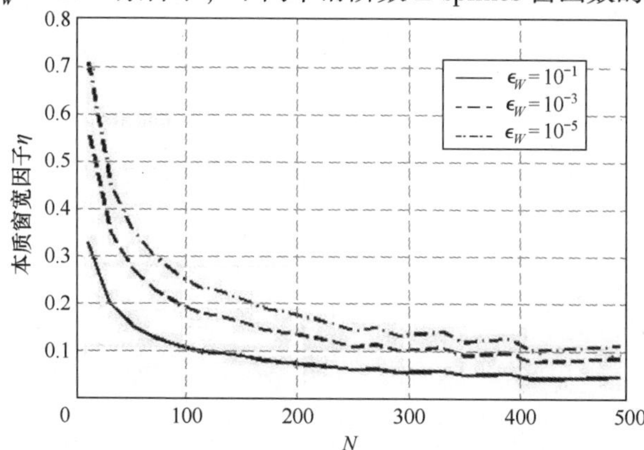

图 3-2　不同 ϵ_W 和 N 条件下 E-splines 窗的 η 的变化趋势

由图3-2可知，当N足够高的条件下，本质带宽因子η就变得非常低，然而更严格的常数ϵ_W意味着η具有更宽的取值范围。

考虑到对窗函数已经进行了尺度拉伸，则$W_E = \eta\zeta W$，此时，对于构成Gabor框架的N阶指数再生窗$g', g'_c \in S_0$，依据定理3-7，可得误差边界不等式，其表达式和式（3-46）相同。但C_0和C_1不同，其表达式为

$$\begin{cases} C_0 = \zeta C_\zeta^2(\zeta(\epsilon_\Omega - \epsilon_B\epsilon_W) + \sqrt{\zeta}(\epsilon_B + \epsilon_W)) \| \gamma \|_{S_0} \| g \|_{S_0} \\ C_1 = \zeta C_\zeta C'_1 \| \gamma \|_{S_0} \end{cases} \tag{3-52}$$

需要说明的是，如果$g'_c(t)$是$g'_c(t)$在频带$[-B/2\zeta, B/2\zeta]$上满足误差为ϵ_{B_g}的近似，在利用CS算法求解$\boldsymbol{Z}$时根据式（3-51）对非零极小项进行了舍弃后可得到时域截短窗$g'_c(t)$，则满足

$$\| g' - g'_c \|_{S_0} \leqslant \sqrt{\zeta}(\epsilon_B + \epsilon_W) \| g' \|_{S_0} \tag{3-53}$$

同时，有

$$\| g'_c(x - x_c) \|_2 \leqslant \zeta(\epsilon_\Omega - \epsilon_B\epsilon_W) \| g' \|_{S_0} \| x \|_2 \tag{3-54}$$

根据式（3-53）和式（3-54），结合定理3-7的证明即可得到式（3-52）。其中，C_ζ的定义同上。由此可见，利用本质带宽确定稀疏度S的时候，仅仅对C_0存在微小增加，对C_1并无影响。

根据式（3-25），需要保证测量矩阵$\boldsymbol{C}$满足RIP条件，信号重构约束条件见定理3-9。

定理3-9 对于最大脉冲个数为N_p的多窄脉冲信号$x(t)$，通过基于Gabor的采样系统进行欠Nyquist采样。如果使用在$[0, W_g]$上紧支撑且ϵ_W-本质窗宽为W_E的N阶指数样条函数作为窗函数，时域相比窗宽为W的条件下拉伸ζ倍，$M \times K$的矩阵$\boldsymbol{C}$为重构中对应的测量矩阵。存在常数$\eta(N, \epsilon_W) = W_E / W_g$，$C > 0$，$t > 0$，满足下式，可以以高于$1 - 5e^{-ct}$的概率完成$\boldsymbol{Z}$的精确重构；则信号可以得到精确重构：

$$CN_p t\left(1 + \frac{1}{\eta(N, \epsilon_W)\zeta}\right)\lg^4\left(\frac{TN}{\zeta W} + 2N\right) \leqslant 1 \tag{3-55}$$

证明 在基于Gabor框架的欠Nyquist采样系统中，若信号脉冲个数为N_p，系数矩阵$\boldsymbol{Z}$的稀疏度满足

$$\begin{aligned} S &= \left\lceil \left(1 + \frac{W}{W_E}\right)N \right\rceil N_p \\ &= \left\lceil \left(1 + \frac{1}{\eta(N, \epsilon_W)\zeta}\right)N \right\rceil N_p \end{aligned}$$

$$\geqslant \left(1 + \frac{1}{\eta(N,\epsilon_W)\zeta}\right)N_{\mathrm{p}}N \tag{3-56}$$

由式（3-32）可知

$$K = \left\lceil \frac{TN}{\zeta W} \right\rceil + 2N - 1 \leqslant \frac{TN}{\zeta W} + 2N \tag{3-57}$$

本系统中存在 $M = N$，并将式（3-56）和式（3-57）中的第二项代入式（3-25）此约束条件即可得到式（3-55）。

说明 1：常数 ϵ_W 的选择是一个折中的过程。$\eta(N,\epsilon_W)$ 是一个关于 N 和 ϵ_W 的函数，大小与 ϵ_W 正相关，增大 ϵ_W 可以保证式（3-55）更加容易满足，但是势必会增大信号重构的误差。但是对 ϵ_W 要求过分严格，则系数矩阵 $\boldsymbol{Z}$ 就有可能完全无法获得。通过使用不同的 MMV 重构算法可以适当地放宽要求，比如，MUSIC 算法比 SOMP 算法需要有更宽的重构条件，可以容忍更小的 $\eta(N,\epsilon_W)$，相应地，可以选择更小的常数 ϵ_W 对信号重构进行约束。

在 ϵ_W 确定的情况下，$\eta(N,\epsilon_W)$ 的大小与 N 也呈正相关，根据式（3-55），随着 N 增大，稀疏度 S 比不考虑本质窗宽的条件下减小。同时，列向量维度基本上不随 N 的线性增大而线性增大，只是进行缓慢的波动增长。所以 N 的线性增长对系数矩阵 $\boldsymbol{Z}$ 求解造成的压力在这里可以平衡掉。

说明 2：c 是一个与稀疏度 S 和测量矩阵 $\boldsymbol{C}$ 尺寸无关的常数，但是和重构成功率密切相关。在满足式（3-55）的条件下，c 的上限越高，重构成功率越大。虽然 N 的增加会降低 c 的上限，但是根据说明 1 的分析，通过选择合适的 ϵ_W 和 N，仍然可以保证优异的重构精度。

根据文献［22］，Gabor 框架对信号重构，当取 $W_{\mathrm{E}} = W$ 时，可以获得最优的重构效果。此时，存在 $W_g = \eta W$。$\boldsymbol{Z}$ 的列向量维度为 $K = \lceil T/W + 1 \rceil + 2N - 1$，大大低于 $W_g = W$ 时的维度。重构过程中，设时域区间为 $[0,T']$，其中 $T' = T + 2\eta W$，则 $\boldsymbol{Z}$ 的列向量维度可表示为 $K \approx T'N/\eta W$。同时，令频域区间为 $[0,\Omega']$，其中 $\Omega' = \Omega + B/\eta$，则 $\boldsymbol{Z}$ 的列数为 $L \approx \eta W\Omega'$，可得到 $\boldsymbol{Z}$ 的尺寸为

$$K'L' \approx \frac{T'N}{W}\eta W\Omega' = \eta T'\Omega' N \tag{3-58}$$

由此可见，需要的 Gabor 系数数量有所减小，且指数样条曲线的平滑阶数 N 越大，$\boldsymbol{Z}$ 的尺寸越大，重构过程中的运算复杂度越高。但是，由于式（3-55）更容易满足，其对信号的使用范围也越宽，系统可以采集和重构脉宽更大或脉冲更多的多脉冲信号。

3.6 子空间探测中的支撑集压缩

在研究过程中，发现了一个现象：当用于稀疏的 Gabor 系数矩阵 $\mathbf{Z}$ 的 CS 重构算法的输入量 S，即稀疏度，小于 $\mathbf{Z}$ 的实际稀疏度时，信号依然可以得到精确重构。

这里使用 $\zeta = 8$，$M = N = 80$ 的基于指数再生窗的 Gabor 框架采样系统对长度为 $T = 20\text{ms}$ 的脉冲信号进行采样，信号中包含脉宽为 $W = 0.5\text{ms}$ 矩形窗、单周期正弦窗、3 阶 B-样条窗和 Gaussain 窗四种脉冲波形。使用最简单的 SOMP 算法从测量值中重构出 Gabor 系数矩阵 $\mathbf{Z}$，并根据式（2-3）对信号进行逼近。当 SOMP 算法的稀疏度别设定为 $S = S'$ 和 $S = 0.3S'$，原始信号与重构信号的波形图和重构信号时频特性如图 3-3 所示。

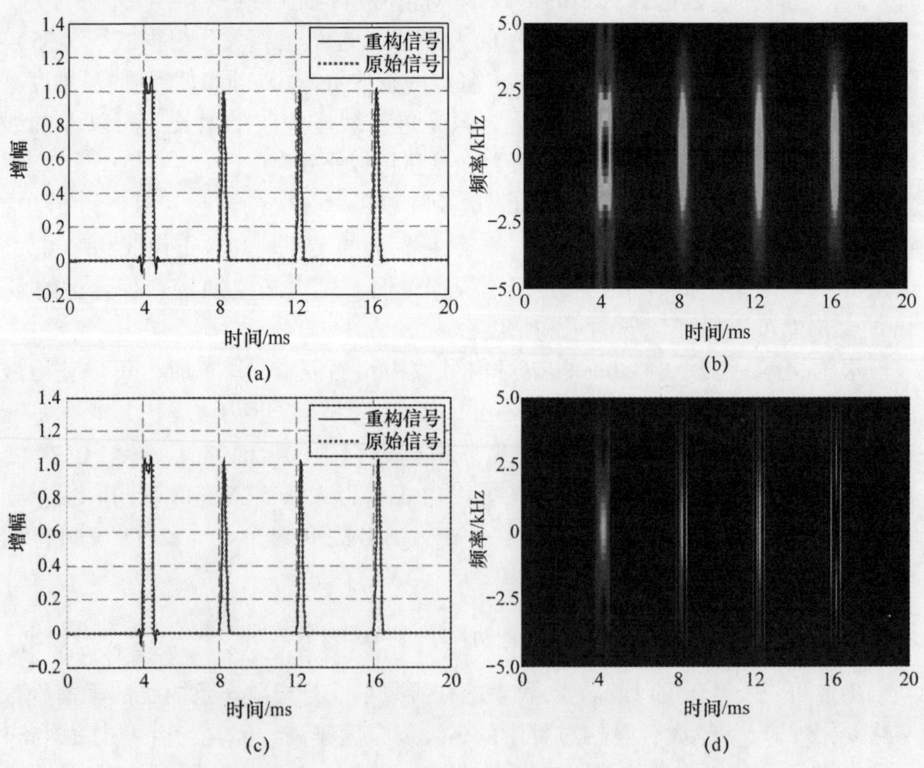

图 3-3　不同 S 条件下信号的波形图和时频特性（见彩图）
（a）重构信号波形图（$S = S'$）；（b）时频特性图（$S = S'$）；
（c）重构信号波形图（$S = 0.3S'$）；（d）时频特性图（$S = 0.3S'$）。

出现图3-3所描述现象的原因是基于指数再生窗的 Gabor 框架高度冗余，用于信号稀疏表示的框架原子之间多数情况下不是相互独立的。因此，对支撑集 $\boldsymbol{\Lambda}$ 尺寸 S 进行压缩，依然可完成对脉冲信号的精确重构。

为了分析支撑集压缩所需要满足的条件，首先，对于 $L_2(\mathbb{R})$ 空间中的 Gabor 框架 $\mathcal{G}(g,a,b)$，定义 G 为框架算子，即

$$(Gx)_{kl} = \langle x, M_{bl}T_{ak}g\rangle \tag{3-59}$$

此时，有

$$\mathrm{vec}(\boldsymbol{Z}^{\mathrm{T}}) = Gx \tag{3-60}$$

则 $\boldsymbol{U} = \boldsymbol{CZ}$ 可以表达为

$$\mathrm{vec}(\boldsymbol{U}^{\mathrm{T}}) = (\boldsymbol{C} \otimes \boldsymbol{I})(Gx) \tag{3-61}$$

式中：$\boldsymbol{C} \otimes \boldsymbol{I}$ 表示矩阵 $\boldsymbol{C}$ 与矩阵 $\boldsymbol{I}$ 的 Kronecker 积；$\boldsymbol{I}$ 为单位向量。

根据文献［44］中对于 Gabor 框架逼近信号的分块表示方法，可以将算子 G 分为 L 个群组，即

$$G = \{G[-L_0], G[-L_0+1], \cdots, G[L_0]\} \tag{3-62}$$

式中，$G[l] = \{M_{bl}T_{aK_1}g, M_{bl}T_{aK_1+1}g, \cdots, M_{bl}T_{aK_2}g\}$。

根据前面的分析，系数矩阵 $\boldsymbol{Z}$ 的重构是信号子空间探测的过程。由式（3-60）和式（3-62），可得

$$\boldsymbol{Z}[l] = G[l]x \tag{3-63}$$

如果令对偶框架 $\mathcal{G}(\gamma,a,b)$ 的算子为 Y，Y 的伴随算子为 Y^*，则 $x(t)$ 使用 Gabor 框架进行逼近的表达式可写作

$$x = \sum_{k,l\in\mathbb{Z}} z_{k,l}M_{bl}T_{ak}\gamma = Y^*\,\mathrm{vec}(\boldsymbol{Z}^{\mathrm{T}}) \tag{3-64}$$

为了解决式（2-13）中的问题，可以使用很多 CS 重构算法，详见绪论，这里不再列举。但是无论使用哪种方法，一个核心问题是找到矩阵 $\boldsymbol{C}$ 中用于重构 $\boldsymbol{Z}$ 的最优支撑集 Λ，并且确保子矩阵 $\boldsymbol{C}_\Lambda$ 与残差内积的范数最小。算法中选择支撑集 Λ 的过程等价于

$$\min_{\Lambda\in R} \| \boldsymbol{C}^{\mathrm{T}}(\boldsymbol{U} - \boldsymbol{C}_\Lambda \boldsymbol{Z}_\Lambda) \|_2 \tag{3-65}$$

令 $\boldsymbol{\Psi} = \boldsymbol{C} \otimes \boldsymbol{I}$，其尺寸为 $ML \times KL$，则其最优支撑集可以由 Λ 拓展 L 倍获得。考虑式（3-64），则式（3-65）等价于

$$\min_{\Lambda\in R} \| \boldsymbol{\Psi}^{\mathrm{T}}(\mathrm{vec}(\boldsymbol{U}^{\mathrm{T}}) - \boldsymbol{\Psi}G_{\Lambda_{\mathrm{E}}}Y^*_{\Lambda_{\mathrm{E}}}\mathrm{vec}(\boldsymbol{Z}^{\mathrm{T}}_{\Lambda_{\mathrm{E}}})) \|_2 \tag{3-66}$$

根据文献［144］，定义 $\mathrm{Ran}(G) = \{x = G\varphi \mid \varphi \in L_2(\mathbb{R})\}$，则 $\mathrm{Ran}(Y^*) = \mathrm{Ran}(G)$。如果令 p 表示到空间 $\mathrm{Ran}(G)$ 的正交投影算子，则

$$GY^* = p \in \mathrm{Ran}(Y) \tag{3-67}$$

因此，对于将 Λ 压缩后得到的 $\overline{\Lambda}$，如果满足式（3-68），则信号 $x(t)$ 使

用压缩的框架原子构成的集合产生的逼近误差完全来源于求解式（3-65）本身，得

$$\| G_{\overline{\Lambda}_{\mathrm{E}}} Y^{*}_{\overline{\Lambda}_{\mathrm{E}}} - GY^{*} \| \to 0 \tag{3-68}$$

在后面的仿真中，也将看到在对 $\boldsymbol{Z}$ 进行重构的过程中，如果在算法中将稀疏度 S 在一定范围内降低，最终恢复得到的信号 $x(t)$ 的精度基本不受影响。

下面，给出信号 $x(t)$ 逼近误差边界。其推导过程类似定理 3-7 中的证明，在推导过程中只需要对个别步骤进行调整。这里，令 $Q = \{q_{k,l} \mid K_1 \leqslant k \leqslant K_2, \mid l \mid > L_0\}$ 为 $x - x_{\Omega}$ 的 Gabor 系数集，其中 x_{Ω} 为利用 ϵ_{B_g}-本质带宽对 x 在频域 $[-B_g/2, B_g/2]$ 上进行截短的信号。此时 Q 还可表示为 $Q = \{q_{k,l} \mid k \in \overline{\Lambda}^{c}, \mid l \mid > L_0\}$。利用 Cauchy 不等式，可得

$$\| q_{k,l} \|_{l_2} \leqslant \sum_{k=K_2}^{K_2} \sum_{|l|>L_0} |q_{k,l}|^2 + \sum_{k \in \overline{\Lambda}^{c}} \sum_{|l|>L_0} |q_{k,l}|^2 \tag{3-69}$$

式中，不等号右边的第二项等价于 $\| \boldsymbol{Z} - \boldsymbol{Z}_{\overline{\Lambda}} \|_{2,1}$，则可以由式（3-69）推出 $x(t)$ 的误差边界不等式，即

$$\left\| x - \sum_{k \in \overline{\Lambda}^{c}} \sum_{l=-L_0}^{L_0} z_{k,l} M_{b'l} T_{a'k} \gamma' \right\|_2 \leqslant C_0 \| x \|_2 + C_1 \| \boldsymbol{Z} - \boldsymbol{Z}_{\Lambda} \|_{2,1} \tag{3-70}$$

式中，C_0 和 C_1 同式（3-52）。

压缩支撑集 Λ 是在系数重构过程中降低运算量的一种方法。从另一个角度而言，当 $\boldsymbol{Z}$ 的稀疏度 S 减小以后，根据式（3-25），满足测量矩阵 $\boldsymbol{C}$ 的 RIP 条件所需的最小通道数 M 也随之减少，这在采样系统构建的过程中具有重要意义。

3.7 框架冗余度对采样系统稳健性的影响

前面讨论的信号采样与重构问题，都是假设采样过程中不存在噪声或多脉冲信号在脉冲支撑集外不存在能量泄露的情况，本节将分析存在噪声或失配的情况。

在本书设计的尺度伸缩和考虑 Gabor 窗函数本质带宽的情况下，由式（2-17）推出来的重构信号的误差边界表达式与文献［22］类似，即

$$\begin{aligned} \left\| x - \sum_{k \in \Lambda} \sum_{l=-L_0}^{L_0} z_{k,l} M_{b'l} T_{a'k} \gamma' \right\|_2 &\leqslant C_0 \| x \|_2 + C_1 \| \boldsymbol{Z} - \boldsymbol{Z}_{\Lambda} \|_{2,1} \\ &\quad + C_2 \| \boldsymbol{N} \|_{2,1} \end{aligned} \tag{3-71}$$

式中，C_0 和 C_1 同式（3-52），$C_2 = \eta\zeta\bar{C}_\zeta C'_2 \|\gamma\|_{S_0}$，$\bar{C}_\zeta$ 的定义同上。

特殊地，如果 $\mathbf{Z}$ 是行稀疏的且 $|\Lambda| = S$，则 $\mathbf{Z} = \mathbf{Z}_\Lambda$，此时逼近误差边界只和采样过程中的噪声有关。然而，当 $|\Lambda| < S$ 的情况下，误差边界还和系数的衰减特性有关。当在脉冲支撑集外存在能量泄露时，无论是在 $|\Lambda| = S$ 还是 $|\Lambda| < S$ 的情况下，误差边界都依赖于系数的衰减特性，且衰减越快，信号的逼近误差越小。

由式（3-71）还可以看出，误差边界还受到 Gabor 窗函数尺度变换和本质窗宽的影响。但由于式（3-71）中不等式右边第一项相比后两项小得多，其影响仅和尺度变换有关，误差随尺度拉伸倍数成正比。

现在考虑系统冗余度和稳健性的关系。在本系统中，框架冗余度为 $\mu = 1/N$，N 越大，冗余度越高。本书中的框架为冗余度为 $\mu = 1/N$ 的 Gabor 框架 $\mathcal{G}(g,a,b)$，其中 $g(t) = \beta_\alpha(tN/W_g)$，由于 $a = \mu W_g$，则 $T_{ak}g(t) = \beta_\alpha(tN/W_g - k)$。

根据文献［140］的定理 12.2.1，$\{T_{ak}g(t)\}_{k\in\mathbb{Z}}$ 构成一组 Riesz 基，满足

$$bA\|x\|^2 \leqslant \sum_{k\in\mathbb{Z}} |T_{ak}g(t)|^2 \leqslant bB\|x\|^2 \tag{3-72}$$

对于完全正交的框架，即冗余度 $\mu = 1$，假设 $\{\rho_{kl}\}_{k,l\in\mathbb{Z}}$ 为均值为 0，方差为 1 的随机变量，$\rho_{kl}\varepsilon$ 为每个通道中引入的误差或者噪声，则系统重建误差的期望值为

$$E(\Delta x) = \frac{KL\varepsilon^2}{b^2} \tag{3-73}$$

而对于冗余框架 $\mathcal{G}(g,a,b)$，其误差期望值上限为

$$E'(\Delta x) = \frac{K'L\varepsilon^2}{B^2} \tag{3-74}$$

相比较冗余度为 $\mu = 1$ 的情况，$K' = \mu K$，则

$$\frac{E'(\Delta x)}{E(\Delta x)} \leqslant \frac{b^2}{\mu B^2} \tag{3-75}$$

根据文献［141］，框架的上 Riesz 边界可以用下式进行估计，即

$$B \leqslant \frac{M_\alpha}{b\sqrt{\max\limits_{n=1,2,\cdots,N} M_{-|\alpha_n|}}} \tag{3-76}$$

式中，$M_\alpha = \dfrac{e^{\mathrm{Re}(\alpha)} - 1}{\mathrm{Re}(\alpha)}$，$\mathrm{Re}(\alpha) = \eta(N,\varepsilon_W)/N$。

根据定理 3-6，如果 N 太小，测量矩阵 $\mathbf{C}$ 会过于扁平，导致信号根本无法重构。这里对 $N = \{10,11,\cdots,100\}$ 等多种情况下的 $E'(\Delta x)/E(\Delta x)$ 进行粗略估计，描述其变化的大概趋势。通过计算机计算选取 $\varepsilon_W = 0.01$，利用 $\eta =$

$\sqrt{N}/1.2$ 对比值常数进行拟合，可以得到 $E'(\Delta x)/E(\Delta x)$ 的变化趋势图，如图 3-4所示。

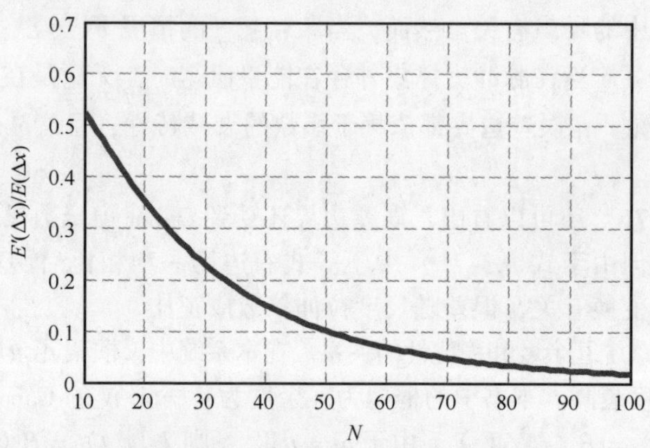

图 3-4　采样系统稳健性与冗余度的关系

由图 3-4 可知，由于窗函数平滑阶数为 N 时，系统冗余度为 $\mu = 1/N$，相比冗余度为 $\mu = 1$ 时，$E'(\Delta x)/E(\Delta x)$ 大大下降。虽然图 3-4 中的估计比较粗略，但是基本从理论上体现了冗余度变化对系统稳健性的影响。冗余度越高，基于指数再生核函数 Gabor 框架中每个通道系统噪声对信号重构的影响越小。

3.8　仿真分析

本节通过数值仿真对基于指数再生窗的 Gabor 框架欠 Nyquist 采样系统的合理性进行验证。仿真实验对时间长度为 $T = 20\text{ms}$ 的多脉冲信号进行了采样和重构，采样率为 $1/T$，远低于 Nyquist 采样率。信号中包含单脉宽度为 $W = 0.5\text{ms}$ 的单周期的正弦脉冲、Gaussain 脉冲和三阶 B-样条脉冲构成的集合中随机选取。实验在 500 次蒙特卡罗仿真后，通过计算相对误差 $\| x - \hat{x} \|_2 / \| x \|_2$ 对重构效果进行评价。实验中令 $\boldsymbol{D} = \boldsymbol{I}$，求解 $\mathbf{Z}$ 时选用 SOMP 重构算法，不需要对稀疏度有非常精确的预知。

3.8.1　窗函数尺度变换对系统采样重构的影响

在此实验中，主要研究 Gabor 框架窗函数尺度变换对多脉冲信号 $x(t)$ 重构效果的影响。设置 E-splines 窗函数的平滑阶数 N 与时域调制通道数 M 为固

定值 $N = M = 100$。取信号中的脉冲个数分别为 $N_p = 1,3,5$ 三种情况，窗函数尺度变换因子 ζ 从 $\zeta = 1$ 增加到 $\zeta = 14$。

当取 $b = 1/\zeta W$ 时，信号重构相对误差变化如图 3-5 所示。

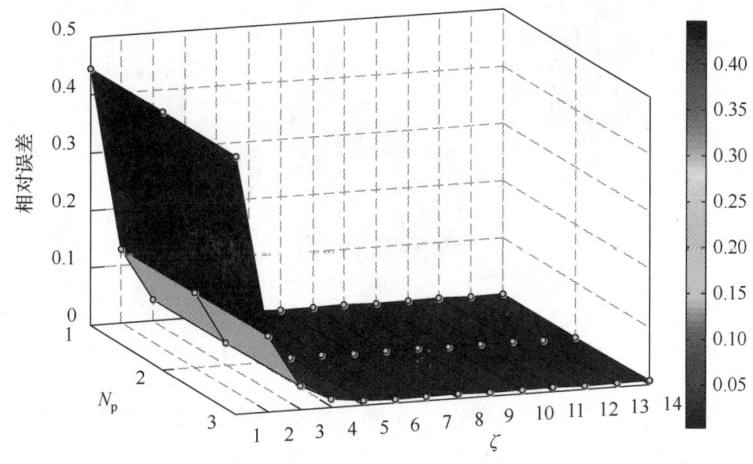

图 3-5 不同 ζ 条件下的重构相对误差（$b = 1/\zeta W$）（见彩图）

由图 3-5 可知，当 $\zeta = 1$ 时，即信号没有进行尺度变换的时候，采样信号在 $N_p = 1,3,5$ 三种条件下相对误差都很大，高于 0.4。随着脉冲个数的增加，误差略有增加，不十分明显。随着 ζ 的增大，重构相对误差越来越小。但是当 $\zeta \geqslant 6$ 之后，误差基本不再减小，而是逼近一个最小的值。

这是因为，在 $N = 100$ 的时候，根据图 3-1 和图 3-2，取 ϵ_W 在到 $10^{-3} \sim 10^{-2}$之间时，窗函数的本质窗宽 W_E 非常小，约为 $W/6$ 。当 $\zeta < 6$ 时，$\zeta > 1/\eta$。此时窗函数本质带宽 $B_g = B/\zeta$ 过大，而窗函数频域平移 $b = 1/\zeta W$ 过小，导致窗函数在频域混叠，产生较大误差。另外，当 ζ 过小时，S 和 K 太大，系数测量矩阵 $\boldsymbol{C}$ 的 RIP 条件较差，不能很好地满足式（3-25），导致 Z 的重构成功率偏低，从而使得重构相对误差较大。当 $\zeta \geqslant 6$ 时，$\zeta > 1/\eta$，窗函数本质带宽 B_g 减小，且逐渐小于 b ，混叠消失；同时 $K \leqslant 716$ ，M/K 越来越大，且能够满足式（3-25）的约束条件，误差减小。当 ζ 进一步增大，上面导致误差的两个因素的影响渐渐可以忽略不计，此时重构误差趋于一个很小的值。

在仿真过程中，依据式（3-56）中的稀疏度表达式，脉冲个数对稀疏度的贡献非常小，所以在 $N_p = 1,3,5$ 的范围内改变脉冲个数基本不影响误差。

在 3.6.1 节的分析中，提到为了减小频域调制通道数 J 和重构运算量，可以令 $b = 1/W$ 。在这种条件下的重构效果如图 3-6 所示。

由图 3-6 可知，在 $\zeta \leqslant 6$ 的时候，重构误差效果和图 3-6 中近似，只是比

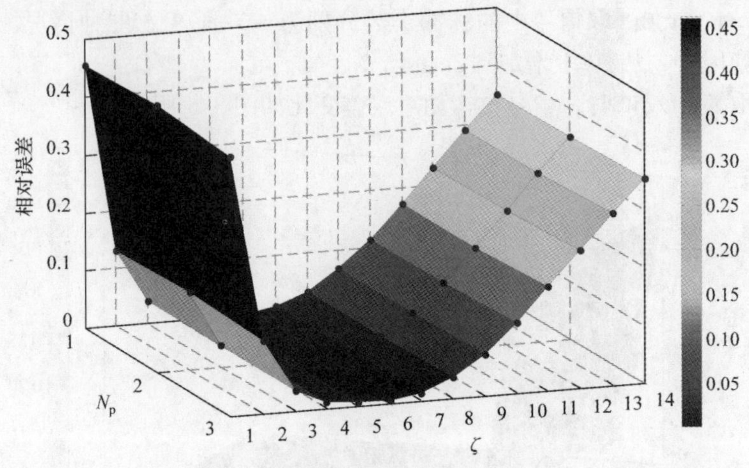

图 3-6 不同 ζ 条件下的重构相对误差（$b = 1/W$）（见彩图）

图 3-6 中略大。但是，ζ 增大到 $\zeta > 6$ 以后，频域平移量 $b = 1/W$ 相比较本质带宽过大，导致频域 Fourier 变换点数过少，频域大信息丢失，重构误差逐渐增大。但是，如果在对重构误差要求并不特别严格的情况下，令 $\zeta = 6$，$b = 1/W$ 是一种更加节省系统成本的参数设置方式。

3.8.2 窗函数平滑阶数和本质窗宽对系统采样重构的影响

在本实验中，选取 $N_p = 3$，令窗函数平滑阶数 N 从 $N = 25$ 增至 $N = 100$，步长为 $\Delta_N = 5$，窗函数尺度变换因子 ζ 从 ζ 增加到 $\zeta = 14$。实验中其他参数设置同 3.8.1 节。

当取 $b = 1/W$ 时，信号重构相对误差变化如图 3-7 所示。

在图 3-7 中，使用色谱表示重构误差大小。在不同的平滑阶数 N 的条件下，相对误差随 ζ 的变化同图 3-5 中变化趋势相同，都是随 ζ 增大而减小。在 ζ 相同的条件下，相对误差随着 N 的增大而减小。当 $N = 25$ 时，$\zeta = 4$ 时误差开始达到明显较小的值，并且随着 ζ 的进一步增大，误差减小速度开始变缓并且趋于一个较小值。这是因为在 $N = 25$ 且 $\epsilon_W = 10^{-3}$ 的条件下，$\eta \approx 0.24$。此时，可得 $\eta\zeta \approx 1$。当 N 进一步增大，$\epsilon_W = 10^{-3}$ 条件下的 η 逐渐减小，相对误差减小速度开始变缓的临界点增大到 $\zeta = 6$。另外，随着 N 的增大，M 也相应增大，在 ζ 不断增大的条件下，M/K 保持在较小值，使得 $\boldsymbol{C}$ 能够满足式（3-25）的约束条件。由于 N 增大的导致 M 和 K 都持续增大，M/K 不会线性持续减小，因此随着 N 的增大，信号重构相对误差逐渐趋近一个稳定的值。

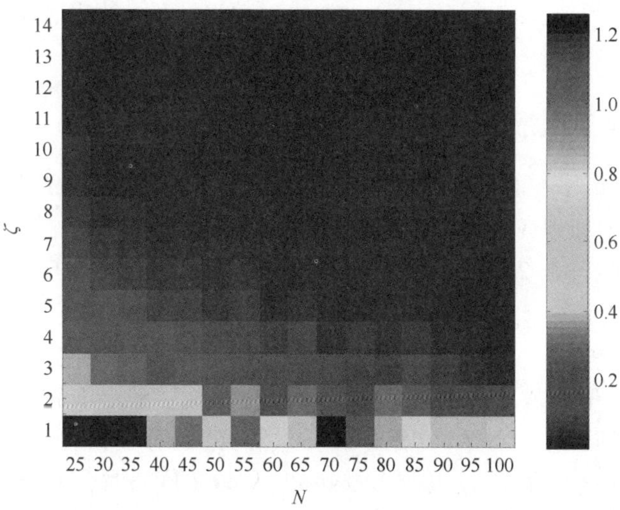

图 3-7　不同窗函数平滑阶数条件下的重构相对误差（$b = 1/W$）（见彩图）

当取 $b = 1/W$ 时，信号重构相对误差变化如图 3-8 所示。

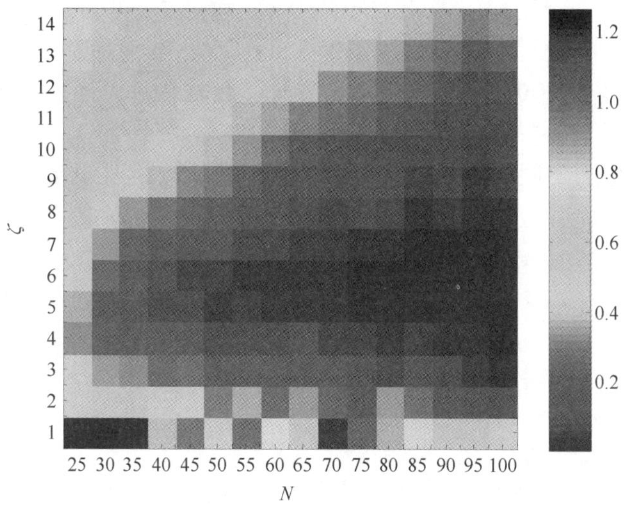

图 3-8　不同窗函数平滑阶数条件下的重构相对误差（$b = 1/W$）（见彩图）

图 3-8 中，在相同的平滑阶数 N 的条件下，相对误差随 ζ 的变化同图 3-6 变化趋势相同。在 $N = 25$ 时，$\zeta = 4$ 时误差最小，此时 $\eta\zeta \approx 1$。在 ζ 相同的条件下，随着 N 的增大，误差整体也越来越小。在 N 不同的条件下，误差的最小值对应的 ζ 逐渐增大到 $\zeta = 6$。所以根据图 3-8，在误差允许的范围内，可以

在不同 N 条件下选取特定的 ζ 对窗函数进行设计，从而保证系统的具有尽可能少的通道数。

3.8.3 支撑集压缩对重构的影响

本实验验证了在对支撑集 Λ 压缩之后信号重构相对误差的影响。实验中，N 从 $N=50$ 增加到 $N=100$，ζ 选择 $\zeta=4$，5，6，7 四种情况。令系数矩阵 $\boldsymbol{Z}$ 的稀疏度为 $S'=2\lceil 2\mu^{-1}\rceil N_{\mathrm{p}}N$，则 $|\Lambda|=S'|\Lambda|=S'$。仿真过程中，$|\Lambda|$ 以 0.05 倍的步长从 1 下降到 0.3。

图 3-9 中为不同支撑集压缩尺寸条件下的重构相对误差分布范围，上、下三角分别表示不同 N 值条件下 $|\Lambda|$ 变化时相对误差的上下界，曲线为不同 N 值条件下相对误差的平均值。图 3-9（a）和（b）分别为在 $b=1/\zeta W$ 和 $b=1/W$ 两种参数设置的情况。由图 3-9 可知，ζ 取不同值时，随着 N 的增大，信号重构相对误差整体呈下降趋势，随着 ζ 越小，相对误差的整体变化和波动范围的变化趋势同前面的实验。更重要的是，当支撑集尺寸在 $0.3S\leqslant|\Lambda|\leqslant S'$ 的变化范围内，误差波动本身并不太大。且当 ζ 较大时，误差波动范围就被控制在一个非常小的范围内。对比图 3-9（a）和（b）可知，当 $b=1/\zeta W$ 时，信号重构相对误差整体要小于 $b=1/W$ 时的情况。本实验中，在 $b=1/W$ 条件下，当 $\zeta=5$ 且 $N=90$ 时，出现最坏情况。此时，最大误差比最小误差高 7 倍。尽管如此，误差最大值仍然小于 0.08。

图 3-10 中为不同支撑集压缩尺寸条件下的重构相对误差变化趋势。横轴表示重构过程中实际选取的最优支撑集的元素个数，纵轴表示相对误差。离散

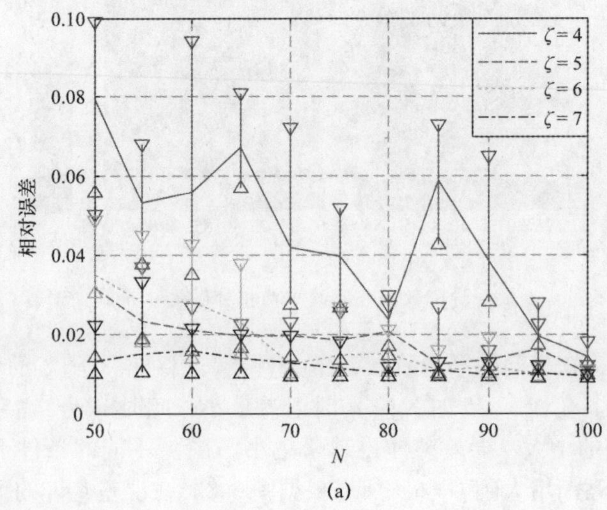

(a)

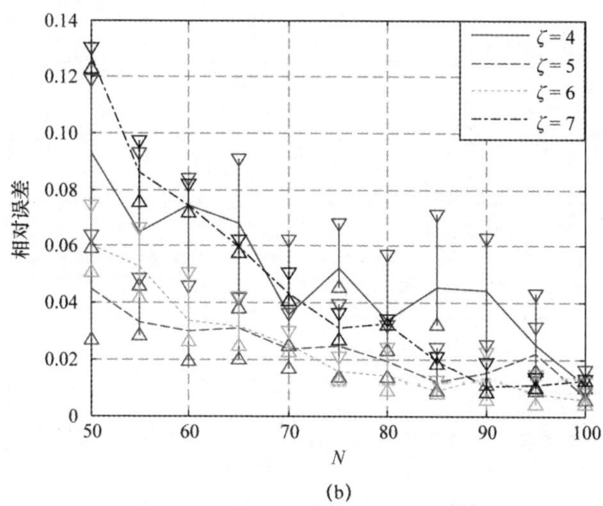

(b)

图 3-9　不同支撑集压缩尺寸条件下的重构相对误差分布范围（见彩图）
(a) $b = 1/\zeta W$；(b) $b = 1/W$。

点为实际采集和重构的误差值，直线为对这些离散的值进行最小二乘拟合的趋势变化。

在图 3-10 中，CS 算法重构过程中的最优支撑集尺寸从 S 压缩到 $0.3S$，随着最优支撑集尺寸的压缩，重构误差呈上升趋势，且在上升的过程中总体

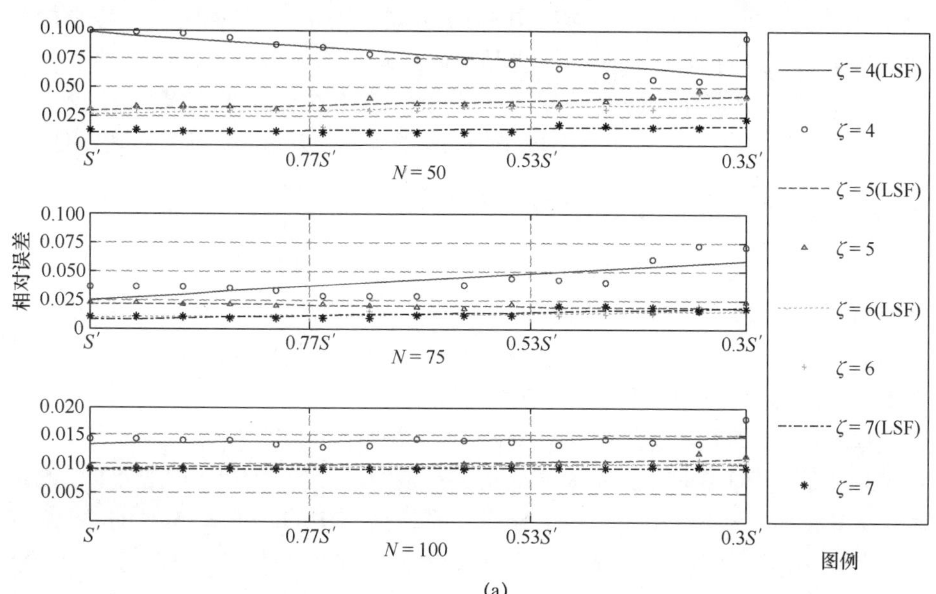

(a)

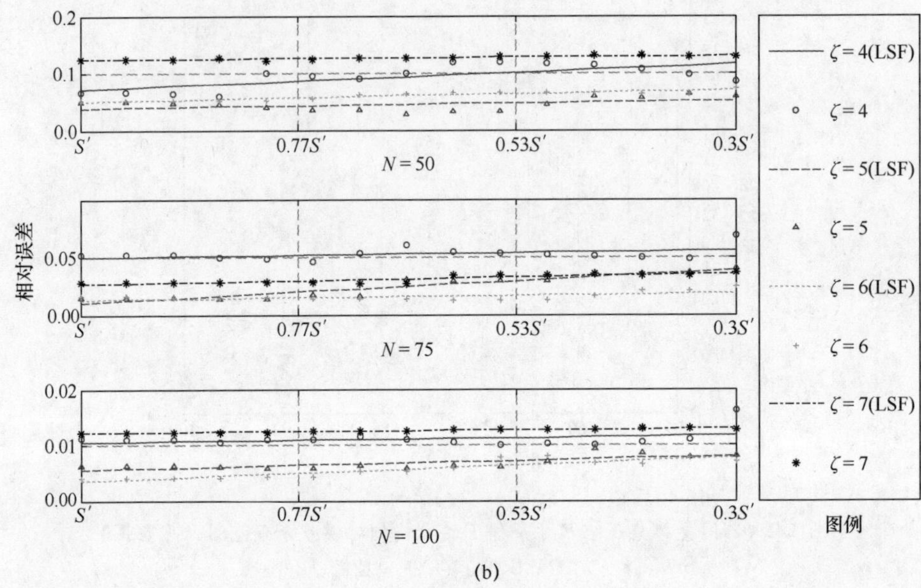

图 3-10 不同支撑集压缩尺寸条件下的重构相对误差变化趋势（见彩图）

(a) $b = 1/\zeta W$；(b) $b = 1/W$。

存在波动。实验中在 $N = 50$ 、$N = 75$ 和 $N = 100$ 三种条件下对信号进行采集和重构，当 N 增大时，误差保持稳定的最优支撑集尺寸范围也增大。整体上，误差随 N 增大而减小。对比图 3-10 可知，当 $b = 1/\zeta W$ 时，信号重构相对误差整体要小于 $b = 1/W$ 时的情况。误差减小的原因一方面同实验一；另一方面是由于指数样条曲线在提高了平滑阶数 N 之后，能量集中在较窄的支撑域内，$\mathbf{Z}$ 中存在的大量非零极小项可以忽略，实际的稀疏度得到降低。

3.8.4 框架冗余度对稳健性的影响

本实验重点验证采样重构系统的稳健性。在仿真过程中，选取 $N_{\mathrm{p}} = 3$ 。信号采样时，在每个通道加入信噪比（Signal to Noise Ratio，SNR）为 15dB 的 Gaussain 白噪声。系统的 Gabor 窗函数的平滑阶数 N 从 25 增加到 100，步进值为 5。重构信号的 SNR 变化曲线如图 3-11 所示。

Gabor 框架的冗余度 $\mu = 1/N$ ，随窗函数平滑阶数增大而提高。图 3-11（a）的结果印证了图 3-3 描述的噪声变化趋势，重构信号的 SNR 随着冗余度的增加而增大。同时，SNR > 30dB，相比较引入系统通道中的 SNR = 15dB 的 Gaussain 噪声，重构信号对于 Gaussain 噪声的具有很强的抑制作用。本书在仿真中同样对文献［22］系统在 $\mu = 0.3$、$\mu = 0.5$ 和 $\mu = 0.75$ 时进行仿真，如图 3-11（b）

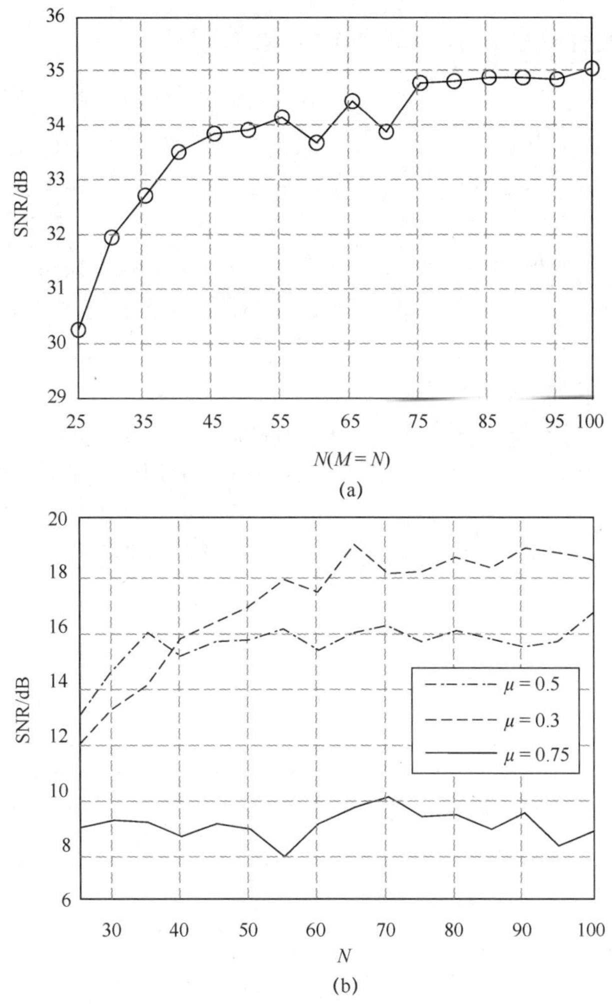

图 3-11　重构信号 SNR 与 N 的关系

（a）基于指数再生窗的采样系统；（b）文献［22］中设计的采样系统。

所示。图 3-11（a）中，通道数 $M=N$，所以通过图 3-11（b）还可以对比两种系统在采样通道数相同条件下的 SNR。另外，由图 3-11 可知，两种系统在采样通道数相同时，本书提出的系统比文献［22］中的系统分别在 $\mu=0.3$、$\mu=0.5$ 和 $\mu=0.75$ 三种冗余度条件下的信噪比高出 17dB、19dB 和 26dB 左右，具有明显的抑制噪声的优势。由此可以看出本书中系统在稳健性方面的优越性。

3.8.5 与现有其他采样系统重构效果的对比

对本书中提出的系统的重构误差和文献［22］中的系统进行对比，可以验证本书方法在提升了系统的可实现性之后仍然与文献［22］中方法具有相近的重构效果。这里选择信号脉冲的个数为 $N_p = 3$ ，其他系统参数设置同前面的实验。

由于本书中的框架冗余度为 $\mu = 1/N$ ，随 M 变化，只能保证在实验中两种系统具有相同的输入信号、频带宽度和通道数。这里仍然选择几种典型条件下的误差进行分析。表 3-1 中为两种采样系统在相同输入信号、系统带宽和通道个数条件下的重构误差，Scheme Ⅰ和 Scheme Ⅱ分别表示本书中和文献［22］提出的采样系统。由表 3-1 可知，排除 $b = 1/W$ ，$\zeta = 14$ 等特殊情况下信号重构相对误差过大的情况，两种方法在相同的通道个数的条件下，本书研究的采样系统误差在其他几种情况下，和 $\mu = 0.3$ 、$\mu = 0.5$ 两种冗余度时相比误差略微偏大，和 $\mu = 0.75$ 时相比略微偏小，重构效果基本一致，证明了本书提出方法的有效性和可行性。

表 3-1 两种采样系统重构误差对比

系统	窗函数参数	$M=50$	$M=75$	$M=100$
Scheme Ⅰ	$b = 1/W, \zeta = 6$	0.0542	0.0168	0.0023
	$b = 1/W, \zeta = 14$	0.5525	0.3803	0.2912
	$b = 1/\zeta W, \zeta = 6$	0.0192	0.0108	0.0091
	$b = 1/\zeta W, \zeta = 14$	0.0093	0.0091	0.0090
Scheme Ⅱ	$\mu = 0.3$	0.0053	0.0053	0.0053
	$\mu = 0.5$	0.0064	0.0064	0.0064
	$\mu = 0.75$	0.0113	0.0113	0.0113

小　结

本章研究了针对窄脉冲信号采集的基于指数再生窗的 Gabor 框架欠 Nyquist 采样系统的基本理论。首先证明了指数再生窗构建 Gabor 框架的可行性，在此基础上将指数再生窗函数引入 Gabor 框架欠 Nyquist 采样系统。其次构造了

Gabor系数重构所需要的 CS 系数测量矩阵，分析了测量矩阵的 RIP 特性，指出了用于提高 RIP 特性的系统改进思路。采用窗函数尺度变换的方法提升了测量矩阵 RIP 特性，并通过提出“本质窗宽”的概念，推导了更加准确 RIP 约束条件和重构误差边界，解决了采样系统子空间探测问题。然后分析了框架冗余度的提升对于系统稳健性的提升作用，并在理论上给出了估计方法。最后通过仿真验证了系统的可行性，并在实验中分析了窗函数尺度变换、平滑阶数增加、支撑集压缩对系统采样和重构的影响，验证了冗余度增加对系统稳健性的提升作用，还和现有其他采样系统进行重构效果对比，验证了本系统的优越性。

第 4 章　基于指数再生窗时域调制滤波器设计

4.1　引言

第 3 章研究了基于指数再生窗 Gabor 框架的采样系统模型、参数设置、信号重构和稳健性，此采样系统最大优势是具有极其简单的指数函数形式的时域调制函数。因此，为了进一步提高可实现性，对于频域调制后的信号，可以将时域调制函数与之相乘再进行积分的过程等价为一个指数滤波器。本章将研究如何使用滤波器实现时域调制函数和积分环节，首先推导出每个通道中时域调制及积分的滤波器模型；然后针对滤波器的理论模型，进一步研究其在现实中的具体实现方法，给出可靠性较高的硬件实现方案；最后为了降低采样通道数，探讨了滤波器模型改进的方法。

4.2　基于指数再生窗时域调制滤波器模型

由式（3-13）可以看出，时域调制函数已经得到极大的化简，下面考虑如何使用滤波器实现时域调制函数和积分。

根据图 2-6 中采样系统的设计，改进采样系统结构如图 4-1 所示：信号

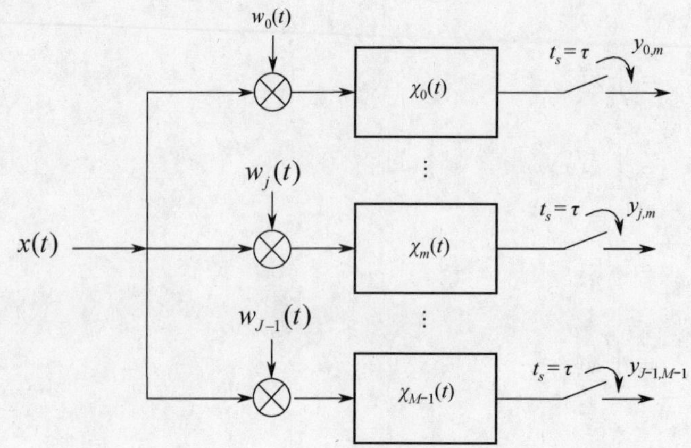

图 4-1　指数再生窗 Gabor 采样系统滤波器结构模型

$x(t)$ 进入第 (j,m) 个通道，首先与频率调制函数 $w_j(t)$ 相乘，再利用滤波器 $\chi_m(t)$ 进行滤波，最终采集 $t = \tau$ 时刻的输出完成信号采样。

图 4-1 中的滤波器 $\chi_m(t)$ 的设计和采样时间选择通过定理 4-1 进行描述。

定理 4-1　基于指数再生窗函数的 Gabor 框架采样系统，若其窗函数为 $g(t) = \beta_\alpha(tN/W_g)$，时频栅格为 $(\mu W_g, 1/W_g)$，$x(t)$ 在第 (j,m) 个通道的响应为经 $w_j(t)$ 调制的信号通过滤波器 $\chi_m(t)$ 在时间 $t = \lceil T \rceil$ 处的瞬时响应，$\chi_m(t)$ 的表达式为

$$\chi_m(t) = \mathrm{e}^{-\overline{\alpha_m} Nt/W_g} \mathrm{rect}(t - T/2) \tag{4-1}$$

证明　为了保证平移的指数样条窗可以在 $[0,T]$ 构成一个指数曲线，令平移指标集的下限和上限值分别为 K_1 和 K_2，则

$$\begin{matrix} K_1\alpha \geqslant -W_g \\ K_2\alpha \leqslant T + W_g \end{matrix} \rightarrow \begin{matrix} K_1 = -N \\ K_2 = \lceil (T + W_g)N/W_g \rceil - 1 \end{matrix} \tag{4-2}$$

根据式（4-2），整个时间域上的信号可以切分为 $K = K_2 - K_1$ 段进行处理。根据式（3-1），由 K 个加权指数样条窗函数平移叠加可以获得

$$s_m(t) = \begin{cases} \mathrm{e}^{\overline{\alpha_m} Nt/W_g} & t \in [0,T] \\ 0 & t \notin [0,T] \end{cases}, m = \{1,2,\cdots,M\} \tag{4-3}$$

式中，$v_{m,k} = \int_0^{+\infty} \mathrm{e}^{\alpha_m t} \tilde{\beta}(t-k)\mathrm{d}t$，根据3.2.2 节定义，可知 $\tilde{\beta}(t-k) = \mathrm{e}^{\alpha_m k}\tilde{\beta}(t)$，所以 $v_{m,k} = \mathrm{e}^{\alpha_m k} v_{n,0}$。设计函数 $\chi_m^*(t) = \sum_{p=0}^{+\infty} v_{m,p} \overline{\beta_\alpha(-tN/W_g + \mu N(p-1))}$，根据式（4-3）可知 $\chi_m^*(t) = \mathrm{e}^{-\overline{\alpha_m} Nt/W_g}$。

令 $p,q \in \{K_1, K_1+1, \cdots, K_2\}$ 且 $p + q = K - 2N$，这里将 $\chi_m^*(t)$ 在 $[0,T]$ 内截短，得 $\chi_m(t) = \chi_m^*(t)\mathrm{rect}(t - T/2)$，令 $\mu = 1/N$，则

$$\begin{aligned} y_{j,m} &= \int_0^T x(t) w_j(t) s_m(t) \mathrm{d}t \\ &= \int_0^T x(t) w_j(t) \sum_{q=K_1}^{K_2} c_{m,q} \overline{\beta_\alpha(tN/W_g - q)} \mathrm{d}t \\ &= \int_0^T x(t) w_j(t) \sum_{p=K_1}^{K_2} c_{m,p} \overline{\beta_\alpha(tN/W_g - \mu N(K - 2N - p))} \mathrm{d}t \\ &= \int_0^T x(t) w_j(t) \sum_{p=K_1}^{K_2} c_{m,p} \overline{\beta_\alpha\left(-(\tau - t)\frac{N}{W_g} + \mu N(p-1)\right)} \mathrm{d}t \\ &= (x(t) w_j(t) * \chi_m(t))[\tau] \end{aligned} \tag{4-4}$$

如果 $c_{m,k} = v_{m,q}$，则 $y_{m,k} = (x(t) w_j(t) * \chi_m(t))[\tau]$。显然，$\chi_m(t)$ 是

$x(t)w_j(t)$ 在第 (j,m) 个通道上的零状态响应。根据式（4-2）对采样时间进行计算，可得

$$\tau = W_g(K_2 - K_1 - 2N + 1)/N = W_g(K - 2N + 1)/N = \lceil T \rceil \tag{4-5}$$

采样系统中，采样时刻为 $t = \lceil T \rceil \geqslant T$，保证了滤波后采样点包含 $[0,T]$ 内所有信息。由定理3-4可知，$\chi_m(t)$ 是将系统第 jm 个通道内积环节转化为卷积环节后，$s_m(t)$ 所对应的滤波器函数，这样框架窗函数 $\beta_\alpha(t)$ 的设计就转化成了滤波器 $\chi_m(t)$ 设计的问题。对 $\chi_m(t)$ 进行拉普拉斯变换得到频率响应，有

$$X_m(s) = \frac{1 - \mathrm{e}^{-T(s+\overline{\alpha_m}N/W_g)}}{s + \overline{\alpha_m}N/W_g} \tag{4-6}$$

由式（4-6）可知，窗函数的设计主要在于序列 $\boldsymbol{\alpha}$ 的选取。令 $\alpha_m = \alpha_0 + \mathrm{i}\lambda(m)$，其中 $m = 1,2,\cdots,M$，由拉普拉斯变换收敛要求知 $\mathrm{Re}[s] > -\alpha_0$。为了简化 $X_m(s)$，可取 $\alpha_0 = W_g/WN$。由于信号 $x(t)$ 脉宽远小于总时长，即 $T \gg W$，如果 $W \geqslant W_g$，则满足 $\mathrm{e}^{-T(s+\overline{\alpha_m}N/W)} = \mathrm{e}^{-TW_g/W^2}\mathrm{e}^{T(mi\lambda(m)N/W-s)} \to 0$。这样系统第 jm 个通道的 $s_m(t)$ 就转化为一阶巴特沃斯滤波器：

$$X_m(s) = \frac{1}{s + \overline{\alpha_m}N/W_g} \tag{4-7}$$

另外，$g(t) = \beta_\alpha(tN/W_g)$ 为 N 个一阶指数样条函数 $\beta_{\alpha_m}(tN/W_g)$ 的卷积，所以为了保证窗函数 $g(t)$ 为紧支撑的实函数，对于 $m = 1,2,\cdots,M$，选取序列 $\boldsymbol{\alpha}$ 能够满足

$$\lambda(m) + \lambda(M + 1 - m) = 0 \tag{4-8}$$

4.3 基于指数再生窗时域调制滤波器的实现方案

4.3.1 滤波器设计方法

根据4.2节中采样系统模型的设计，第 m 个通道中的指数再生窗进行加权积分构成的滤波器函数如式（4-7），这是一个单复数极点滤波器函数，在工程实际中是无法实现的。因此，考虑将具有共轭对称极点的两个通道进行合并。根据前面的分析，为保证窗函数 $g(t) = \beta_\alpha(t)$ 为实函数，$\boldsymbol{\alpha} = (\alpha_1,\alpha_2,\cdots,\alpha_N)$ 中的元素由共轭对构成。假设总的通道数为 M，且 $M = N$，分别对第 m 和第 $M + 1 - m$ 通道相加和相减，可得

$$\begin{cases} X'_{p(m)}(s) = X_m(s) + X_{M+1-m}(s) \\ X'_{p(M+1-m)}(s) = \mathrm{i}X_m(s) - \mathrm{i}X_{M+1-m}(s) \end{cases} \tag{4-9}$$

为了避免重复，令 $m \leqslant (M+1)/2$ 。由 m 和 $M+1-m$ 可共同构成指数序列集合 $\{1,2,\cdots,M\}$ 。

在此基础上，首先可得两个通道在采样时刻 $t=T_s$ 的响应 $y'_{p(m)}(T_s)$ 和 $y'_{p(M+1-m)}(T_s)$ ，再根据理论分析推导出实际需要的两个通道响应 $y_m(T_s)$ 和 $y_{M+1-m}(T_s)$ 。然后就可以利用 CS 重构算法进行子空间探测了。这里，需要完成的两个最关键的问题是得到 $t=T_s$ 采样时刻响应结果之间的映射关系，设实数响应到复数响应的算子为 ϖ ，算子需要满足

$$\begin{bmatrix} y_m(T_s) \\ y_{M+1-m}(T_s) \end{bmatrix} = \varpi \begin{bmatrix} y'_{p(m)}(T_s) \\ y'_{p(M+1-m)}(T_s) \end{bmatrix} \tag{4-10}$$

根据第 3 章的分析，令

$$\alpha_m = \frac{W_g}{NW} - \mathrm{i}\,\frac{\pi(M+1-2m)}{K} \tag{4-11}$$

则

$$\begin{cases} X_m(s) = \dfrac{1}{s+\dfrac{1}{W}+\mathrm{i}\,\dfrac{\pi}{T}(M+1-2m)} \\ X_{M+1-m}(s) = \dfrac{1}{s+\dfrac{1}{W}-\mathrm{i}\,\dfrac{\pi}{T}(M+1-2m)} \end{cases} \tag{4-12}$$

令 $A_m = \dfrac{1}{W}$, $B_m = \dfrac{\pi}{T}(M+1-2m)$ ，将式（4-12）代入式（4-9），可得

$$\begin{cases} X'_{p(m)}(s) = \dfrac{2(s+A_m)}{(s+A_m)^2+B_m^2} \\ X'_{p(M+1-m)}(s) = \dfrac{2B_m}{(s+A_m)^2+B_m^2} \end{cases} \tag{4-13}$$

式（4-13）对应的零状态冲击响应为

$$\begin{cases} \chi'_{p(m)}(t) = 2\mathrm{e}^{-A_m t}\cos(B_m t) \\ \chi'_{p(M+1-m)}(t) = 2\mathrm{e}^{-A_m t}\sin(B_m t) \end{cases} \tag{4-14}$$

由于式（4-12）对应的零状态冲击响应为

$$\begin{cases} \chi_m(t) = \mathrm{e}^{-(A_m-\mathrm{i}B_m)t} \\ \chi_{M+1-m}(t) = \mathrm{e}^{-(A_m+\mathrm{i}B_m)t} \end{cases} \tag{4-15}$$

所以，根据式（4-14）和式（4-15），可知

$$\begin{bmatrix} \chi_m(t) \\ \chi_{M+1-m}(t) \end{bmatrix} = \frac{1}{2}\begin{bmatrix} 1 & \mathrm{i} \\ 1 & -\mathrm{i} \end{bmatrix}\begin{bmatrix} \chi'_{p(m)}(t) \\ \chi'_{p(M+1-m)}(t) \end{bmatrix} \tag{4-16}$$

由式（4-16）可知，式（4-10）中的实数响应到复数响应的算子为 $\boldsymbol{\varpi}$，即

$$\boldsymbol{\varpi} = \frac{1}{2}\begin{bmatrix} 1 & \mathrm{i} \\ 1 & -\mathrm{i} \end{bmatrix} \tag{4-17}$$

接下来，就可以根据式（4-13）设计出滤波器，并根据式（4-10）和式（4-17）得到4.2节模型中对应的测量值构成的矩阵。

4.3.2 滤波器电路设计

滤波器 $X'_{p(m)}(s)$ 和 $X'_{p(M+1-m)}(s)$ 的设计可以考虑采用无源滤波器或有源滤波器。由于采用无源滤波器可能需要体积较大且精确的电感，调整时过于麻烦[145]，因此本书考虑使用有源低通滤波器进行设计和实现。一种方案是根据信号流图设置级联负反馈运算放大电路，但是每个滤波器至少需要两个以上的运放才能实现；另一种方案是使用 Sallen - Key 滤波器[146]，这种滤波器结构简单，且只需要一个放大器和较少的电容和电阻就能实现，因此本书决定采用 Sallen - Key 滤波器。低通 Sallen - Key 滤波器原理图如图 4-2 所示。

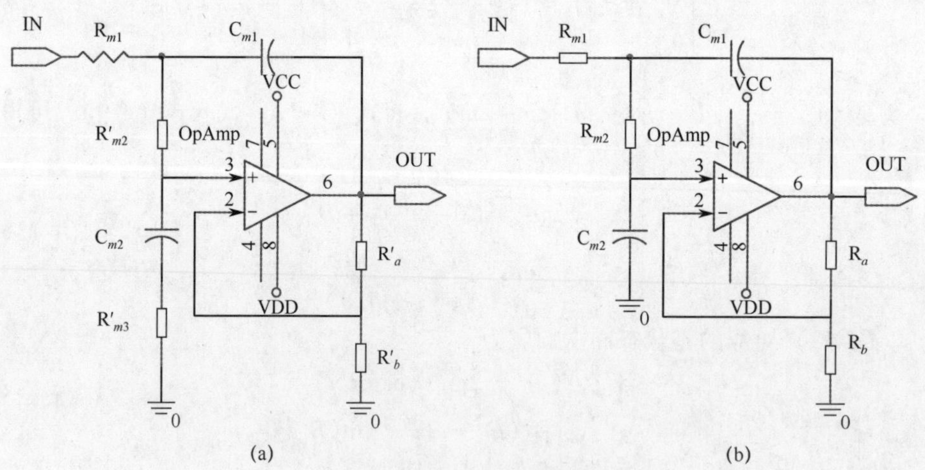

图 4-2 滤波器电路原理图

(a) $X'_{p(m)}(s)$；(b) $X'_{p(M+1-m)}(s)$。

若令 $K_{\mathrm{R}} = 1 + R_b/R_a$，则

$$\begin{cases} X'_{p(m)}(s) = \\ \dfrac{K'_{\mathrm{R}}(R'_{m3}C_{m2}s+1)}{(R'_{m2}+(1-K'_{\mathrm{R}})R_{m3})R_{m1}C_{m2}C_{m1}s^2+((1-K'_{\mathrm{R}})R_{m1}C_{m1}+R'_{m2}C_{m2}+R_{m1}C_{m2}+R'_{m3}C_{m2})s+1} \\ X'_{p(M+1-m)}(s) = \dfrac{K_{\mathrm{R}}}{R_{m1}C_{m1}R_{m2}C_{m2}s^2+((1-K_{\mathrm{R}})R_{m1}C_{m1}+R_{m1}C_{m2}+R_{m2}C_{m2})s+1} \end{cases} \tag{4-18}$$

如果令 $R_b=0$，再将 R_a 断开，即 $R_a=\infty$，则 $K_{\mathrm{R}}=1$；令 $R'_b/R'_a=\dfrac{1}{2}$，则 $K'_{\mathrm{R}}=\dfrac{3}{2}$，于是式（4-18）简化为

$$\begin{cases} X'_{p(m)}(s) = \\ \dfrac{\frac{3}{2}(R'_{m3}C_{m2}s+1)}{\left(R'_{m2}-\frac{1}{2}R'_{m3}\right)R_{m1}C_{m2}C_{m1}s^2+\left(-\frac{1}{2}R_{m1}C_{m1}+R'_{m2}C_{m2}+R_{m1}C_{m2}+R'_{m3}C_{m2}\right)s+1} \\ X'_{p(M+1-m)}(s) = \dfrac{1}{R_{m1}C_{m1}R_{m2}C_{m2}s^2+(R_{m1}C_{m2}+R_{m2}C_{m2})s+1} \end{cases} \tag{4-19}$$

则为了保证式（4-19）分母相同，需要满足

$$\begin{cases} 2R'_{m2} = 2R_{m2}+R'_{m3} \\ R_{m1}C_{m1} = 3R'_{m3}C_{m2} \\ 5R_{m2} = R_{m1} \end{cases} \tag{4-20}$$

结合式（4-13），可知在确定电阻和电容的数值时，需要满足

$$\begin{cases} \dfrac{1}{R_{m2}C_{m1}}+\dfrac{1}{R_{m1}C_{m1}} = \dfrac{1}{R'_{m3}C_{m2}} = 2A_m \\ R_{m1}C_{m1}R_{m2}C_{m2} = \dfrac{1}{A_m^2+B_m^2} \end{cases} \tag{4-21}$$

另外，为了保证滤波器的增益和式（4-13）相同，需要分别在 $X'_{p(m)}(s)$ 和 $X'_{p(M+1-m)}(s)$ 两个滤波器前增加一个放大电路。这两个电路的增益分别为

$$\begin{cases} \mathrm{AMP}_1 = \dfrac{4R_{m1}}{3R'_{m3}}R_{m2}C_{m1} \\ \mathrm{AMP}_2 = 2\sqrt{R_{m1}C_{m1}R_{m2}C_{m2}-(R_{m1}C_{m2}+R_{m2}C_{m2})^2} \end{cases} \tag{4-22}$$

4.3.3 滤波器电路参数的选取

对滤波器进行理论模型分析的过程中，为了便于计算，令 $\alpha_0 = W_g/WN$。但是在实际系统设计过程中，考虑到采样系统可以利用开关对滤波器响应函数实现截断，因此，可以将 α_0 设置为一个更加趋近于0的值，使得采样时间 $t = \tau$ 处的阶跃响应值尽可能大，本书令 $\alpha_0 = 0.01W_g/N$。采样系统中滤波器设计成功与否的三个关键参数是指数响应衰减因子 A_m、指数响应调制因子 B_m 和系统带宽（BW）。

式（4-19）中的滤波器响应函数可以用式（4-23）统一进行表示，即

$$X_m(s) = \frac{N_m(s)}{R_{m1}C_{m1}R_{m2}C_{m2}s^2 + (R_{m1}C_{m2} + R_{m2}C_{m2})s + 1} \tag{4-23}$$

式（4-23）是一个二阶系统函数，函数的谐振点为

$$\begin{aligned} f_0 &= \frac{1}{2\pi\sqrt{R_{m1}C_{m1}R_{m2}C_{m2}}} \\ &= \sqrt{A_m^2 + B_m^2} \end{aligned} \tag{4-24}$$

滤波器阶跃响应是指数衰减的周期响应，其周期为 $B_m/2\pi$，当 f_0 和 $B_m/2\pi$ 都很准确时，就能保证 A_m 的准确性。另外，系统带宽要足够宽，才能保证窄脉冲信号在采样的过程中不会出现信息丢失。

为了进行更明确的分析，本书以长度 $T = 20\text{ms}$ 的有限时间长度的多脉冲信号为例进行讨论。设定信号中包含窄脉冲的最大宽度为 $W = 0.5\text{ms}$ 的 Gaussain 脉冲，其带宽可以粗略的估计为 $\text{BW}_\text{P} = 1/W = 2\text{kHz}$，因此需要至少满足 $\text{BW} \geqslant \text{BW}_\text{P}$。

根据式（4-21）和式（4-21），R_{m1}、R_{m2}、C_{m1} 和 C_{m2} 的具体计算表达式为

$$\begin{cases} R_{m2} = \dfrac{6W}{0.02C_{m1}} \\ R_{m1} = \dfrac{30W}{0.02C_{m1}} \\ C_{m2} = \dfrac{1}{5}\left(\dfrac{0.02}{6W}\right)^2 C_{m1} \end{cases} \tag{4-25}$$

取 $C_{m1} = 10\mu\text{F}$，经过 PSpice 仿真可知，当 $M + 1 - 2m \geqslant 26$ 时，满足滤波器设计带宽的要求，即 $\text{BW} \geqslant \text{BW}_\text{P}$。

这里分析当 $M + 1 - 2m \geqslant 26$ 时滤波器的设计，此时，$C_{m2} = 33.3\text{pF}$，$R_{m1} = 15\text{k}\Omega$，$R_{m2} = 3\text{k}\Omega$。滤波器 $X'_{p(26)}(s)$ 的幅频特性曲线如图 4-3 所示。

在此参数设定条件下，滤波器的谐振点 $f_0 = 1.3007\text{kHz}$，滤波器 $X'_{p(26)}(s)$

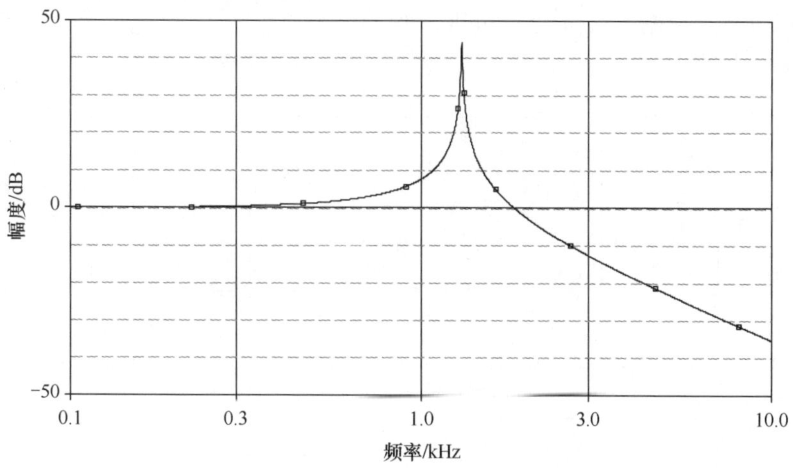

图 4-3　滤波器 $X'_{p(26)}(s)$ 的幅频特性曲线

仿真得到的谐振点为 $f_{0|X'_{p(26)}(s)} = 1.3002\text{kHz}$，误差为 0.0384%，因此能够保证 A_m 和 B_m 的精确度。带宽为 $\text{BW}_{X'_{p(26)}(s)} = 2.25\text{kHz} > \text{BW}_{\text{P}}$，满足设计要求。

滤波器 $X'_{p(26)}(s)$ 的阶跃响应曲线如图 4-4 所示，为了方便和 $X_{p(26)}(s)$ 的响应曲线进行对比，利用电路将数据进行归一化。由图 4-4 可得响应曲线的角频率为 7.9294×10^3，而 $B_{26} = 8.1681 \times 10^3$，误差 2.92%。此误差小于相邻两个通道角频率之间的偏差，考虑到在信号子空间探测的过程中测量矩阵 $\boldsymbol{C}$ 本身存在的冗余性，滤波器的响应曲线满足设计要求。

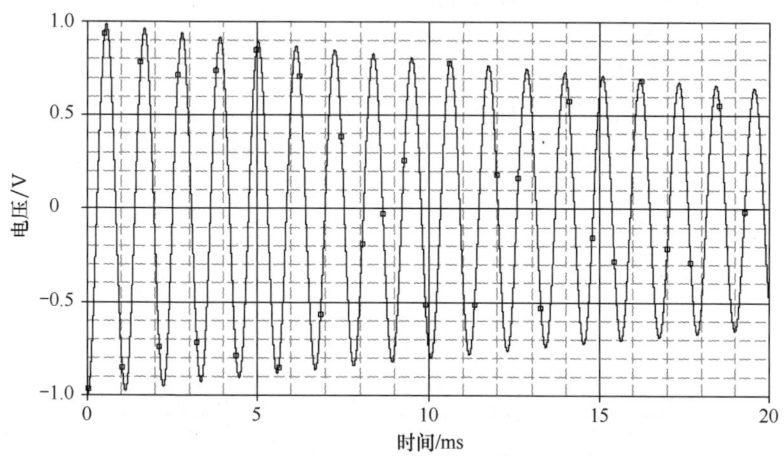

图 4-4　滤波器 $X'_{p(26)}(s)$ 的阶跃响应曲线

相应地，根据式（4-20）可以求得滤波器 $X_{p(26)}(s)$ 的电容和电阻值，其幅频特性曲线如图 4-5 所示。

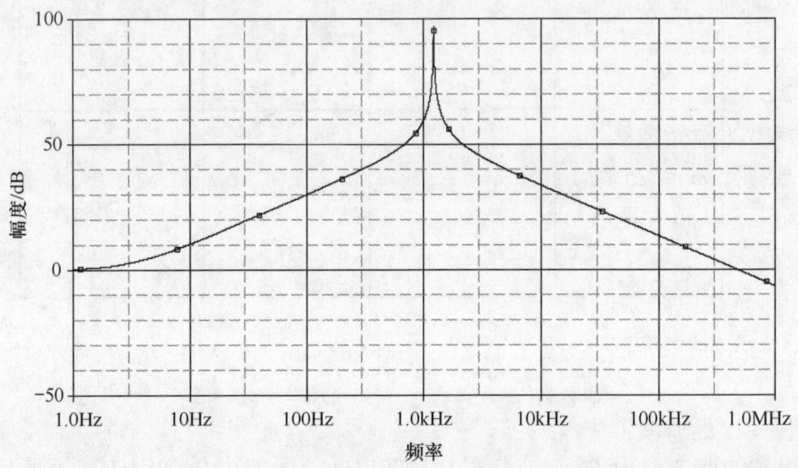

图 4-5　滤波器 $X_{p(26)}(s)$ 的幅频特性曲线

由图 4-5 可知，滤波器 $X_{p(26)}(s)$ 的带宽 $BW_{X_{p(26)}(s)}$ 远远大于信号带宽 BW_P。这是因为系统函数 $X_{p(26)}(s)$ 相当于在 $X'_{p(26)}(s)$ 的基础之上增加了零点，延缓了谐振点之后幅度随频率的衰减。和图 4-6 相比，谐振频率 $f_{0|X_{p(26)}(s)}=1.225\text{kHz}$ 基本与滤波器 $X'_{p(26)}(s)$ 相当。

滤波器 $X_{p(26)}(s)$ 的阶跃响应曲线如图 4-6 所示。

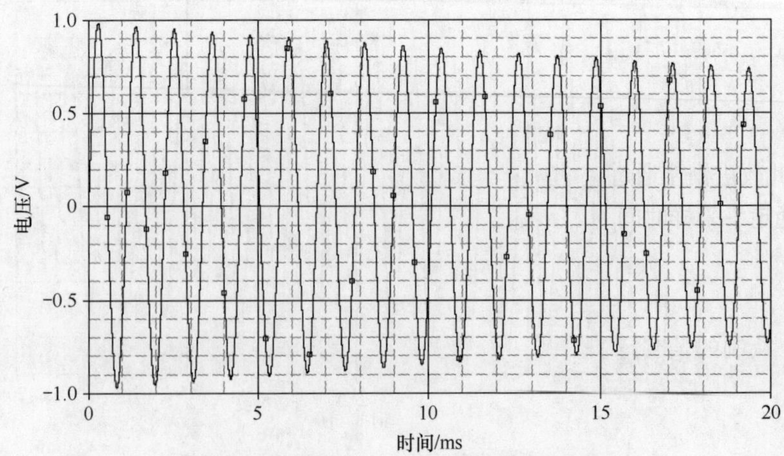

图 4-6　滤波器 $X'_{p(26)}(s)$ 的阶跃响应曲线

由图 4-6 可知，响应曲线的角频率为 8.3472×10^3，而 $B_{26} = 8.1681 \times 10^3$，误差 2.19%，符合设计要求。与图 4-4 相比，响应曲线相位平移了 $\pi/4$，证明两个滤波器的响应通过式（4-16）可以合成出相应的复指数系数。

以上分析了 $M+1-2m=26$ 条件下滤波器的设计，并对其基本特性进行了仿真。由于此种滤波器需要成对进行设计，为了保证 $M+1-2m \geqslant 26$，需要窗函数平滑指数满足 $N \geqslant 52$。在使用低通 Sallen – Key 滤波器搭建采样系统时需要排除 $m \leqslant 25$ 的通道，因此实际的通道数应该为 $M = N - 50$。根据第 3 章的分析，N 越大且通道数越多，采样重构效果越好，所以在采样系统可接受复杂程度下，尽可能大地选取 N。

4.4　滤波器模型改进的探讨

图 4-1 的滤波器模型中，信号采样需要 JM 个通道。本小节将推导出一个图 2-6 中采样系统的等价模型，如图 4-7 所示。

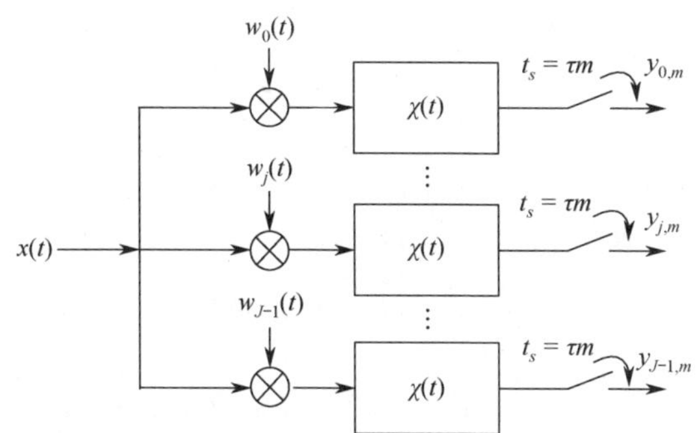

图 4-7　改进的 Gabor 采样系统滤波器结构模型

此改进模型通过将一簇时域调制函数的时移叠加，将 JM 个采样通道减少为 J 个通道，采样时间为 $t_s = \tau m$。改进的采样系统模型通过定理 4-2 进行描述。

定理 4-2　基于指数再生窗函数的 Gabor 框架采样系统，若其窗函数为 $g(t) = \beta_\alpha(tN/W_g)$，时频栅格为 $(\mu W_g, 1/W_g)$，$x(t)$ 在第 j 个通道的响应为经 $w_j(t)$ 调制的信号于滤波器 $\chi(t)$ 在时间 $t_s = \tau m$ 处的瞬时响应，$\chi(t)$ 的表达式为

$$\chi(t) = \sum_{n=0}^{M-1} \chi_n(-t + \tau(n-1)) \tag{4-26}$$

式中，$\tau = W_g(K-2N+1)/N$，$\chi_n(t) = \mathrm{e}^{-\overline{\alpha_n} Nt/W_g} \mathrm{rect}(t - T/2)$。

证明 如果将第 $((j,1),\cdots,(j,m),\cdots,(j,M-1))$ 个通道合并，则

$$s(t) = \sum_{m=0}^{M-1} s_m(t+\tau m) \tag{4-27}$$

对于式（4-26），有

$$\begin{aligned}
\chi(\tau m - t) &= \sum_{n=0}^{M-1} \chi_n(\tau(m-n+1)-t) \\
&= \sum_{n=0}^{M-1} \sum_{p=K_1}^{K_2} c_{m,p} \overline{\beta_\alpha\left(-\frac{\tau(m-n)-t}{W_g}N - \frac{\tau N}{W_g} + (p-1)\right)} \mathrm{d}t \\
&= \sum_{n=0}^{M-1} \sum_{q=K_1}^{K_2} c_{m,p} \overline{\beta_\alpha\left(t\frac{N}{W_g} - q - \tau(m-n)\frac{N}{W_g}\right)} \mathrm{d}t \\
&= \sum_{n=0}^{M-1} s_n(t-\tau(m-n) = s(t-\tau m))
\end{aligned} \tag{4-28}$$

根据定理 4-1，有

$$\begin{aligned}
y_{j,m} &= (x(t)w_j(t) * \chi_m(t))[\tau m] \\
&= \sum_{n=0}^{M-1} \int_{-\infty}^{\infty} x(t)w_j(t)s_n(t-\tau(m-n))\mathrm{d}t
\end{aligned} \tag{4-29}$$

根据式（4-28）和式（4-29），在 $t_s = \tau m$ 时刻，第 j 个通道 $x(t)$ 在经 $w_j(t)$ 调制后经过滤波器 $\chi(t)$ 后的响应为

$$\begin{aligned}
y_{j,m} &= \int_{-\infty}^{\infty} x(t)w_j(t)s(t-\tau m)\mathrm{d}t \\
&= \int_{-\infty}^{\infty} x(t'+\tau m)w_j(t'+\tau m)s(t')\mathrm{d}t'
\end{aligned} \tag{4-30}$$

所以，$\chi(t)$ 是基于时域调制函数 $s(t)$ 的滤波器，可以在 $t_s = \tau m$ 时刻，从第 j 个通道采集到定理 4-1 中第 (j,m) 个通道相同的测量值。

由定理 4-2，还可以进一步得到推论 4-3。

推论 4-3 上述改进的采样系统，经过滤波器 $\chi(t)$ 后在 $t_s = \tau m$ 时刻采样，不会出现时域混叠。

证明 由式（4-29）可得

$$\begin{aligned}
y_{j,m} &= \sum_{n=0}^{M-1} \int_{-\infty}^{\infty} \left(\sum_{l=-L_0}^{L_0} d_{jl} M_{-bl} x(t)\right) s_{m'}(t-\tau(m-n))\mathrm{d}t \\
&= \sum_{n=0}^{M-1} \sum_{l=-L_0}^{L_0} d_{jl} \langle M_{-bl}x, T_{\tau(m-n)} \overline{s_{m'}} \rangle
\end{aligned} \tag{4-31}$$

由式（4-31）可知，当 $m-n=0$ 时，采样 $s_m(t)$ 可以将调制的函数平移

$t_{\Delta} = \tau$ 的时间量，所以在 $t_s = \tau m$ 时刻采样不会出现时域混叠。

改进的滤波器设计中，信号和滤波器时域调制函数的支撑域覆盖关系如图4-3所示。

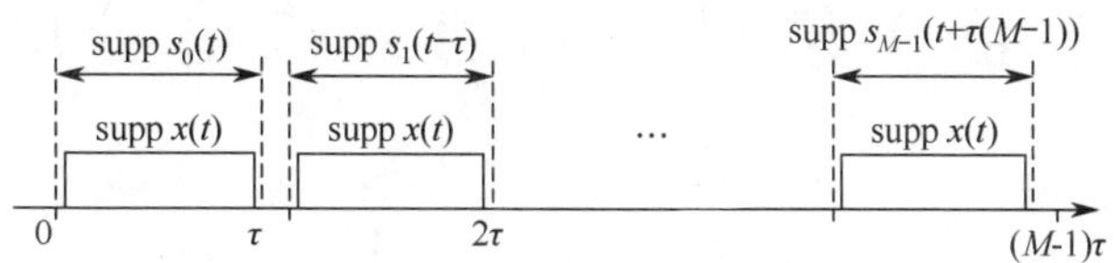

图4-8　信号和滤波器时域调制函数的支撑域覆盖关系

由图4-8可知，信号和滤波器时域调制函数的支撑域是一致的，在积分和卷积的过程中，经过滤波的信号函数被滤波器不断向后搬移，使得在第 j 通道的 $t_s = \tau m$ 时刻采集到的测量值和在第 (j,m) 通道采集到的测量值相同。

另外，在采样时刻 $t_s = \tau m$，信号本身的支撑域包含在调制函数支撑域之内，因此每次采样能够获得信号的全部信息。使用 $\chi_n^*(t)$ 代替时式（4-26）中的 $\chi_n(t)$ 可以使图中两个支撑域之间的差别消失。更重要的是，在此条件下，$\chi_n(t)$ 截短的版本具有更易实现的响应函数。此时的测量值为

$$\begin{aligned} y_{j,m} &= \sum_{l=-L_0}^{L_0} d_{jl}\langle M_{-bl}x, \bar{s}_m\rangle = \sum_{l=-L_0}^{L_0} d_{jl}\langle x, M_{bl}\bar{s}_m\rangle \\ &= \sum_{l=-L_0}^{L_0} d_{jl}\sum_{k=-K_1}^{K_2} c_{mk}z_{k,l} \end{aligned} \tag{4-32}$$

式中，$z_{k,l} = \langle x, M_{bl}T_{ak}g\rangle$ 为 Gabor 系数。对于 $\chi(t)$ 的单脉冲响应，其 Laplace 变换具有更简单的形式，即

$$X(s) = \sum_{m=0}^{M-1} \mathrm{e}^{\tau(m-1)s}X_m(s) \tag{4-33}$$

由此可见，改进的滤波器的频域函数就是 $X_m(s)$ 的加权叠加，其加权系数由采样时间间隔决定。

小　　结

本章推导了由指数再生窗加权叠加构成的采样系统时域调制的滤波器模型，将窗函数序列调制部分简化为一阶指数模拟滤波器；研究了基于指数再生窗的窄脉冲信号欠 Nyquist 采样系统的电路实现方法，并通过 PSpice 仿真对滤波器设计的有效性进行了验证；在此基础上探讨了改进的滤波器模型，改进的模型将采样系统总的通道数 JM 降低为 J。

第5章 基于信号空间的分块信号重构方法

5.1 引言

第3章和第4章构建了基于指数再生窗的Gabor框架采样系统，系统每个通道中时域调制函数可通过滤波器形式实现。本章将在此基础上研究如何进一步提高信号重构效果。

第3章采样重构系统仿真分析中首先使用通用的SOMP算法完成子空间探测，然后利用模拟域的Gabor框架进行信号逼近，取得了不错的效果。但此过程仍存在两个问题。

(1) 子空间探测过程仅为简单的求解系数矩阵 $\mathbf{Z}$，未考虑信号稀疏表示模型。

根据文献［147］的分析，基于信号稀疏表示模型的子空间探测方法在对系数进行重构过程中更具针对性，不仅有利于减少时域测量通道数 M，还有利于提高系统的重构精度和稳健性。一方面，当系数矩阵 $\mathbf{Z}$ 为图2-5中的结构时，其按行拉直所得到的列向量 $\mathrm{vec}(\boldsymbol{Z}^{\mathrm{T}})\mathrm{vec}(\boldsymbol{Z}^{\mathrm{T}})$ 中的非零元素是成块出现的。另一方面，根据3.6节Gabor算子的讨论，Gabor字典具有分块特性。利用分块字典对信号进行稀疏表示时，子空间也是将分块的。因此，本章考虑将这两方面结合起来重新构建信号的分块稀疏表示模型，再设计相应的重构算法来弥补上一章信号重构中存在的不足。

信号模型分析首先是对模拟域Gabor框架进行离散化，构建Gabor字典。文献［44，148］对Gabor分块离散字典矩阵进行了构建，但是其分块模型并不适用于本书中的信号稀疏表示结构。本章将对Gabor分块字典进行重新构建，并探索其在采样系统中要满足的必要条件。根据分块Gabor字典的设计，本章将重新构建信号重构模型和测量矩阵，并分析测量矩阵的RIP特性。系数矩阵 $\mathbf{Z}$ 的求解是一个MMV问题，在工程上，研究成熟且常用的重构算法有同步凸优化算法[93]和同步贪婪算法[94]；基于 l_1/l_p 范数的凸优化算法具有最优的重构精度，但是运算量大；贪婪算法中最典型的SOMP算法重构速度快，但是精度受到限制。为了提高精度且保证工程上可行的运算量，本书考虑使用SCoSaMP算法[98]并对其进行改进。然而，文献［98］中针对此算法仅分析了相位传递特性，字典分块稀疏表示分块尺寸对测量矩阵约束等距特性、块相干特性及算法性能的影响等分析都没有涉及。而在本系统中，窗函数的尺度变换决定了 **Z** 的分块尺寸，本章还将利用分块尺寸对测量矩阵 RIP 的影响解释窗函数尺度拉伸对信号重构精度提高的原理。根据文献［87］，联合稀疏重构算法本质上是块稀疏算法的一种特殊形式，因此本节将利用分块思想对 SCoSaMP 算法进行分析。

（2）子空间探测基于系数域，字典冗余条件下信号重构存在投影误差。

第4章中的信号重构方法是面向系数域的方法，即从测量结果中直接重构出信号稀疏表示的系数，再利用信号空间中的稀疏基对信号完成合成的方法，只适用于信号子空间正交或冗余度较低的情况。而近年来新出现的基于分析模型[100]方法利用面向信号域重构的思想，可处理高冗余或高度线性相关子空间的探测问题。CS 中系数域和信号域示意图如图 5-1 所示。

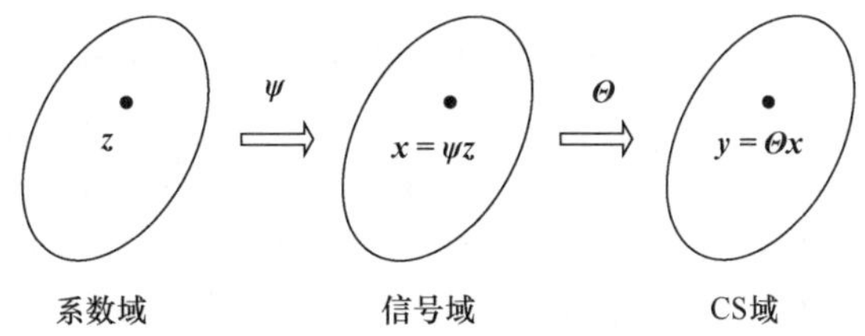

图 5-1　CS 中系数域和信号域

本书研究采样系统中的 Gabor 框架，除了具有前面分析的分块特性，还具有另一个重要特性——冗余性。而且，窗函数平滑阶数 N 越高，字典的冗余度越高。此时可能存在一系列问题，例如，高冗余 UoS 中信号稀疏表示的不唯一性会导致重大重构误差，空间中冗余字典 RIP 特性较差导致 CS 算法本身无法执行，或重构得到的稀疏系数误差在信号稀疏表示后进一步放大等。导致这些问题的原因在于，在 CS 算法中获得信号最优支撑集之后，在对信号稀疏表示系数进行估计时，本身存在投影误差，而在利用基或框架进行信号合成时却没有将误差考虑在内。因此，在利用系数对最优支撑集对应的基或框架直接进行加权求和时，系数投影误差会进一步传递或放大。需要说明的是，在第3章的仿真中，随着框架冗余度的提高，虽然误差在减小，但是采样系统的通道数也在增加。因此，本节研究的算法，在保证相同的重构效果时，还考虑到降低系统通道数的问题。

本节在 SCoSaMP 算法的基础上，引入文献［101］中提出的信号空间投影的思想，提出了基于信号空间投影的 SCoSaMP 算法，对信号估计进行修正，减小系数投影误差产生的影响，提高信号重构的精度和成功率，同时提高采样重构系统稳健性，改善输出信号的信噪比。

5.2 信号的分块稀疏表示和重构模型

5.2.1 块稀疏基本概念

令 $\mathcal{V} = \{\Psi_{k,l}\}_{k\in\Lambda, l\in\mathbb{Z}}$ 表示有限维子空间的基或框架，信号 x 可表示为

$$x = \sum_{k\in\Lambda}\sum_{l\in\mathbb{Z}} z_{k,l}\psi_{k,l} \tag{5-1}$$

式中，$z_{k,l}$ 为稀疏表示的系数。

若信号 x 为离散的向量 $\boldsymbol{x}\in\mathbb{R}^{n}$，系数为向量 $\boldsymbol{z}\in\mathbb{R}^{KL}$，其稀疏度满足 $\|z\|_0 \leqslant SL$，则可以将 $\mathcal{V}$ 转化为一个稀疏字典 $\boldsymbol{\Psi}\in\mathbb{R}^{n\times KL}$，式（5-1）转化为

$$\boldsymbol{x} = \boldsymbol{\Psi}z \tag{5-2}$$

式中向量 z 中第 $(k-1)L+l$ 元素对应 $\mathbf{Z}$ 第（k，l）个元素，在此信号模型下，块稀疏的概念可以定义如下。

定义 5-1 信号 $\boldsymbol{x}$ 的稀疏表示系数向量 z 在分块指标集 $B = \{l_1, l_2, \cdots, l_K\}$ 上可以分为 K 块，每块的长度为 K，若 $\|\boldsymbol{z}\|_{0,B} < S$，则 $\boldsymbol{x}$ 是稀疏度为 S 的块稀疏信号。其中，$\|\boldsymbol{z}\|_{0,B}$ 为 $\boldsymbol{z}$ 的二阶范数，满足

$$\|\boldsymbol{z}\|_{0,B} = \sum_{l=1}^{K} I(z[l]), \qquad I(z[l]) = \begin{cases} 1 & \|z[k]\|_2 > 0 \\ 0 & \|z[k]\|_2 = 0 \end{cases} \tag{5-3}$$

令 $\boldsymbol{z}[k]$ 表示第 k 个子块。则 $\boldsymbol{z}$ 可以写为

$$\boldsymbol{z} = [\underbrace{z_1 \cdots z_L}_{\boldsymbol{z}[1]} \cdots \underbrace{z_{(k-1)L} \cdots z_{kL}}_{\boldsymbol{z}[k]} \cdots \underbrace{z_{(K-1)L+1} \cdots z_{KL}}_{\boldsymbol{z}[K]}]^{\mathrm{T}} \tag{5-4}$$

当 $L=1$ 时，$\boldsymbol{x}$ 等同于普通的稀疏信号。相应的，字典矩阵 $\boldsymbol{\Psi}$ 可以按照 z 的分块在分块指示集 B 上进行分块，每一个子矩阵 $\boldsymbol{\Psi}[l]$ 对应一个子空间的映射，尺寸为 $n\times L$，$\boldsymbol{\Psi}$ 可写为

$$\boldsymbol{\Psi} = [\underbrace{\Psi_1 \cdots \Psi_L}_{\boldsymbol{\Psi}[1]} \cdots \underbrace{\Psi_{(k-1)L} \cdots \Psi_{kL}}_{\boldsymbol{\Psi}[k]} \cdots \underbrace{\Psi_{(K-1)L+1} \cdots \Psi_{KL}}_{\boldsymbol{\Psi}[K]}] \tag{5-5}$$

此时，式（5-2）可以写为

$$\boldsymbol{x} = \sum_{k=1}^{K} \boldsymbol{\Psi}[k]z[k] \tag{5-6}$$

如果存在测量值 $\boldsymbol{y}'\in\mathbb{R}^{M}$，测量矩阵为 $\boldsymbol{\Theta}\in\mathbb{R}^{M\times n}$，则对应的 CS 模型为

$$\boldsymbol{y}' = \boldsymbol{\Theta x} \tag{5-7}$$

令 $\boldsymbol{\Phi} = \boldsymbol{\Theta\Psi}$，则 $\boldsymbol{\Phi}\in\mathbb{R}^{ML\times KL}$ 也是指标集 B 上的分块矩阵。如果存在 $\boldsymbol{Z}\in\mathbb{R}^{K\times L}$，满足

$$z = \mathrm{vec}(\boldsymbol{Z}^{\mathrm{T}}) \tag{5-8}$$

由利用 $\overline{\boldsymbol{\Phi}}$ 对 $\boldsymbol{Z}$ 压缩获得的测量值矩阵为 $\boldsymbol{Y} \in \mathbb{R}^{M\times L}$ ，可得 $\boldsymbol{Y} = \overline{\boldsymbol{\Phi}}\boldsymbol{Z}$ ，此式可表示为

$$\mathrm{vec}(\boldsymbol{Y}^{\mathrm{T}}) = (\overline{\boldsymbol{\Phi}} \otimes \boldsymbol{I})\mathrm{vec}(\boldsymbol{Z}^{\mathrm{T}}) \tag{5-9}$$

式中，$\mathrm{vec}(\boldsymbol{Z}^{\mathrm{T}})$ 表示 $\boldsymbol{Z}$ 的行转置连成的列向量；$\boldsymbol{A} \otimes \boldsymbol{B}$ 表示矩阵 $\boldsymbol{A}$ 和 $\boldsymbol{B}$ 的 Kronecker 积。

此时，$\boldsymbol{y}'$ 与 $\boldsymbol{y} = \mathrm{vec}(\boldsymbol{Y}^{\mathrm{T}})$ 为尺寸相差 L 倍的向量，这是因为获得这两个向量的系数测量矩阵不同，前者为 $\overline{\boldsymbol{\Phi}}$ ，后者为 $\boldsymbol{\Phi} = \overline{\boldsymbol{\Phi}} \otimes \boldsymbol{I}$ 。为了方便后面分析，将式（5-9）简化为

$$\boldsymbol{y} = \boldsymbol{\Phi}\boldsymbol{z} \tag{5-10}$$

分块矩阵的 RIP 条件定义如下。

定义 5-2[43]　对于矩阵 $\boldsymbol{\Phi}: \mathbb{R}^{K\times L} \to \mathbb{R}^{M\times L}$ ，在分块指标集 B 上可以分为 K 块。如果 B 上每一个稀疏的向量 $\boldsymbol{z} \in \mathbb{R}^{K\times L}$ 满足 $\|\boldsymbol{z}\|_{0,B} < S$ ，$\delta_{S|B}$ 为满足下式的最小值：

$$(1 - \delta_{S|B})\|\boldsymbol{z}\|_2^2 \leqslant \|\boldsymbol{\Phi}\boldsymbol{z}\|_2^2 \leqslant (1 - \delta_{S|B})\|\boldsymbol{z}\|_2^2 \tag{5-11}$$

则 $\boldsymbol{\Phi}$ 以参数 $(S,\delta_{S|B})$ 满足块稀疏信号约束等距特性，即 Block－RIP。相应地，$\delta_{S|B}$ 为块稀疏信号约束等距常数（Block-RIC）。

5.2.2　分块 Gabor 字典

1. 分块 Gabor 字典构建

为了对式（2-3）离散化，需要定义用于信号恢复的 Gabor 字典矩阵。首先，对 Gabor 框架进行离散化并构建 Gabor 矩阵 $\boldsymbol{G}$ 。在上面描述的 Gabor 框架中，窗函数之间时域平移的时间为 $a = \mu W_g$ ，令 $[0,a]$ 中恢复出来的采样点数为 n，重构出来的离散信号的采样时间间隔为 T_{rs} ，可以构建矩阵 $\boldsymbol{G}_{B_k}$ ，可表示为

$$\boldsymbol{G}[k] = \begin{bmatrix} \omega^{-L_0}g_{kn} & \omega^{-L_0+1}g_{kn} & \cdots & g_{kn} & \cdots & \omega^{L_0}g_{kn} \\ \omega^{-L_0}g_{kn+1} & \omega^{-L_0+1}g_{kn+1} & \cdots & g_{kn+1} & \cdots & \omega^{L_0}g_{kn+1} \\ \vdots & \vdots & \ddots & \vdots & \ddots & \vdots \\ \omega^{-L_0}g_{kn+k-1} & \omega^{-L_0+1}g_{kn+k-1} & \cdots & g_{kn+k-1} & \cdots & \omega^{L_0}g_{kn+k-1} \end{bmatrix} \tag{5-12}$$

式中，$q = 0,1,\cdots,n-1$。g_{kn+q} 表示在 $t = T_{rs}(kn+q)$ 时刻窗函数的值，$\omega = \mathrm{e}^{2\pi i b T_{rs}(kn+q)}$ 表示 $t = T_{rs}(kn+q)$ 时刻在 $f = bl$ 的频域调制。这样 Gabor 矩阵就可以使用分块循环矩阵表示，如式（5-13）。此矩阵是一个分块的 Toeplitz 矩阵，

矩阵的尺寸为 $KL \times Kn$，矩阵 G 可表示为

$$\boldsymbol{G} = \begin{bmatrix} \boldsymbol{G}_{B_0} & \boldsymbol{G}_{B_{K-1}} & \cdots & \boldsymbol{G}_{B_1} \\ \boldsymbol{G}_{B_1} & \boldsymbol{G}_{B_0} & \cdots & \boldsymbol{G}_{B_2} \\ \vdots & \vdots & \ddots & \vdots \\ \boldsymbol{G}_{B_{K-1}} & \boldsymbol{G}_{B_{K-2}} & \cdots & \boldsymbol{G}_{B_0} \end{bmatrix} \tag{5-13}$$

对于 Gabor 矩阵 $\boldsymbol{G}$，其对偶矩阵为 $\boldsymbol{\Upsilon}$。根据文献[44,148]，可知框架算子矩阵为可逆矩阵 $\boldsymbol{S} = \boldsymbol{G}\boldsymbol{G}^{\mathrm{H}}$，对偶矩阵 $\boldsymbol{\Upsilon}$ 的列向量为 $\boldsymbol{\gamma} = \boldsymbol{S}^{-1}\boldsymbol{g}$。因此，采样系统中的对偶 Gabor 字典为

$$\boldsymbol{\Upsilon} = \boldsymbol{S}^{-1}\boldsymbol{G} \tag{5-14}$$

由于字典矩阵 $\boldsymbol{G}$ 是一个分块的 Toeplitz 矩阵，矩阵的尺寸为 $KL \times Kn$。在信号重构过程中，根据实际采集到的信息，n 的取值范围受定理 5-3 的约束。

定理 5-3　对于 N 阶指数再生窗构建的截短的 Gabor 框架，如果获得的 Gabor 系数矩阵的尺寸为 $K \times L$，在离散化合成信号的 Gabor 窗时，将时间区间 $[0,a]$ 分为 n 为个点表示，n 的范围满足式（5-15）时，能够准确重构信号：

$$n > \frac{L-1}{N} \tag{5-15}$$

证明　根据以上构建的采样系统，$a = nT_{rs} = \mu W_g$，$b = \dfrac{1}{W_g}$，可得

$$T_{rs} = \frac{1}{f_{rs}} = \frac{\mu W_g}{n}$$

根据采样定理可知 $f_{rs} > \Omega + B$，所以

$$n > \mu(\Omega + B) W_g = \mu(L-1)$$

由 $\mu = 1/N$，得 $n > \dfrac{L-1}{N}$。

2. 分块 Gabor 字典的若干性质

进行信号稀疏表示之前，先用几个引理说明 Gabor 字典和框架算子矩阵的性质。

引理 5-4　令 $\boldsymbol{G}(k)$ 表示 $\boldsymbol{G}$ 的第 kn 行到第 $kn+n-1$ 行构成的子矩阵，则有下面的性质。

（1）$\boldsymbol{G}(k)\boldsymbol{G}(k)^{\mathrm{H}} = \boldsymbol{\Lambda}$，其中 $\boldsymbol{\Lambda} = \mathrm{diag}[\lambda_0, \lambda_1, \cdots, \lambda_q, \cdots, \lambda_{n-1}]$，$\lambda_q$ 为 $\boldsymbol{G}(k)\boldsymbol{G}(k)^{\mathrm{H}}$ 的特征值；

（2）$\boldsymbol{G}(k)\boldsymbol{G}(p)^{\mathrm{H}} = 0$，其中 $k \neq p$。

证明　（1）当 $q_1 \neq q_2$，有

$$
\begin{aligned}
(\boldsymbol{G}(k)\boldsymbol{G}(k)^{\mathrm{H}})_{q_1,q_2} &= \sum_{k=0}^{K-1}\sum_{l=-L_0}^{L_0} \mathrm{e}^{-2\pi i b l T_{rs}(kn+q_1)} g_{kn+q_1} \mathrm{e}^{2\pi i b l T_{rs}(kn+q_2)} \bar{g}_{kn+q_2} \\
&= \sum_{k=0}^{K-1}\sum_{l=-L_0}^{L_0} \mathrm{e}^{2\pi i b l T_{rs}(q_2-q_1)} g_{kn+q_1} \bar{g}_{kn+q_2} \\
&= 0
\end{aligned}
$$

当 $q_1 = q_2 = q$ ，有

$$
\begin{aligned}
(\boldsymbol{G}(k)\boldsymbol{G}(k)^{\mathrm{H}})_{q_1,q_2} &= \sum_{k=0}^{K-1}\sum_{l=-L_0}^{L_0} \mathrm{e}^{-2\pi i b l T_{rs}(kn+q)} g_{kn+q} \mathrm{e}^{2\pi i b l T_{rs}(kn+q)} \bar{g}_{kn+q} \\
&= L\sum_{k=0}^{K-1} g_{kn+q}\bar{g}_{kn+q} \\
&\neq 0
\end{aligned}
$$

所以，$\boldsymbol{G}(k)\boldsymbol{G}(k)^{\mathrm{H}}$ 是一个对角阵，其对角线上的元素全为非零值，即 $\boldsymbol{G}(k)\boldsymbol{G}(k)^{\mathrm{H}}$ 的特征值。令 $\lambda_q = (\boldsymbol{G}(k)\boldsymbol{G}(k)^{\mathrm{H}})_{q,q}$，则 $\boldsymbol{G}(k)\boldsymbol{G}(k)^{\mathrm{H}} = \boldsymbol{\Lambda}$。

(2) 当 $k \neq p$ ，对任意 q_1, q_2 ，设 $p = k + k'$ ，其中 $-K+1 \leqslant k' \leqslant K-1$ ，有

$$
\begin{aligned}
(\boldsymbol{G}(k)\boldsymbol{G}(l)^{\mathrm{H}})_{q_1,q_2} &= \sum_{k=0}^{K-1}\sum_{l=-L_0}^{L_0} \mathrm{e}^{-2\pi i b l T_{rs}(kn+q_1)} g_{kn+q_1} \mathrm{e}^{2\pi i b l T_{rs}((k+k')n+q_2)} \bar{g}_{kn+q_2} \\
&= \sum_{k=0}^{K-1}\sum_{l=-L_0}^{L_0} \mathrm{e}^{2\pi i b l T_{rs}(k'n+(q_2-q_1))} g_{kn+q_1} \bar{g}_{kn+q_2}
\end{aligned}
$$

因为 $k'n + (q_2 + q_1) \neq 0$ ，所以 $(\boldsymbol{G}(k)\boldsymbol{G}(l)^{\mathrm{H}})_{q_1,q_2} = 0$ 。可得 $\boldsymbol{G}(k)\boldsymbol{G}(p)^{\mathrm{H}} = \boldsymbol{0}$ 。

引理5-5　对于框架算子矩阵 $\boldsymbol{S} = \boldsymbol{G}\boldsymbol{G}^{\mathrm{H}}$ ，满足 $\boldsymbol{S} = \boldsymbol{\Lambda} \otimes \boldsymbol{I}_K$ ，且 $\boldsymbol{S}$ 可逆。

证明　将引理5-4中的结果代入 $\boldsymbol{S} = \boldsymbol{G}\boldsymbol{G}^{\mathrm{H}}$ 的计算，可得 $\boldsymbol{S} = \boldsymbol{\Lambda} \otimes \boldsymbol{I}_K$ 。对于任意 q，满足 $\lambda_q \neq 0$ ，则 $\boldsymbol{\Lambda}$ 可逆，所以 $\boldsymbol{S}$ 可逆。

根据式 (5-14)，对偶字典矩阵 $\boldsymbol{Y}$ 相当于在 $\boldsymbol{G}$ 的每一列上乘以相同的系数，同时参照式 (5-12) 和式 (5-13)，字典 $\boldsymbol{Y}$ 的列可以分成 K 个子矩阵 $\boldsymbol{Y} = (\boldsymbol{Y}[1], \boldsymbol{Y}[2], \cdots, \boldsymbol{Y}[K])$ 。这样，信号 $\boldsymbol{x}$ 的稀疏表达式就表示为 $\boldsymbol{x} = \boldsymbol{Y}\mathrm{vec}(\boldsymbol{Z}^{\mathrm{T}})$ 。

对于 Gabor 系数矩阵 $\boldsymbol{Z}$ ，第 k 行对应的是时域第 k 个平移的栅格，这里将每一个时间窗对应的短时 Fourier 变换向量 $\boldsymbol{Z}^{\mathrm{T}}[k]$ 与 $\boldsymbol{Y}[k]$ 一一对应，方便在进行信号重构的过程中对冗余的 $\boldsymbol{Y}$ 字典的分块支撑集进行筛选。

定理5-6　对于任意 $\boldsymbol{x} \in \mathbb{R}^{Kn}$ ，Gabor 框架字典为 $\boldsymbol{G}$ ，满足

$$\lambda_{\min} \| \boldsymbol{x} \|_2^2 \leqslant \| \boldsymbol{G}^{\mathrm{H}} \boldsymbol{x} \|_2^2 \leqslant \lambda_{\max} \| \boldsymbol{x} \|_2^2 \tag{5-16}$$

证明 由于

$$\frac{\| \boldsymbol{G}^{\mathrm{H}} \boldsymbol{x} \|_2^2}{\| \boldsymbol{x} \|_2^2} = \frac{\| \boldsymbol{x}^{\mathrm{H}} \boldsymbol{G} \boldsymbol{G}^{\mathrm{H}} x \|_2}{\| \boldsymbol{x} \|_2^2} = \frac{\| \boldsymbol{x}^{\mathrm{H}} \boldsymbol{S} \boldsymbol{x} \|_2}{\| \boldsymbol{x} \|_2^2}$$

根据引理5-5，可知

$$\lambda_{\min} \leqslant \frac{\| \boldsymbol{x}^{\mathrm{H}} \boldsymbol{S} \boldsymbol{x} \|_2}{\| \boldsymbol{x} \|_2^2} \leqslant \lambda_{\max}$$

则式（5-16）成立。

根据定理5-6可知，Gabor 框架的上下界由 $\boldsymbol{S} = \boldsymbol{G}\boldsymbol{G}^{\mathrm{H}}$ 的特征值决定。当 $\boldsymbol{G}$ 为单位范数紧框架，框架界为 $\lambda_{\min} = \lambda_{\max} = 1$。

5.2.3 重构模型和测量矩阵

式（2-13）中的问题可以等价于求解式（5-17）的过程，即

$$\mathrm{vec}(\boldsymbol{U}^{\mathrm{T}}) = (\boldsymbol{C} \otimes \boldsymbol{I}_L)\,\mathrm{vec}(\boldsymbol{Z}^{\mathrm{T}}) \tag{5-17}$$

由于 $\boldsymbol{C}$ 为列向量归一化的 DFT 矩阵，根据 Kronecker 积定义，$\boldsymbol{C} \otimes \boldsymbol{I}_L$ 也为归一化矩阵。根据式（5-14），对偶字典矩阵 $\boldsymbol{Y}$ 相当于在 $\boldsymbol{G}$ 的每一列上乘以相同的系数，同时参照式（5-12）和式（5－13），字典 $\boldsymbol{Y}$ 的列可以分成 K 个子矩阵 $\boldsymbol{Y} = (\boldsymbol{Y}[1], \boldsymbol{Y}[2], \cdots, \boldsymbol{Y}[K])$。这样，信号 $\boldsymbol{x}$ 的稀疏表达式就表示为

$$\boldsymbol{x} = \boldsymbol{Y}\mathrm{vec}(\boldsymbol{Z}^{\mathrm{T}}) \tag{5-18}$$

由此可知，系统信号重构的分块字典 $\boldsymbol{\Psi} = \boldsymbol{Y}$。相应地，系数测量矩阵为

$$\boldsymbol{\Phi} = \boldsymbol{C} \otimes \boldsymbol{I}_L \tag{5-19}$$

对应5.2.1中的定义，由（5-19）可知 $\overline{\boldsymbol{\Phi}} = \boldsymbol{C}$，测量值为 $\boldsymbol{Y} = \boldsymbol{U}$。

令 $z = \mathrm{vec}(\boldsymbol{Z}^{\mathrm{T}})$，则按字典分块结构进行分块可表示为 $z = (z[1]^{\mathrm{T}}, z[2]^{\mathrm{T}}, \cdots, z[K]^{\mathrm{T}})^{\mathrm{T}}$，其中 $z[k] = \boldsymbol{Z}^{\mathrm{T}}[k]$。这样，信号 $\boldsymbol{x}$ 的分块稀疏表达式就表示为 $\boldsymbol{x} = \boldsymbol{Y}z$。在本书中提出的采样系统中，系数矩阵 $\boldsymbol{Z}$ 第 k 行对应的是时域第 k 个平移的栅格，这里将每一个时间窗对应的短时 Fourier 变换向量 $z[k]$ 与 $\boldsymbol{Y}[k]$ 一一对应，方便在进行信号重构的过程中对冗余的 $\boldsymbol{Y}$ 字典的分块支撑集进行筛选。此时，$\boldsymbol{\Phi} = \boldsymbol{C} \otimes \boldsymbol{I}_L$ 遵从分块 RIP 条件。

若 $\mathrm{vec}(\boldsymbol{U}^{\mathrm{T}}) = \boldsymbol{\Phi}z = \boldsymbol{M}\boldsymbol{Y}z = \boldsymbol{M}\boldsymbol{x}$，则 $\boldsymbol{M}$ 为采样系统对于信号 $\boldsymbol{x}$ 的测量矩阵。为方便分析基于信号空间的信号重构条件，根据文献［100］引入分块 DRIP 的概念，定义如下。

定义5-7 对于测量矩阵 $\boldsymbol{M}$，若其列向量范数为1，信号 $\boldsymbol{x}$ 可以分块稀疏表示为 $\boldsymbol{x} = \boldsymbol{Y}z$，如果对于每一个系数向量 z，满足 $\| z \|_{0,B} < S$，$\delta_{S|DB}$ 为满足下式的最小值：

$$(1-\delta_{S|DB})\|\boldsymbol{x}\|_2^2 \leqslant \|\boldsymbol{Mx}\|_2^2 \leqslant (1+\delta_{S|DB})\|\boldsymbol{x}\|_2^2 \tag{5-20}$$

那么测量矩阵 $\boldsymbol{M}$ 以参数 $(S,\delta_{S|DB})$ 满足分块 D-RIP，即 Block-D-RIP。

根据式（5-14），对于对偶字典矩阵 $\boldsymbol{G}$ 和 $\boldsymbol{Y}$，满足 $\boldsymbol{Y}=\boldsymbol{S}^{-1}\boldsymbol{G}$，所以存在 $\boldsymbol{YG}^{\mathrm{H}}=\boldsymbol{S}^{-1}\boldsymbol{GG}^{\mathrm{H}}=\boldsymbol{S}^{-1}\boldsymbol{S}=\boldsymbol{I}_{K\times L}$，则

$$\boldsymbol{M}=\boldsymbol{MYG}^{\mathrm{H}}=\boldsymbol{\Phi G}^{\mathrm{H}} \tag{5-21}$$

然而，对于本书中构建的 Gabor 框架下的测量矩阵 $\boldsymbol{M}$，由于其列向量范数无法保证为 1，这里给出拓展的 Block-D-RIP，即需要 $\boldsymbol{M}$ 满足

$$\lambda_{\min}(1-\delta_{S|B})\|\boldsymbol{x}\|_2^2 \leqslant \|\boldsymbol{Mx}\|_2^2 \leqslant \lambda_{\max}(1+\delta_{S|B})\|\boldsymbol{x}\|_2^2 \tag{5-22}$$

当 $\boldsymbol{G}$ 为单位范数紧框架，$\delta_{S|DB}=\delta_{S|B}$。由于 $\boldsymbol{C}$ 是一个尺寸为 $M\times K$ 的矩阵，很显然测量矩阵 $\boldsymbol{M}$ 是一个 $(M\times L)\times(K\times n)$ 的矩阵。要想体现 M 对 x 更高的压缩特性，n/L 越大越好。但是实际上，无论 $\boldsymbol{M}$ 对 $\boldsymbol{x}$ 是否能够高度压缩，都不是最关心的问题，因为 n 的选取与采样系统无关，只和信号重构有关。

5.3　分块字典条件下 SCoSaMP 算法性能分析

5.3.1　Block-RIP 分析

5.3.1.1　字典分块对 Block-RIP 的影响

若使用 B_Λ 表示支撑块的集合，对于任意 $l_i\in B_\Lambda$，则 $SL=\sum_{l_i\in B_\Lambda}|l_i|$ 表示 z 在普通稀疏度量中的稀疏度。文献［41］的命题 1 指出，对于每一个 $z\neq\boldsymbol{0}$，当且仅当 $\boldsymbol{\Phi}z\neq\boldsymbol{0}$，表达式（5-2）唯一且 z 为块 $2SL$-信号。由此可知，若 $\boldsymbol{\Phi}$ 满足 RIP 条件，找到唯一解需要满足 $\delta_{2SL}<1$，即对于任意小于 $2SL$ 阶的稀疏向量都要满足不等式（5-11）。而 $2S$ 阶块稀疏向量作为满足上述条件的子集，显然相同 $\boldsymbol{\Phi}$ 条件下 RIP 的要求要低于普通情况，因此 $\delta_{2S|B}<\delta_{2SL}$。当 $S\gg1$ 很大时，S 阶块稀疏信号作为 SL 阶任意稀疏信号的一簇很小的子集，在满足观测矩阵相干性的条件下，$\delta_{S|B}\ll\delta_{SL}$。

由于 S 阶块稀疏信号是 SL 阶任意稀疏信号的一簇子集，在观测矩阵 $\boldsymbol{\Phi}$ 相同的条件下 RIP 不等式（5-11）的很多推论仍然可以很好地适用，由于 $\|z\|_{2,B}=\|z\|_2$，并根据文献［83］得命题 3.1 和文献［49］的引理 2.1，推广得到下列不等式：

$$\|\boldsymbol{\Phi}_\Lambda^{\mathrm{H}}z\|_2 \leqslant \sqrt{1+\delta_{S|B}}\,\|z\|_2 \tag{5-23}$$

$$\| \boldsymbol{\Phi}_{\Lambda}^{\dagger} z \|_2 \leqslant \frac{1}{\sqrt{1+\delta_{S|B}}} \| z \|_2 \tag{5-24}$$

$$(1-\delta_{S|B}) \| z \|_2 \leqslant \| \boldsymbol{\Phi}_{\Lambda}^{\mathrm{H}} \boldsymbol{\Phi}_{\Lambda} z \|_2 \leqslant (1+\delta_{S|B}) \| z \|_2 \tag{5-25}$$

$$\frac{1}{1+\delta_{S|B}} \| z \|_2 \leqslant \| (\boldsymbol{\Phi}_{\Lambda}^{\mathrm{H}} \boldsymbol{\Phi}_{\Lambda})^{-1} z \|_2 \leqslant \frac{1}{1-\delta_{S|B}} \| z \|_2 \tag{5-26}$$

$$\| (\boldsymbol{\Phi}_{I}^{\mathrm{H}} \boldsymbol{\Phi}_{J})^{-1} z \|_2 \leqslant \delta_{(|I|)+|J|)|B} \| z \|_2 \tag{5-27}$$

5.3.1.2 基于块相干的 Bloc-RIP 分析

下面，结合系数测量矩阵 $\boldsymbol{\Phi}$ 的分块相干性进一步对 Block-RIP 进行分析。

对测量矩阵进行分块后，选择支撑集时不再以单个的基或原子而是以子空间为单位，通过求最大相关子矩阵获得需要更新的支撑块的集合。因此，矩阵子块之间的相干特性就直接影响矩阵整体的 RIP。

矩阵 $\boldsymbol{\Phi}$ 块相干的定义为[43]

$$\theta_B = \max_{l,r\neq l} \frac{1}{L} \rho(\boldsymbol{Gr}[l,r]) \tag{5-28}$$

式中，$\boldsymbol{Gr}[l,r] = \boldsymbol{\Phi}^{\mathrm{H}}[l]\boldsymbol{\Phi}[r]$，是 $KL \times KL$ 维矩阵 $\boldsymbol{Gr} = \boldsymbol{\Phi}^{\mathrm{H}}\boldsymbol{\Phi}$ 中的尺寸为 $L \times L$ 的子矩阵。当 $L = 1$，$\theta_B = \theta = \max\limits_{l,r\neq l} | \boldsymbol{\varphi}_l^{\mathrm{H}} \boldsymbol{\varphi}_r |$。在这里，$\mu_B$ 是对矩阵相干性评价的全局指标，对于子块的相干性可以定义为

$$v = \max_{l} \max_{r,r\neq l} | \boldsymbol{\varphi}_l^{\mathrm{H}} \boldsymbol{\varphi}_r |, \quad \boldsymbol{\varphi}_l \in \boldsymbol{\Phi}[l], \quad \boldsymbol{\varphi}_r \in \boldsymbol{\Phi}[r] \tag{5-29}$$

规定当 $L=1$，$v=0$。

定理 5-8 对于任意归一化的块相干观测矩阵 $\boldsymbol{\Phi}$，Block-RIC 为 $\delta_{S|B}$，定义 v_I 为 $\boldsymbol{\Phi}^{\mathrm{H}}\boldsymbol{\Phi}$ 对角线上分块子矩阵相干常数，则

$$\delta_{S|B} \leqslant (L-1)v_I + (S-1)\mathrm{d}\theta_B \tag{5-30}$$

证明 根据盖尔圆定理，有

$$\begin{aligned}
\| \boldsymbol{\Phi} z \|_2^2 &= z^{\mathrm{H}} \boldsymbol{\Phi}^{\mathrm{H}} \boldsymbol{\Phi} z = z^{\mathrm{H}} \boldsymbol{M} z \\
&= \sum_{l=1}^{S} \sum_{r=1}^{S} z^{\mathrm{H}}[l] \boldsymbol{M}[l,r] z[r] \\
&= \sum_{l=1}^{S} z^{\mathrm{H}}[l] \boldsymbol{M}[l,l] z[l] + \sum_{l=1}^{S} \sum_{\substack{r=1 \\ l\neq r}}^{S} z^{\mathrm{H}}[l] \boldsymbol{M}[l,r] z[r] \\
&\leqslant \| z \|_2^2 + \sum_{l=1}^{S} \max \rho(\boldsymbol{M}[l,l]) \| z \|_2^2 + \sum_{l=1}^{S} \sum_{\substack{r=1 \\ l\neq r}}^{S} \max \rho(\boldsymbol{M}[l,r]) z^{\mathrm{H}}[l] z[r] \\
&\leqslant \| z \|_2^2 + (L-1) v_I \| z \|_2^2 + (S-1) L \theta_B \| z \|_2^2 \\
&\leqslant (1 + (L-1) v_I + (S-1) L \theta_B) \| z \|_2^2
\end{aligned} \tag{5-31}$$

同理，有

$$\begin{aligned}\|\boldsymbol{\Phi} z\|_2^2 &= z^{\mathrm{H}}\boldsymbol{\Phi}^{\mathrm{H}}\boldsymbol{\Phi} z = z^{\mathrm{H}}\boldsymbol{M}z \\ &\geqslant \|z\|_2^2 - \sum_{l=1}^{S}\max\rho(\boldsymbol{M}[l,l])\|z\|_2^2 - \sum_{l=1}^{S}\sum_{\substack{r=1\\ l\neq r}}^{S}\max\rho(\boldsymbol{M}[l,r])z^{\mathrm{H}}[l]z[r] \\ &\geqslant \|z\|_2^2 - (L-1)v_I\|z\|_2^2 - (S-1)L\theta_B\|z\|_2^2 \\ &\geqslant (1-(L-1)v_I-(S-1)L\theta_B)\|z\|_2^2\end{aligned} \tag{5-32}$$

由于 RIP 性质是一个比块相干更强的性质，所以结合式（5-11），可以得到结论 $\delta_{S|B} \leqslant 1+(L-1)v_I+(S-1)L\theta_B$ 。

说明　利用定理 5-8 可根据块相干特性对 Block-RIC 进行估计，从而判断测量矩阵的重构性能。文献［149］指出，对于普通稀疏矩阵，满足 $\delta_S \leqslant (k-1)\mu$ 。根据文献［43］的论点 2，可知 $0 \leqslant v_I \leqslant v \leqslant \theta, 0 \leqslant \theta_B \leqslant \theta$ 。则

$$\begin{aligned}\delta_{S|B} &\leqslant (L-1)\theta + (S-1)\mathrm{d}\theta \\ &= (LS-1)\theta\end{aligned} \tag{5-33}$$

当所有 $\varphi_l^{\mathrm{H}}\varphi_r$ 全相等，$v_I = \theta, \theta_B = \theta$ 。根据定义，$|v_I-\theta|$ 和 $|\mu_B-\theta|$ 取决于 $\varphi_l^{\mathrm{H}}\varphi_r$ 的方差和 L，$\varphi_l^{\mathrm{H}}\varphi_r$ 的方差越大或者 L 越大，$|v_I-\theta|$ 和 $|\theta_B-\theta|$ 就越大，块相干的优势就越明显。

对于 CS 重构中最常使用的零均值 Gaussain 矩阵，$\varphi_l^{\mathrm{H}}\varphi_r$ 的分布函数与观测矩阵的维度 m 和方差 σ^2 有关，其表达式可参见文献［150］。若设置置信区间 $[-\alpha,\alpha]$ ，$P(|\varphi_l^{\mathrm{H}}\varphi_r| > \alpha)$ 和观测矩阵的维度 N 和方差 σ^2 正相关。在观测矩阵维度固定的情况下，σ^2 越大，$|v_I-\theta|$ 和 $|\mu_B-\theta|$ 越大，从而就可以保证 $\delta_{S|B}$ 限制得越小，算法的收敛性就越好。

在本书研究的模型中，Block-RIC 遵循以下定理。

定理 5-9　对于块相干观测矩阵 $\boldsymbol{\Phi} = \overline{\boldsymbol{\Phi}} \otimes \boldsymbol{I}_L$ ，Block-RIC 为 $\delta_{S|B}$ ，定义 v_I 为 $\boldsymbol{\Phi}^{\mathrm{H}}\boldsymbol{\Phi}$ 对角线上分块子矩阵相干常数，θ 为 $\overline{\boldsymbol{\Phi}}$ 的相干性常数，则

$$\delta_{S|B} \leqslant (S-1)\theta \tag{5-34}$$

证明　对于 $\boldsymbol{\Phi} = \overline{\boldsymbol{\Phi}} \otimes \boldsymbol{I}_L$ ，存在 $l,r \in \mathbb{Z}$ ，有

$$\begin{aligned}\boldsymbol{M}[l,r] &= (\overline{\boldsymbol{\Phi}}[l] \otimes \boldsymbol{I}_L)^{\mathrm{H}}(\overline{\boldsymbol{\Phi}}[r] \otimes \boldsymbol{I}_L) \\ &= (\overline{\boldsymbol{\Phi}}^{\mathrm{H}}[l]\,\overline{\boldsymbol{\Phi}}[r]) \otimes (\boldsymbol{I}_L^{\mathrm{H}} \otimes \boldsymbol{I}_L) \\ &= (\overline{\boldsymbol{\Phi}}^{\mathrm{H}}[l]\,\overline{\boldsymbol{\Phi}}[r]) \otimes \boldsymbol{I}_L\end{aligned}$$

所以，当 $l \neq r$ 时，有

$$\begin{aligned}\theta_B &= \max_{l,r\neq l}\frac{1}{L}\rho(\boldsymbol{M}[l,r])\\ &= \max_{l,r\neq l}\frac{1}{L}\rho((\overline{\boldsymbol{\Phi}}^{\mathrm{H}}[l]\,\overline{\boldsymbol{\Phi}}[r])\otimes\boldsymbol{I}_L)\\ &= \frac{1}{L}\max_{l,r\neq l}\rho(\overline{\boldsymbol{\Phi}}^{\mathrm{H}}[l]\,\overline{\boldsymbol{\Phi}}[r])\\ &= \frac{\theta}{L}\end{aligned} \tag{5-35}$$

当 $l=r$ 时，存在 $\boldsymbol{\varphi}_l,\boldsymbol{\varphi}_r\in\boldsymbol{\Phi}[l]$，有

$$v_I = \max_l\max_{r=l}|\boldsymbol{\varphi}_l^{\mathrm{H}}\boldsymbol{\varphi}_r| = 0 \tag{5-36}$$

将式（5-35）和式（5-36）代入式（5-30）可得式（5-34）。

说明　在采样系统中 $\overline{\boldsymbol{\Phi}}=\boldsymbol{C}$，$\theta(\overline{\boldsymbol{\Phi}})=\theta(\boldsymbol{F})$，因此有

$$\delta_{S|B}\leqslant(S-1)\theta(\boldsymbol{F}) \tag{5-37}$$

所以，在第 3 章中关于系数测量矩阵的 RIP 分析完全适用于分块测量矩阵 $\boldsymbol{\Phi}$。在进行子空间探测的过程中，最关键的是分析 $\boldsymbol{\Phi}$ 的性质。在后面支撑集压缩的相关改进中，也是研究 $\boldsymbol{\Phi}$ 的分块可压缩的性质。

5.3.2　SCoSaMP 的块稀疏重构形式

根据式（3-46），当系统带宽 Ω' 足够大，使得带外信号能量可以忽略不计时，系数矩阵 $\boldsymbol{Z}$ 的求解对信号的重构误差起决定性作用。为方便分析，对模型进行理想化，根据式（3-47），可令字典分块个数 K 和分块尺寸 L 分别为

$$\begin{cases}K=\dfrac{T'N}{\zeta W}\\ L=\zeta W\Omega'\end{cases} \tag{5-38}$$

由式（5-38），在其他参数确定的条件下，K 和尺度变换因子 ζ 成反比，K 和 ζ 和成正比，而系数矩阵 $\boldsymbol{Z}$ 的元素个数恒定。在此条件下，可以通过分析 L 变化对 SCoSaMP 算法的重构性能的影响，来分析窗函数尺度变换对重构效果的影响。

为了达到此目的，本书对比 BOMP 算法。首先给出 SCoSaMP 的分块形式，即分块压缩采样正交匹配追踪重构（Block CoSaMP，BCoSaMP）算法；然后借鉴分块重构算法的分析方法，推导出收敛性不等式和 Block-RIC 关于 ζ 的期望函数，进一步分析 ζ 对算法重构性能的影响。

1. 算法描述

本书研究的 BCoSaMP 算法是 SCoSaMP 算法块稀疏重构形式，SCoSaMP 算

法参见文献［98］。其重点针对欠定线性方程组 $\boldsymbol{u} = \boldsymbol{\Phi z} + \boldsymbol{e}$，此方程组由 $\boldsymbol{U} = \overline{\boldsymbol{\Phi}}\boldsymbol{Z} + \boldsymbol{E}$ 按式（5-10）得到。向量的上标 p 表示第 p 次迭代，下标 S 表示向量的最优 S 块逼近。矩阵的下标大写字母表示指标集，$\boldsymbol{\Phi}_\Lambda$ 表示从矩阵 $\boldsymbol{\Phi}$ 抽取列标集为 Λ 的子块，Λ_C 表示 Λ 的补集，$\Lambda_C + \Lambda = [1,2,\cdots,K]$。$\Lambda = \mathrm{supp}(z)$ 表示块支撑集，Λ^p 表示第 p 次迭代选出来的块支撑集。支集两边加竖线表示支集的尺寸，$|\Lambda|$ 表示支集 Λ 中指标的数量，在算法 5.1 中 $\xi > 0$。

算法 5.1

初始化：$\boldsymbol{r}^0 = \boldsymbol{u}$，$\Lambda^0 = \varnothing$，稀疏度 S，$p = 0$

while（！终止条件）do

　①$\boldsymbol{r}^p = \boldsymbol{u} - \boldsymbol{\Phi z}^p$；［更新残差］

　②$\boldsymbol{g}^p = \boldsymbol{\Phi}^{\mathrm{H}}\boldsymbol{r}^p$，令 $\boldsymbol{h}^n = [\|\boldsymbol{g}^n[1]\|_2, \|\boldsymbol{g}^n[2]\|_2,\cdots,\|\boldsymbol{g}^n[K]\|_2]$，$\Lambda_\Delta = \arg\max\limits_{2S}(\boldsymbol{h}_{|\Lambda_\Delta|})$；［求最优 2S 个相干块的指标集］

　③$\tilde{\Lambda} = \Lambda^p \cup \Lambda_\Delta$；［支集合并］

　④$\boldsymbol{b}_{\tilde{\Lambda}} = \boldsymbol{\Phi}^{\dagger}_{\tilde{\Lambda}}\boldsymbol{u}, \boldsymbol{b}_{\tilde{\Lambda}_C} = \boldsymbol{0}$；［最小二乘估计］

　⑤令 $\boldsymbol{c}^p = [\|\boldsymbol{b}^p_{\tilde{\Lambda}}[1]\|_2, \|\boldsymbol{b}^p_{\tilde{\Lambda}}[2]\|_2,\cdots,\|\boldsymbol{b}^p_{\tilde{\Lambda}}[K]\|_2]$，$\Lambda' = \arg\max\limits_{k}(c_S)$；［求最优 S 个逼近块的指标集］

　⑥$\boldsymbol{z}^{p+1} = \boldsymbol{b}_{\Lambda}{}', \Lambda^{p+1} = \mathrm{supp}(\boldsymbol{z}^{p+1})$；［剪枝最优 S 块］

　⑦S 块稀疏解 $z = \boldsymbol{z}^{p+1}$；

　获得的支撑集 $\hat{\Lambda} = \Lambda^{p+1}$

　⑧$p = p + 1$［下一步迭代］

end while

算法 5.1 最关键的问题在于选择最优支撑集 $\tilde{\Lambda}$。BCoSaMP 算法最核心的步骤在于步骤②求最优 2S 个相干块的指标集和算法 5.1 中步骤⑤求最优 S 个逼近块的指标集，BCoSaMP 选择的指标集将传统的以单个基或原子为单位改进为以块为单位更新。选择最优块时，对相干块或最优 S 个逼近块根据 l_2 范数大小排序，先选择最大的前 $|\Lambda_\Delta|$ 或 S 个 l_2 范数对应的指标集，进而获得最合适的支撑集 Λ。

BCoSaMP 算法迭代终止条件有三种方式。

第一种为设定固定的迭代次数。设定的迭代次数和稀疏度 S 有关，当不断地迭代其误差收敛到某一个设定的阈值，迭代终止。在分割块为 L 的条件下，迭代次数可以降至 $1/L$ 甚至更多。

第二种为 $\|\boldsymbol{r}^p\|_2/\|\boldsymbol{u}\|_2<\alpha$ 即可停止，α 为精度系数，可以选择 $0\leqslant\alpha<0.01$。此种条件下，根据5.3.2节中和 $\delta_{S|L}$ 关系的讨论，迭代次数和 $\delta_{S|B}$ 有关，Gaussain 测量矩阵元素方差 $\boldsymbol{\sigma}^2$ 越大，迭代次数越少。

第三种为 $\|\boldsymbol{g}^p[l]\|_{2,\infty}<\beta$ 即可停止，β 为精度系数，可以选择 $0\leqslant\beta<0.01$。基于块稀疏算法对传统算法的影响，其迭代次数和第二种情形相一致。由于分块 $\|\boldsymbol{g}^p[l]\|_{2,\infty}<\sqrt{L}\|\boldsymbol{g}^p[l]\|_{\infty}$，$\beta$ 在块稀疏条件下可以适当放宽。

2. 收敛不等式

BCoSaMP 算法5.1步骤②中的 $|\Lambda_\Delta|$ 在经典算法中通常选择 $|\Lambda_\Delta|=2S$，合并后的支集为 $\tilde{\Lambda}$，其尺寸在首次迭代中为 $|\tilde{\Lambda}|=2S$，在第二次以后的迭代中 $|\tilde{\Lambda}|\leqslant 3S$。$|\Lambda_\Delta|$ 的选择不同，其迭代过程的收敛特性有所不同，在实际重构过程中，经过相同步骤的迭代之后，其重构误差也有差别。本书推导了 BCoSaMP 算法的收敛特性，如定理5-10。

定理5-10 假设 z 是块 S-稀疏信号，z^p 为第 p 次迭代得到的块 S-稀疏逼近向量，则

$$\begin{cases}\|z-z^{p+1}\|_2\leqslant c_1\|z-z^p\|_2+c_2\|\boldsymbol{e}\|_2\\ c_1=2\left(1+\dfrac{\delta_{(2S+|\Lambda_\Delta|)|B}}{1-\delta_{(S+|\Lambda_\Delta|)|B}}\right)\dfrac{(\delta_{2S|B}+\delta_{|\Lambda_\Delta|B})}{1-\delta_{2S|B}}\\ c_2=2\left(1+\dfrac{\delta_{(2S+|\Lambda_\Delta|)|B}}{1-\delta_{(S+|\Lambda_\Delta|)|B}}\right)\dfrac{(\sqrt{1+\delta_{2S|B}}+\sqrt{1+\delta_{|\Lambda_\Delta||B}})}{1-\delta_{2S|B}}+\dfrac{2}{\sqrt{1-\delta_{(S+|\Lambda_\Delta|)|B}}}\end{cases}\tag{5-39}$$

证明

(1) 算法5.1中的步骤①和步骤②。为了保证第 p 次迭代的步骤②可以筛选出和原始信号相关度更高的支集 Λ_Δ，设第 p 次迭代残差的支集为 Λ_r，令 $\boldsymbol{u}^p=z^p-z$，需要满足 $\|\boldsymbol{g}\Lambda_\Delta\|_{2,B}\leqslant\|\boldsymbol{g}_{\Lambda_r}\|_{2,B}$。

根据不等式(5-23)、式(5-27)，有

$$\begin{aligned}\|\boldsymbol{g}_{\Lambda_\Delta}\|_{2,B}&=\|\boldsymbol{\Phi}_{\Lambda_\Delta}^{\mathrm{H}}\boldsymbol{\Phi}(\boldsymbol{u}^p+\boldsymbol{e})\|_{2,B}\\&\leqslant\|\boldsymbol{\Phi}_{\Lambda_\Delta}^{\mathrm{H}}\boldsymbol{\Phi}\boldsymbol{u}^n\|_{2,B}+\|\boldsymbol{\Phi}_{\Lambda_\Delta}^{\mathrm{H}}\boldsymbol{e}\|_{2,B}\\&\leqslant\delta_{(|\Lambda_\Delta|+|\Lambda_r|)|B}\|\boldsymbol{u}^n\|_{2,B}+\sqrt{1+\delta_{|\Lambda_\Delta||B}}\|\boldsymbol{e}\|_{2,B}\\&\leqslant\delta_{(|\Lambda_\Delta|+2S)|B}\|\boldsymbol{u}^n\|_2+\sqrt{1+\delta_{2S|B}}\|\boldsymbol{e}\|_2\end{aligned}\tag{5-40}$$

且

$$\begin{aligned}\|\boldsymbol{g}_{\Lambda_r}\|_{2,B} &= \|\boldsymbol{\Phi}_{\Lambda_r}^{\mathrm{H}}\boldsymbol{\Phi}(\boldsymbol{u}^n+\boldsymbol{e})\|_{2,B}\\ &\geqslant \|\boldsymbol{\Phi}_{\Lambda_r}^{\mathrm{H}}\boldsymbol{\Phi}\,\boldsymbol{u}_{\Lambda_r\setminus\Lambda_\Delta}^n\|_{2,B} - \|\boldsymbol{\Phi}_{\Lambda_r}^{\mathrm{H}}\boldsymbol{\Phi}\,\boldsymbol{u}^n{}_{\Lambda_\Delta}\|_{2,B} - \|\boldsymbol{\Phi}_{\Lambda_r}^{\mathrm{H}}\boldsymbol{e}\|_{2,B}\\ &\leqslant (1-\delta_{|\Lambda_r\setminus\Lambda_\Delta||B})\|\boldsymbol{u}_{\Lambda_r\setminus\Lambda_\Delta}^n\|_{2,B} - \delta_{|\Lambda_r||B}\|\boldsymbol{u}^n\|_{2,B}\\ &\quad -\sqrt{1+\delta_{|\Lambda_r||B}}\|\boldsymbol{e}\|_{2,B}\\ &\leqslant (1-\delta_{2S|B})\|\boldsymbol{u}_{\Lambda_r\setminus\Lambda_\Delta}^n\|_2 - \delta_{2S|B}\|\boldsymbol{u}^n\|_2 - \sqrt{1+\delta_{2S|B}}\|\boldsymbol{e}\|_2\end{aligned} \tag{5-41}$$

由式（5-40）、式（5-41）可得

$$\begin{aligned}\|\boldsymbol{u}_{\Lambda_r\setminus\Lambda_\Delta}^n\|_2 &\leqslant \frac{(\delta_{2S|B}+\delta_{|\Lambda_\Delta||D})}{1-\delta_{2S|B}}\|\boldsymbol{u}^n\|_2\\ &\quad + \frac{(\sqrt{1+\delta_{2S|B}}+\sqrt{1+\delta_{|\Lambda_\Delta||B}})}{1-\delta_{2S|B}}\|\boldsymbol{e}\|_2\end{aligned} \tag{5-42}$$

（2）算法 5.1 中的步骤③。由于$\boldsymbol{u}^p=\boldsymbol{z}-\boldsymbol{z}^p$，$\Lambda_r=\Lambda+\Lambda^p$，$\Lambda^S\cap\Lambda\setminus\tilde{\Lambda}=\varnothing$，则

$$\begin{aligned}\|\boldsymbol{z}_{\Lambda\setminus\tilde{\Lambda}}\|_2 &= \|\boldsymbol{z}_{\Lambda\setminus\tilde{\Lambda}} - \boldsymbol{z}^p{}_{\Lambda\setminus\tilde{\Lambda}}\|_2 = \|\boldsymbol{u}_{\Lambda\setminus\tilde{\Lambda}}^p\|_2\\ &\leqslant \|\boldsymbol{u}_{(\Lambda+\Lambda^p)\setminus\tilde{\Lambda}}^p\|_2 = \|\boldsymbol{u}_{\Lambda_r\setminus\tilde{\Lambda}}^p\|_2 = \|\boldsymbol{u}_{\Lambda_r\setminus\Lambda_\Delta}^p\|_2\end{aligned} \tag{5-43}$$

（3）算法 5.1 中的步骤④。在此步中$\boldsymbol{b}_{\tilde{\Lambda}}=\boldsymbol{\Phi}_{\tilde{\Lambda}}^{\dagger}\boldsymbol{u}$，$\boldsymbol{b}_{\tilde{\Lambda}_C}=0$。

同时，由于$\boldsymbol{\Phi}_{\tilde{\Lambda}}^{\dagger}\boldsymbol{\Phi}_{\tilde{\Lambda}}=\boldsymbol{I}_{\tilde{\Lambda}}$，并根据不等式（5-23）～式（5-27），可得

$$\begin{aligned}\|\boldsymbol{z}-\boldsymbol{b}\|_2 &= \|\boldsymbol{z}_{\Lambda\setminus\tilde{\Lambda}+\Lambda\cap\tilde{\Lambda}} - \boldsymbol{b}_{\tilde{\Lambda}}\|_2 = \|\boldsymbol{z}_{\Lambda\setminus\tilde{\Lambda}} + \boldsymbol{z}_{\Lambda\cap\tilde{\Lambda}} - \boldsymbol{b}_{\tilde{\Lambda}}\|_2\\ &= \|\boldsymbol{z}_{\Lambda\setminus\tilde{\Lambda}} + \boldsymbol{z}_{\tilde{\Lambda}} - \boldsymbol{b}_{\tilde{\Lambda}}\|_2 \leqslant \|\boldsymbol{z}_{\Lambda\setminus\tilde{\Lambda}}\|_2 + \|\boldsymbol{z}_{\tilde{\Lambda}} - \boldsymbol{b}_{\tilde{\Lambda}}\|_2\\ &= \|\boldsymbol{z}_{\Lambda\setminus\tilde{\Lambda}}\|_2 + \|\boldsymbol{z}_{\tilde{\Lambda}} - \boldsymbol{\Phi}_{\tilde{\Lambda}}^{\dagger}(\boldsymbol{\Phi}_{\tilde{\Lambda}}\boldsymbol{z}_{\tilde{\Lambda}} + \boldsymbol{\Phi}\boldsymbol{z}_{\Lambda\setminus\tilde{\Lambda}} + \boldsymbol{e})\|_2\\ &= \|\boldsymbol{z}_{\Lambda\setminus\tilde{\Lambda}}\|_2 + \|\boldsymbol{\Phi}_{\tilde{\Lambda}}^{\dagger}\boldsymbol{\Phi}\boldsymbol{z}_{\Lambda\setminus\tilde{\Lambda}} + \boldsymbol{e}\|_2\\ &\leqslant \|\boldsymbol{z}_{\Lambda\setminus\tilde{\Lambda}}\|_2 + \|(\boldsymbol{\Phi}_{\tilde{\Lambda}}^{\mathrm{H}}\boldsymbol{\Phi}_{\tilde{\Lambda}})^{-1}\boldsymbol{\Phi}_{\tilde{\Lambda}}^{\mathrm{H}}\boldsymbol{\Phi}\boldsymbol{z}_{\Lambda\setminus\tilde{\Lambda}}\|_2 + \|\boldsymbol{\Phi}_{\tilde{\Lambda}}^{\dagger}\boldsymbol{e}\|_2\\ &\leqslant \|\boldsymbol{z}_{\Lambda\setminus\tilde{\Lambda}}\|_2 + \frac{1}{1-\delta_{(S+|\Lambda_\Delta|)|B}}\|\boldsymbol{\Phi}_{\tilde{\Lambda}}^{\mathrm{H}}\boldsymbol{\Phi}\boldsymbol{z}_{\Lambda\setminus\tilde{\Lambda}}\|_2 + \frac{1}{\sqrt{1-\delta_{(S+|\Lambda_\Delta|)|B}}}\|\boldsymbol{e}\|_2\\ &\leqslant \left(1+\frac{\delta_{(2S+|\Lambda_\Delta|)|B}}{1-\delta_{(S+|\Lambda_\Delta|)|B}}\right)\|\boldsymbol{z}_{\Lambda\setminus\tilde{\Lambda}}\|_2 + \frac{1}{\sqrt{1-\delta_{(S+|\Lambda_\Delta|)|B}}}\|\boldsymbol{e}\|_2\end{aligned} \tag{5-44}$$

由于$\boldsymbol{b}_{\Lambda}{}'$与$\boldsymbol{b}$的逼近程度要比$z$高，所以

$$\|\boldsymbol{b}_{\Lambda}{}'-\boldsymbol{b}\|_2 \leqslant \|\boldsymbol{z}-\boldsymbol{b}\|_2 \tag{5-45}$$

（4）算法 5.1 中的步骤⑤和步骤⑥。由步骤⑥可知

$$\| z - z^p \|_2 = \| \boldsymbol{z} - \boldsymbol{b}_{\Lambda}' \|_2 \leqslant \| \boldsymbol{z} - \boldsymbol{b} \|_2 + \| \boldsymbol{b} - \boldsymbol{b}_{\Lambda}' \|_2 \tag{5-46}$$

由式（5-42）~式（5-46），可得

$$\begin{aligned}
\| \boldsymbol{z} - \boldsymbol{z}^n \|_2 &\leqslant 2 \| \boldsymbol{z} - \boldsymbol{b} \|_2 \\
&\leqslant 2\left(1 + \frac{\delta_{(2S+|\Lambda_\Delta|)|B}}{1 - \delta_{(S+|\Lambda_\Delta|)|B}}\right) \| \boldsymbol{z}_{\Lambda \setminus \bar{\Lambda}} \|_2 + \frac{2}{\sqrt{1 - \delta_{(S+|\Lambda_\Delta|)|B}}} \| \boldsymbol{e} \|_2 \\
&\leqslant 2\left(1 + \frac{\delta_{(2S+|\Lambda_\Delta|)|B}}{1 - \delta_{(S+|\Lambda_\Delta|)|B}}\right) \| \boldsymbol{u}^n_{\Lambda_r \setminus \Lambda_\Delta} \|_2 + \frac{2}{\sqrt{1 - \delta_{(S+|\Lambda_\Delta|)|B}}} \| \boldsymbol{e} \|_2 \\
&\leqslant 2\left(1 + \frac{\delta_{(2S+|\Lambda_\Delta|)|B}}{1 - \delta_{(S+|\Lambda_\Delta|)|B}}\right) \frac{(\delta_{2S|B} + \delta_{|\Lambda_\Delta||B})}{1 - \delta_{2S|B}} \| \boldsymbol{u}^n \|_2 \\
&\quad + \left(2\left(1 + \frac{\delta_{(2S+|\Lambda_\Delta|)|B}}{1 - \delta_{(S+|\Lambda_\Delta|)|B}}\right) \frac{(\sqrt{1 + \delta_{2S|B}} + \sqrt{1 + \delta_{|\Lambda_\Delta||B}})}{1 - \delta_{2S|B}} \right. \\
&\quad \left. + \frac{2}{\sqrt{1 - \delta_{(S+|\Lambda_\Delta|)|B}}}\right) \| \boldsymbol{e} \|_2
\end{aligned} \tag{5-47}$$

定义式（5-39）中的 c_1 和 c_2 为第 n 次迭代的收敛因子，反映了算法在迭代过程中的收敛特性。收敛特性决定于 $\delta_{S|B}$，$\delta_{S|B}$ 越小，c_1 和 c_2 同时也越小，收敛速度就更快。根据式（5-39），经过 k 次迭代噪声小于 $c_2 \| \boldsymbol{e} \|_2 / (1 - c_1^k)$，因此收敛因子 c_1 也决定了误差项的收敛特性。$|\Lambda_\Delta|$ 适当减小，可以改善算法的收敛性和噪声特性，但是 $|\Lambda_\Delta|$ 不可能无限制减小，$|\Lambda_\Delta|$ 过小会导致算法 5.1 中步骤⑤不能获得足够的支撑块，反而使信号无法正常恢复。

5.3.3 收敛性与误差分析

为了进一步分析 BCoSaMP 算法中矩阵分块对迭代收敛特性的影响，并和其他算法进行对比分析，需要对收敛因子不等式（5-39）进行简化。首先给定一个引理。

引理 5-11 令 c 和 S 为正整数，则 $\delta_{cS|B} < c\delta_{2S|B}$。

引理 5-11 可以根据文献［83］中的推论 3.4，将指标集 B 进行分块，再利用盖尔圆定理得到。由引理 5-11，$\delta_{4S|B} < 4\delta_{2S|B}$，$\delta_{3S|B} < 3\delta_{2S|B}$，因此可利用 $\delta_{2S|B}$ 对不同阶 Block-RIC 进行衡量，将 $\delta_{2S|B}$ 代入式（5-39）可得收敛因子的上界，精确分析迭代收敛趋势。收敛因子的上界见以下推论。

推论 5-12 当 $|\Lambda_\Delta|$ 分别为 $|\Lambda_\Delta| = S$ 或 $|\Lambda_\Delta| = 2S$ 时，BCoSaMP 的收敛因子可表示为

$$\begin{cases} c_1\big|_{|\Lambda_\Delta|=2S} \leqslant \dfrac{4\delta_{2S|B}(1+\delta_{2S|B})}{(1-3\delta_{2S|B})(1-\delta_{2S|B})}, c_2\big|_{|\Lambda_\Delta|=2S} \leqslant \dfrac{4\,(1+\delta_{2S|B})^{\frac{3}{2}}}{(1-3\delta_{2S|B})(1-\delta_{2S|B})} + \dfrac{2}{\sqrt{1-3\delta_{2S|B}}} \\ c_1\big|_{|\Lambda_\Delta|=S} \leqslant \dfrac{4\delta_{2S|B}(1+\delta_{2S|B})}{(1-\delta_{2S|B})^2}, c_2\big|_{|\Lambda_\Delta|=S} \leqslant \dfrac{4(1+2\delta_{2S|B})\sqrt{1+\delta_{2S|B}}}{(1-\delta_{2S|B})^2} + \dfrac{2}{\sqrt{1-\delta_{2S|B}}} \end{cases}$$

(5-48)

本节对系数测量矩阵 $\boldsymbol{\Phi} = \boldsymbol{C} \otimes \boldsymbol{I}_L$ 的 Block-RIC 进行估计，为了方便计算，假设矩阵 $\overline{\boldsymbol{\Phi}} = \boldsymbol{C}$ 满足推论 5-12 中的约束条件，为 Fourier 矩阵且归一化。因此可令其中第 (m,k) 个元素的表达式为

$$c_{m,k} = \frac{1}{\sqrt{K}}\exp\left(\mathrm{i}\,\frac{2\pi mk}{K}\right), m,k \in \{0,1,\cdots,K-1\} \tag{5-49}$$

式中，行指标 m 为随机选取，$\boldsymbol{C}$ 的行数为 M。规定 $M \leqslant K-2$ 。此时，$\overline{\boldsymbol{\Phi}}$ 是由 DFT 矩阵的行构成的子矩阵。

根据文献［61］，在 $\overline{\boldsymbol{\Phi}}$ 满足式（3-25）条件下，$\boldsymbol{C}$ 的 S 阶 RICδ_S 的期望 $E(\delta_S)$ 满足

$$E(\delta_S) \leqslant \frac{2m(M)}{\sqrt{M}}, m(M) = C_1(M)\,\frac{\sqrt{S}\lg S\,\sqrt{\lg K}\,\sqrt{\lg M}}{\sqrt{M}} \tag{5-50}$$

根据式（5-37），矩阵 $\boldsymbol{\Phi} = \boldsymbol{C} \otimes \boldsymbol{I}_L$ 的 Block-RIC $\delta_{S|B} = \delta_S$ 。若令 $\boldsymbol{z}$ 的维度为 $P = KL$ ，则系数比 $r = S/K = SL/P$ ，则由式（5-50）可知

$$E(\delta_{2S|B}) \leqslant C_1(M)\,\frac{\sqrt{\lg M}}{\sqrt{M}}\,\sqrt{2rP/L}\,\sqrt{\lg(P/L)}\lg(2rP/L) \tag{5-51}$$

将式（5-51）代入式（5-48），可得到收敛因子范围更加具体的表达式，但是由于表达式过于复杂，无法直观反映收敛因子变化趋势，选取 $P=1600$、$P=2400$ 和 $P=3200$ 三种情况下的测量矩阵，通过画图进行分析。式（5-48）中不等式右边为收敛因子的上界，这是一个非常宽泛的边界，远大于真实值，但是能够反映收敛因子随 Block-RIC$\delta_{2S|B}$ 的变化趋势。此边界本身就对 $\delta_{2S|B}$ 的要求非常高，需要其满足 $\delta_{4S|B} = \delta_{4S} < 0.1$ ，而通常当 $\delta_{4S|B}$ 不满足此约束时信号也能得到很好的重构[83]。因此，常数 $C_1(M)$ 是一个修正值，本书令 $C_1(M) = 1/ML$ 。分析过程中，令 $M = 50$ ，分块尺寸分别选择 $L=8$、$L=16$、$L=32$。算法 5.1 中的步骤②中每次更新的子集尺寸选择 $|\Lambda_\Delta| = S$ 和 $|\Lambda_\Delta| = 2S$ 两种具有代表性的情况。在 $|\Lambda_\Delta| = 2S$ 时，若 $r = 0.5$ ，则 $\boldsymbol{\Phi}_{\Lambda_\Delta} = \boldsymbol{\Phi}$ 。这时稀疏比 r 达到上限，所以 $r > 0.5$ 的情况不存在。为方便对比，选择在 $r \in (0,0.5]$ 的区间进行计算。结果如图 5-2 所示。BCoSaMP 在 $|\Lambda_\Delta| = S$ 和 $|\Lambda_\Delta| = 2S$ 条件下分别

用 BCoSaMP1 和 BcoSaMP2 表示。

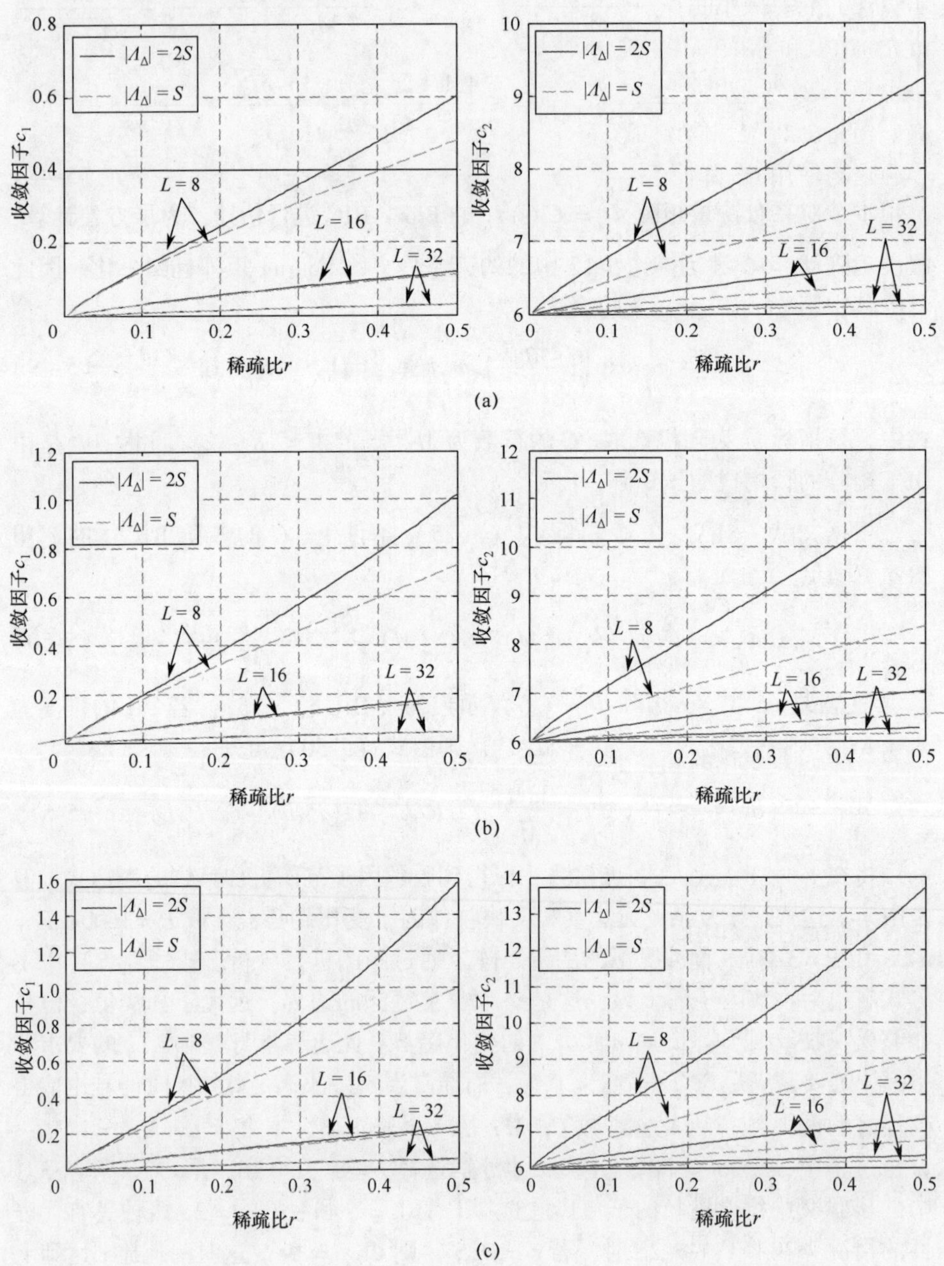

图 5-2　BCoSaMP 算法收敛因子变化趋势

（a）$P = 1600$；（b）$P = 2400$；（c）$P = 3200$。

从图 5-2 中可明显看到，BCoSaMP1 算法收敛因子 c_1 比 BCoSaMP2 小，说明算法 $|\Lambda_\Delta|$ 减小时算法收敛性提高。当 L 增大时，算法收敛性也会提高，但 BCoSaMP1 和 BCoSaMP2 的曲线更加接近，说明随着 L 的增大，$|\Lambda_\Delta|$ 减小的优势也越来越不明显。P 增大时，测量矩阵冗余度提高，迭代过程收敛速度变慢。但是 P 越大，同维度测量向量 $\boldsymbol{u}$ 能够恢复出来的系数向量 $\boldsymbol{z}$ 的支撑集就越小，这与使用 CS 降低信号采样率的目标相反，因此，P 和运算量的选择是一个根据实际硬件配置权衡的过程。

当算法经过 p^* 次迭代，系数 $\boldsymbol{z}$ 的重构误差边界为

$$\| \boldsymbol{z}^{p^*} - \boldsymbol{z} \|_2 \leqslant c_1^{p^*} \| \boldsymbol{z} \|_2 + \left(\frac{1 - c_1^{p^*}}{1 - c_1} \right) c_2 \| \boldsymbol{e} \|_2 \tag{5-52}$$

由式（5-52）可知，信号重构误差边界在于 c_1，而 c_2 主要是反映对噪声的影响。当窗函数尺度变换因子 ζ 增大，分块尺寸 L 增大，系数重构误差减小，根据前面的分析，信号重构误差显著减小。随着 P 增大，需要重构得到的 Gabor 系数增多，当通道数 M 为固定值时，需要重构的系数越多，重构误差越大。但是，通过增大 ζ，可以弥补其产生的缺陷。同时，随着 ζ 的提高，噪声引起的误差也显著减小，系统抑制噪声能力增强。然而，ζ 的增大会导致 K 减小，在稀疏度 S 不变的情况下，稀疏比 r 势必会提高，但由于 c_1 和 c_2 受到 L 增大的影响大于 r 提高产生的影响，误差总体还是在减小。由图 5-2 可知，随着 ζ 的增大，c_1 和 c_2 减小的速度变缓，且减小的余地也减小，这也解释了图 3-8 中误差变化的趋势。

如果在系统构建中令 $b = 1/W$ 不变，而不断增大 $a = \mu\zeta W$，就是在不断减小 P 的数目，在 ζ 较小时，P 减小对 c_1 和 c_2 的减小的贡献起主要作用。但是，当 ζ 增大到一定值，由图 5-2 可知稀疏比 r 提高导致 c_1 和 c_2 增大的速度越来越快，开始起主要作用，因此，重构误差反而逐渐增大。这也从另一方面解释了图 3-8 的信号误差变化趋势。

5.4　基于信号空间的重构算法设计

5.4.1　冗余框架信号空间投影

CS 感知信号重构算法最关键的环节有两个，一是根据残差和测量矩阵的相关性，通过迭代更新最优的支撑集 Λ；二是利用更新的支撑向量集计算最优系数向量。计算最优系数向量的过程即利用求逆获得系数解的过程，目前最常用的方法是求解极小范数最小二乘解，即

$$\arg\min_{\tilde{z}_\Lambda} \| \boldsymbol{u} - \boldsymbol{H}_\Lambda \tilde{z}_\Lambda \|_2^2, \tilde{z}_{\Lambda_C} = \boldsymbol{0} \tag{5-53}$$

对于稀疏度为 S 的稀疏系数向量 $\boldsymbol{x}$ ，通过一定的方法获得了支撑集 Λ 之后，相应的极小范数最小二乘解即 $\boldsymbol{x}$ 的 Oracle 估计。如图 5-3 所示，图中 $i,j \subseteq \Lambda_{\mathrm{or}}$ ，$\tilde{\boldsymbol{x}} = \boldsymbol{Y}_\Lambda \tilde{\boldsymbol{z}}$ 。

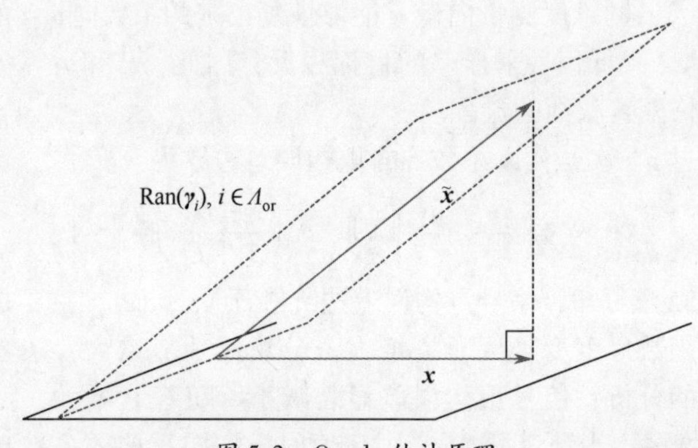

图 5-3　Oracle 估计原理

Oracle 估计的准确性决定于选择的支撑集是否精准。如果不加约束条件 $|\Lambda_{\mathrm{or}}| \leqslant S$ ，得到的 $\tilde{\boldsymbol{x}}$ 将是所能求得的与原始信号 $\boldsymbol{x}$ 具有最接近的 l_2 范数误差的向量。但是，当字典高度冗余时，将不能再保证 $\boldsymbol{x}$ 的稀疏度，它将是一个波形大体和原始信号接近的向量。在字典冗余的条件下，传统的 SCoSaMP 迭代算法更新最优支撑集的原理是从测量矩阵中找到和残差信号相关度最高的一组字典的指标集。按照关联度从大到小排序再截短的方法，很容易将与残差关联度高的几个近似字典向量对应的指标集都选作支撑集，而丢失掉其他很多必要的字典向量指标集，从而产生误差。为了解决这个问题，在更新支撑集的时候如果能够将残差向实际的信号空间中进行投影，去除高冗余度字典中关联度较高但没有用的向量指标集，将会得到更加准确的支撑集 Λ 。但是，真实的信号是未知的，所以只好使用极小范数最小二乘解代替。因此如果能够在 $|\Lambda_{\mathrm{or}}| \leqslant S$ 的约束条件下对 $\tilde{\boldsymbol{x}}$ 再进行一次投影，获得使 l_2 范数误差最小的支撑集 Λ ，将大大提高重构准确度。信号空间投影原理如图 5-4 所示。

这里，使用 $\mathrm{Ran}(\boldsymbol{Y}_i), i \in \Lambda_{\mathrm{pr}}$ 表示投影空间，使用 $\boldsymbol{P}_\Lambda = \boldsymbol{Y}_\Lambda z_\Lambda$ 和 $\boldsymbol{P}_\Lambda = \boldsymbol{Y}_\Lambda \boldsymbol{Y}_\Lambda^\dagger$ 表示信号空间投影矩阵，则信号空间投影的过程为

$$\mathcal{S}_S^*(\boldsymbol{x}) = \arg\min_{|\Lambda| \leqslant S} \| \boldsymbol{x} - \boldsymbol{P}_\Lambda \tilde{\boldsymbol{x}} \|_2^2 \tag{5-54}$$

很显然，当 $\boldsymbol{Y} = \boldsymbol{I}$ 时，满足 $\mathcal{S}_S^*(\boldsymbol{x}) = \Lambda$ ，且 $\boldsymbol{x} = \tilde{\boldsymbol{x}}$ ，这也是在传统面向系数域算法要求字典正交的原因。在 $\boldsymbol{Y}$ 冗余的条件下，式（5-54）的求解过程

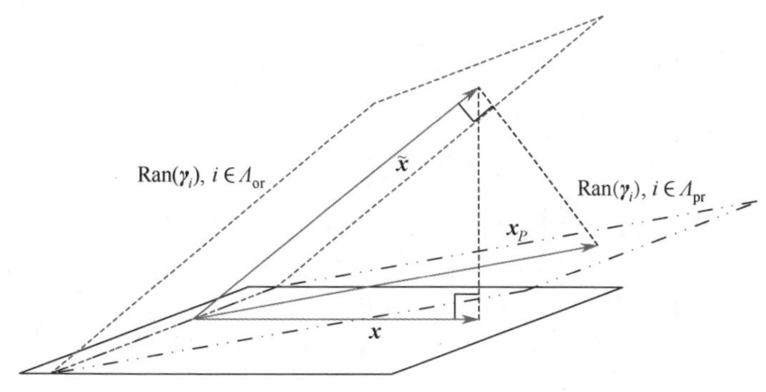

图 5-4　信号空间投影原理

是一个 NP 难题。所以为了能够得到最优的信号重构，只能采用一系列逼近方法求得最优近似结果。是否最优的衡量标准是利用信号的重构误差进行判断，当误差满足设定要求时，称为信号空间的**近似最优投影**。

$\boldsymbol{P}_\Lambda = \boldsymbol{Y}_\Lambda \boldsymbol{Y}_\Lambda^\dagger$ 定义为信号 $\boldsymbol{x}$ 在 $\boldsymbol{Y}_\Lambda$ 张成的子空间 $\mathrm{Ran}(\boldsymbol{Y}_\Lambda)$ 上的正交投影，$\boldsymbol{Q}_\Lambda = \boldsymbol{I} - \boldsymbol{P}_\Lambda$ 定义为信号 $\boldsymbol{x}$ 在 $\mathrm{Ran}(\boldsymbol{Y}_\Lambda)$ 的补空间上的正交投影。在贪婪迭代算法中，利用信号空间投影更新最优支撑，这个步骤更新得到的支撑集 $\mathcal{S}_{\xi S|B}$ 和 $\tilde{\mathcal{S}}_{\tilde{\xi} S|B}$ 表示。下面给出近似最优投影的定义。

定义 5-13　对于任意 $\boldsymbol{x} \in \mathbb{R}^{nK}$，存在常数 $C_S \geqslant 0$ 和 $\tilde{C}_S \geqslant 0$，使得通过近似最优投影 $\boldsymbol{P}_{\mathcal{S}_{\xi S|B(\cdot)}}$ 和 $\boldsymbol{P}_{\tilde{\mathcal{S}}_{\tilde{\xi} S|B(\cdot)}}$ 可以获得支撑集 $\mathcal{S}_{\xi S|B}(\boldsymbol{x}) \in W_{\xi S|B}$ 和 $\tilde{\mathcal{S}}_{\tilde{\xi} S|B}(\boldsymbol{x}) \in W_{\tilde{\xi} S|B}$，满足

$$\begin{cases} \| \boldsymbol{x} - \boldsymbol{P}_{\mathcal{S}_{\xi S|B(\boldsymbol{x})}} \boldsymbol{x} \|_2^2 \leqslant C_S \| \boldsymbol{x} - \boldsymbol{P}_{\mathcal{S}^*_{\xi S|B(\boldsymbol{x})}} \|_2^2 \\ \| \boldsymbol{P}_{\tilde{\mathcal{S}}_{\xi S|B(x)}} \boldsymbol{x} \|_2^2 \leqslant \tilde{C}_S \| \boldsymbol{P}_{\mathcal{S}^*_{\xi S|B(x)}} \boldsymbol{x} \|_2^2 \end{cases} \tag{5-55}$$

式中，$\mathcal{S}^*_{\xi S|B}(\cdot)$ 表示通过最优投影 $\boldsymbol{P}_{\mathcal{S}^*_{\xi S|B(\cdot)}}$ 获得的支撑集，满足

$$\mathcal{S}^*_{\xi S|B}(\boldsymbol{x}) = \mathrm{supp}(\underset{z \in V_{S|B}}{\mathrm{argmin}} \| \boldsymbol{x} - \boldsymbol{Y}\boldsymbol{z} \|_2^2) \tag{5-56}$$

通过最优支撑集 $\mathcal{S}^*_{\xi S|B}(\cdot)$ 可以获得信号 $\boldsymbol{x}$ 的 S 阶最优稀疏表示，但是其计算非常困难。通过信号空间投影的方法可以获得近似最优的支撑集，利用此支撑集与最优支撑集估计得到的信号之间的误差满足式。当常数 C_S 和 $\tilde{C}_S$ 都趋于 0，则得到最理想的支撑集。估计 $\mathcal{S}_{\xi S|B}(\boldsymbol{x})$ 和 $\tilde{\mathcal{S}}_{\tilde{\xi} S|B}(\boldsymbol{x})$ 的过程可以利用分块的凸优化、贪婪算法等，C_S 和 $\tilde{C}_S$ 设置得越小，则运算量越大。因此估计精度和运算量是矛盾的，在实际算法实现中需要根据实际需求进行折中。估计精度除了受到常数 C_S 和 $\tilde{C}_S$ 的影响，还决定于稀疏字典构成的投影空间。当稀疏字典为紧框架时，误差最小。另外，字典冗余度越高，运算量也越大。

5.4.2 算法描述

文献［103］提出了在测量矩阵 $\boldsymbol{M}$ 已知且较为简单的情况下，直接面向信号的重构方法，且不适用于 MMV 问题模型。本书研究的算法不关心 $\boldsymbol{M}$ 的具体形式，而是通过 $\boldsymbol{C}$ 求系数矩阵，间接完成信号重构。算法输入变量为：稀疏度 S，系数测量矩阵 $\boldsymbol{C}$，测量值 $\boldsymbol{U}$，字典矩阵 $\boldsymbol{Y}$，矩阵 $\boldsymbol{E}$ 为零中值高斯噪声。这里 $\boldsymbol{U}=\boldsymbol{C}\boldsymbol{Z}+\boldsymbol{E}$，矩阵 $\boldsymbol{R}$ 为残差。信号可稀疏表示为 $\boldsymbol{x}=\boldsymbol{Y}\mathrm{vec}(\boldsymbol{Z}^{\mathrm{T}})$。支撑集 Λ 满足 $|\Lambda|\leqslant S$，算法中定义 Λ_C 为 Λ 的补集，矩阵或者支撑集上标 p 表示第 p 次迭代的结果，见算法 5.2。

算法 5.2

初始化：$\boldsymbol{R}^0=U$，$\Lambda^0=\varnothing$，稀疏度 S，$p=0$

while（终止条件）do

① $p=p+1$

② $\Lambda_\Delta=\tilde{\mathcal{S}}_{2\xi S|B}(\boldsymbol{Y}\mathrm{vec}((\boldsymbol{C}^{\mathrm{H}}\boldsymbol{R}^{p-1})^{\mathrm{T}}))$［利用投影空间更新支撑集］

③ $\tilde{\Lambda}^p=\Lambda^{p-1}\cup\Lambda_\Delta$［支撑集合并］

④ $\boldsymbol{x}_{\mathrm{prj}}=Y\mathrm{vec}((\boldsymbol{C}^{\dagger}_{\tilde{\Lambda}^p}\boldsymbol{U})^{\mathrm{T}})$［计算信号稀疏表示］

⑤ $\Lambda^p=\mathcal{S}_{\xi S|B}(\boldsymbol{x}_{\mathrm{prj}})$［支撑集分块剪枝］

⑥ $\boldsymbol{x}^p=\boldsymbol{P}_{\Lambda^p}\boldsymbol{x}_{\mathrm{prj}}$；$\mathrm{vec}((\boldsymbol{Z}^p)^{\mathrm{T}})=\boldsymbol{Y}^{\dagger}_{\Lambda^p}\boldsymbol{x}_{\mathrm{prj}}$［在投影空间修正信号稀疏表示］

⑦ $\boldsymbol{R}^p=\boldsymbol{U}-\boldsymbol{C}\boldsymbol{Z}^p$［更新残差］

end while

$\hat{\boldsymbol{x}}=\boldsymbol{x}^p$［形成最终结果］

与文献［103］中用于解决高维的 SMV 问题的算法相比较，本书将算法转化为解决维度更低的 MMV 问题，提高了运算效率。本书算法 5.2 中第②步等价于

$$\begin{aligned}\Lambda_\Delta&=\tilde{\mathcal{S}}_{2\xi S|B}(\boldsymbol{Y}\mathrm{vec}((\boldsymbol{C}^{\mathrm{H}}\boldsymbol{R}^{p-1})^{\mathrm{T}}))\\&=\tilde{\mathcal{S}}_{2\xi S|B}(\boldsymbol{Y}\boldsymbol{Y}^{\mathrm{H}}\boldsymbol{M}^{\mathrm{H}}\mathrm{vec}(\boldsymbol{R}^{p-1})^{\mathrm{T}})\\&=\tilde{\mathcal{S}}_{2\xi S|B}(\boldsymbol{S}^{-1}\boldsymbol{M}^{\mathrm{H}}\mathrm{vec}(\boldsymbol{R}^{p-1})^{\mathrm{T}})\end{aligned}\tag{5-57}$$

而算法 5.2 中第②步对应的步骤为 $\Lambda_\Delta=\tilde{\mathcal{S}}_{2\xi S|B}(\boldsymbol{M}^{\mathrm{H}}\mathrm{vec}(\boldsymbol{R}^{p-1})^{\mathrm{T}})$。当 $L=1$ 或 $\boldsymbol{G}$ 为单位范数紧框架时，两种算法等价。在其他情况下，支撑集的更新受到非紧框架边界的影响。

算法5.2中第④步中，$Z_{prj} = C_{\tilde{\Lambda}^p}^{\dagger} U$，此步计算在于解决下式中的问题：

$$Z_{prj} = \arg\min_{\tilde{z}} \| y - MY\text{vec}(\tilde{Z}^T) \|_2, \tilde{\Lambda} = \text{supp}(\tilde{Z}) \tag{5-58}$$

为了方便书写，令 $u = \text{vec}(U^T)$，$z_{prj} = \text{vec}(Z_{prj}^T)$，$\tilde{z} = \text{vec}(\tilde{Z}^T)$。

因此，在算法5.2中第④步和第⑦步的运算中也不再需要考虑重构模型中复杂的测量矩阵 M 的具体表达式。这些改进的好处在于利用RIP对算法进行收敛条件分析时，可以直接利用DFT矩阵和Gabor框架的边界特性进行估计。

5.4.3　收敛性分析

在提出了新的算法之后，这里分析算法的收敛性不等式，并分析Gabor框架界、框架冗余度和字典分块尺寸对算法收敛性的影响。为得到算法第 P 次迭代收敛性不等式和最终的收敛性不等式，这里先给出几个引理。

1. 相关引理

引理5-14　如果测量矩阵 M 满足拓展的Block-D-RIP，则

$$\| MP_{\Lambda} \|_2^2 \leqslant \lambda_{\max}(1 + \delta_{S|B}) \text{ 和 } \| P_{\Lambda}(S - M^H M) P_{\Lambda} \|_2 \leqslant \lambda_{\max}\delta_{S|B} \tag{5-59}$$

式中，任意分块支撑集 $\Lambda \in W_{S|B}$，满足 $|\Lambda| \leqslant S$。

引理5-15　如果测量矩阵 M 满足拓展的Block-D-RIP，则

$$\| P_{\Lambda_1}(S - M^H M) P_{\Lambda_2} \|_2^2 \leqslant \lambda_{\max}\delta_{S|B} \tag{5-60}$$

式中，分块支撑集 $\Lambda_1 \in W_{S_1|B}$，$\Lambda_2 \in W_{S_2|B}$ 满足 $S_1 + S_2 \leqslant S$。

引理5-16　对于定义5-13中的支撑集 $\tilde{\mathcal{S}}_{2\xi S|B}(\cdot)$ 和 $\mathcal{S}_{\xi S|B}(\cdot)$，存在任意 $x \in \mathbb{R}^{nK}$ 和可以进行分块 S 阶稀疏表示且支撑集 $\Lambda \in W_{S|B}$ 的向量 $v \in \mathbb{R}^{nK}$，可得

$$\begin{cases} \| x - P_{\mathcal{S}_{\xi S|B}(x)} x \|_2^2 \leqslant C_S \| v - x \|_2^2 \\ \| P_{\tilde{\mathcal{S}}_{2\xi S|B}(x)} x \|_2^2 \leqslant \tilde{C}_S \| P_{\Lambda} x \|_2^2 \end{cases} \tag{5-61}$$

命题5-17　对于任意两个给定的向量 x_1 和 x_2，存在常数 $\alpha > 0$，则

$$\| x_1 + x_2 \|_2^2 \leqslant (1 + \alpha) \| x_1 \|_2^2 + \left(1 + \frac{1}{\alpha}\right) \| x_2 \|_2^2 \tag{5-62}$$

引理5-18　如果 M 满足RIC为 $\delta_{(3\xi+1)S|B}$ 的拓展的Block-D-RIP，则算法第 p 次迭代中的信号重构误差满足

$$\begin{aligned} \| x_{prj} - x \|_2 \leqslant & \frac{\lambda_{\min}}{\sqrt{\lambda_{\min}^2 - \lambda_{\max}^2 \delta_{(3\xi+1)S|B}^2}} \| Q_{\tilde{\Lambda}^p}(x_{prj} - x) \|_2 \\ & + \frac{1}{\lambda_{\min} - \lambda_{\max}\delta_{(3\xi+1)S|B}} \| P_{\tilde{\Lambda}^p} M^H e \|_2 \end{aligned} \tag{5-63}$$

式中，支撑集 $\boldsymbol{\Lambda}_e = \underset{\Lambda_e:|\Lambda_e|\leqslant 3\xi S}{\arg\max}\|\boldsymbol{P}_{\Lambda_e}\boldsymbol{M}^{\mathrm{H}}\boldsymbol{e}\|_2$。

证明 在 $\tilde{\boldsymbol{x}} = \boldsymbol{\Upsilon}\tilde{\boldsymbol{z}}$ 且 $\tilde{z}_{\tilde{\Lambda}_C^p} = 0$ 的约束下，算法第 p 次迭代中 $\boldsymbol{x}_{\text{prj}} \triangleq \boldsymbol{\Upsilon}\boldsymbol{z}_{\text{prj}}$ 可以满足残差 $\|\boldsymbol{y} - \boldsymbol{M}\tilde{\boldsymbol{x}}\|_2$ 的最小化。因此，对于任意受到 $\boldsymbol{v} = \boldsymbol{\Upsilon}\tilde{\boldsymbol{z}}$ 且 $\tilde{z}_{\tilde{\Lambda}_C^p} = \boldsymbol{0}$ 的向量 $\boldsymbol{v}$，有

$$\langle \boldsymbol{M}\boldsymbol{x}_{\text{prj}} - \boldsymbol{u}, \boldsymbol{M}\boldsymbol{v}\rangle = 0 \tag{5-64}$$

将 $\boldsymbol{u} = \boldsymbol{M}\boldsymbol{x} + \boldsymbol{e}$ 代入式（5-64），可得

$$\langle \boldsymbol{x}_{\text{prj}} - \boldsymbol{x}, \boldsymbol{M}^{\mathrm{H}}\boldsymbol{M}\boldsymbol{v}\rangle = \langle \boldsymbol{e}, \boldsymbol{M}\boldsymbol{v}\rangle \tag{5-65}$$

为了确定 $\|\boldsymbol{P}_{\tilde{\Lambda}^p}(\boldsymbol{x}_{\text{prj}} - \boldsymbol{x})\|_2^2$ 的边界，这里令 $\boldsymbol{v} = \boldsymbol{P}_{\tilde{\Lambda}^p}(\boldsymbol{x}_{\text{prj}} - \boldsymbol{x})$，于是根据式（5-65）可得

$$\begin{aligned}
\|\boldsymbol{P}_{\tilde{\Lambda}^p}(\boldsymbol{x}_{\text{prj}} - \boldsymbol{x})\|_2^2 &= \langle \boldsymbol{x}_{\text{prj}} - \boldsymbol{x}, \boldsymbol{P}_{\tilde{\Lambda}^p}(\boldsymbol{x}_{\text{prj}} - \boldsymbol{x})\rangle \\
&= \langle \boldsymbol{x}_{\text{prj}} - \boldsymbol{x}, \boldsymbol{S}^{-1}(\boldsymbol{S} - \boldsymbol{M}^{\mathrm{H}}\boldsymbol{M})\boldsymbol{P}_{\tilde{\Lambda}^p}(\boldsymbol{x}_{\text{prj}} - \boldsymbol{x})\rangle \\
&\quad + \langle \boldsymbol{x}_{\text{prj}} - \boldsymbol{x}, \boldsymbol{S}^{-1}\boldsymbol{M}^{\mathrm{H}}\boldsymbol{M}\boldsymbol{P}_{\tilde{\Lambda}^p}(\boldsymbol{x}_{\text{prj}} - \boldsymbol{x})\rangle \\
&= \langle \boldsymbol{x}_{\text{prj}} - \boldsymbol{x}, \boldsymbol{S}^{-1}(\boldsymbol{S} - \boldsymbol{M}^{\mathrm{H}}\boldsymbol{M})\boldsymbol{P}_{\tilde{\Lambda}^p}(\boldsymbol{x}_{\text{prj}} - \boldsymbol{x})\rangle \\
&\quad + \langle \boldsymbol{e}, \boldsymbol{S}^{-1}\boldsymbol{M}\boldsymbol{P}_{\tilde{\Lambda}^p}(\boldsymbol{x}_{\text{prj}} - \boldsymbol{x})\rangle \\
&\leqslant \|\boldsymbol{x}_{\text{prj}} - \boldsymbol{x}\|_2 \|\boldsymbol{P}_{\tilde{\Lambda}^p\cup\Lambda}\boldsymbol{S}^{-1}(\boldsymbol{S} - \boldsymbol{M}^{\mathrm{H}}\boldsymbol{M})\boldsymbol{P}_{\tilde{\Lambda}^p}\|_2 \|\boldsymbol{P}_{\tilde{\Lambda}^p}(\boldsymbol{x}_{\text{prj}} - \boldsymbol{x})\|_2 \\
&\quad + \|\boldsymbol{P}_{\tilde{\Lambda}^p}\boldsymbol{M}^{\mathrm{H}}\boldsymbol{e}\|_2 \|\boldsymbol{P}_{\tilde{\Lambda}^p}(\boldsymbol{x}_{\text{prj}} - \boldsymbol{x})\|_2 \\
&\leqslant \frac{\lambda_{\max}\delta_{(3\xi+1)S|B}}{\lambda_{\min}} \|\boldsymbol{x}_{\text{prj}} - \boldsymbol{x}\|_2 \|\boldsymbol{P}_{\tilde{\Lambda}^p}(\boldsymbol{x}_{\text{prj}} - \boldsymbol{x})\|_2 \\
&\quad + \frac{1}{\lambda_{\min}} \|\boldsymbol{P}_{\tilde{\Lambda}^p}\boldsymbol{M}^{\mathrm{H}}\boldsymbol{e}\|_2 \|\boldsymbol{P}_{\tilde{\Lambda}^p}(\boldsymbol{x}_{\text{prj}} - \boldsymbol{x})\|_2
\end{aligned} \tag{5-66}$$

在式（5-66）中：第一个不等式为 Cauchy-Schwartz 不等式，投影矩阵具有幂等性质，即 $\boldsymbol{P}_{\tilde{\Lambda}^p} = \boldsymbol{P}_{\tilde{\Lambda}^p}\boldsymbol{P}_{\tilde{\Lambda}^p}$，且满足 $\boldsymbol{x}_{\text{prj}} - \boldsymbol{x} = \boldsymbol{P}_{\tilde{\Lambda}^p\cup\Lambda}(\boldsymbol{x}_{\text{prj}} - \boldsymbol{x})$；第二个不等式根据引理 5-15 中的拓展的 Block-D-RIP 可得，其中 $\tilde{\Lambda}^p \in \mathbb{W}_{3\xi S|B}$，$\Lambda \in \mathbb{W}_{S|B}$。约去不等式（5-66）两边的公共因子 $\|\boldsymbol{P}_{\tilde{\Lambda}^p}(\boldsymbol{x}_{\text{prj}} - \boldsymbol{x})\|_2$，可得

$$\begin{aligned}
\|\boldsymbol{P}_{\tilde{\Lambda}^p}(\boldsymbol{x}_{\text{prj}} - \boldsymbol{x})\|_2 &\leqslant \frac{\lambda_{\max}\delta_{(3\xi+1)S|B}}{\lambda_{\min}} \|\boldsymbol{x}_{\text{prj}} - \boldsymbol{x}\|_2 \\
&\quad + \frac{1}{\lambda_{\min}} \|\boldsymbol{P}_{\tilde{\Lambda}^p}\boldsymbol{M}^{\mathrm{H}}\boldsymbol{e}\|_2
\end{aligned} \tag{5-67}$$

由于在信号投影空间中，存在 $\|\boldsymbol{x}_{\text{prj}} - \boldsymbol{x}\|_2^2 = \|\boldsymbol{P}_{\tilde{\Lambda}^p}(\boldsymbol{x}_{\text{prj}} - \boldsymbol{x})\|_2^2 + \|\boldsymbol{Q}_{\tilde{\Lambda}^p}(\boldsymbol{x}_{\text{prj}} - \boldsymbol{x})\|_2^2$，根据式（5-67）可得

$$\| \boldsymbol{x}_{\text{prj}} - \boldsymbol{x} \|_2^2 \leqslant \left(\frac{\lambda_{\max} \delta_{(3\xi+1)S|B}}{\lambda_{\min}} \| \boldsymbol{x}_{\text{prj}} - \boldsymbol{x} \|_2 + \frac{1}{\lambda_{\min}} \| \boldsymbol{P}_{\widetilde{\Lambda}^p} \boldsymbol{M}^{\mathrm{H}} \boldsymbol{e} \|_2 \right)^2 + \| \boldsymbol{Q}_{\widetilde{\Lambda}^p} (\boldsymbol{x}_{\text{prj}} - \boldsymbol{x}) \|_2^2 \tag{5-68}$$

令 $t = \| \boldsymbol{x}_{\text{prj}} - \boldsymbol{x} \|_2$，则式（5-68）可转化为

$$\| \boldsymbol{x}_{\text{prj}} - \boldsymbol{x} \|_2^2 \leqslant \left(\frac{\lambda_{\max} \delta_{(3\xi+1)S|B}}{\lambda_{\min}} \| \boldsymbol{x}_{\text{prj}} - \boldsymbol{x} \|_2 + \frac{1}{\lambda_{\min}} \| \boldsymbol{P}_{\widetilde{\Lambda}^p} \boldsymbol{M}^{\mathrm{H}} \boldsymbol{e} \|_2 \right)^2 + \| \boldsymbol{Q}_{\widetilde{\Lambda}^p} (\boldsymbol{x}_{\text{prj}} - \boldsymbol{x}) \|_2^2 \tag{5-69}$$

求解式（5-69）中的二项式不等式，可得

$$\begin{aligned}
t \leqslant & \frac{\lambda_{\max} \delta_{(3\xi+1)S|B}}{\lambda_{\min}^2} \| \boldsymbol{P}_{\widetilde{\Lambda}^p} \boldsymbol{M}^{\mathrm{H}} \boldsymbol{e} \|_2 + \\
& \frac{\sqrt{\frac{1}{\lambda_{\min}^2} \| \boldsymbol{P}_{\widetilde{\Lambda}^p} \boldsymbol{M}^{\mathrm{H}} \boldsymbol{e} \|_2^2 + \left(1 - \left(\frac{\lambda_{\max} \delta_{(3\xi+1)S|B}}{\lambda_{\min}}\right)^2\right) \| \boldsymbol{Q}_{\widetilde{\Lambda}^p} (\boldsymbol{x}_{\text{prj}} - \boldsymbol{x}) \|_2^2}}{\left(1 - \left(\frac{\lambda_{\max} \delta_{(3\xi+1)S|B}}{\lambda_{\min}}\right)^2\right)} \\
\leqslant & \left(\frac{1}{\lambda_{\min}} + \frac{\lambda_{\max} \delta_{(3\xi+1)S|B}}{\lambda_{\min}^2} \right) \| \boldsymbol{P}_{\widetilde{\Lambda}^p} \boldsymbol{M}^{\mathrm{H}} \boldsymbol{e} \|_2 + \\
& \frac{\sqrt{1 - \left(\frac{\lambda_{\max} \delta_{(3\xi+1)S|B}}{\lambda_{\min}}\right)^2} \| \boldsymbol{Q}_{\widetilde{\Lambda}^p} (\boldsymbol{x}_{\text{prj}} - \boldsymbol{x}) \|_2}{1 - \left(\frac{\lambda_{\max} \delta_{(3\xi+1)S|B}}{\lambda_{\min}}\right)^2} \\
\leqslant & \frac{\| \boldsymbol{Q}_{\widetilde{\Lambda}^p} (\boldsymbol{x}_{\text{prj}} - \boldsymbol{x}) \|_2}{\sqrt{1 - \left(\frac{\lambda_{\max} \delta_{(3\xi+1)S|B}}{\lambda_{\min}}\right)^2}} + \frac{\frac{1}{\lambda_{\min}} \| \boldsymbol{P}_{\widetilde{\Lambda}^p} \boldsymbol{M}^{\mathrm{H}} \boldsymbol{e} \|_2}{1 - \frac{\lambda_{\max} \delta_{(3\xi+1)S|B}}{\lambda_{\min}}} \\
\leqslant & \frac{\lambda_{\min}}{\sqrt{\lambda_{\min}^2 - \lambda_{\max}^2 \delta_{(3\xi+1)S|B}^2}} \| \boldsymbol{Q}_{\widetilde{\Lambda}^p} (\boldsymbol{x}_{\text{prj}} - \boldsymbol{x}) \|_2 + \frac{1}{\lambda_{\min} - \lambda_{\max} \delta_{(3\xi+1)S|B}} \| \boldsymbol{P}_{\widetilde{\Lambda}^p} \boldsymbol{M}^{\mathrm{H}} \boldsymbol{e} \|_2
\end{aligned} \tag{5-70}$$

由于支撑集 $\widetilde{\Lambda}^p \subseteq \Lambda_e$，$\| \boldsymbol{P}_{\widetilde{\Lambda}^p} \boldsymbol{M}^{\mathrm{H}} \boldsymbol{e} \|_2 \leqslant \| \boldsymbol{P}_{\Lambda_e} \boldsymbol{M}^{\mathrm{H}} \boldsymbol{e} \|_2$，代入式（5-70）可得式（5-63）。

引理 5-19　对于定义 5-13 中的求支撑集 $S_{\xi S|B}(\boldsymbol{x})$ 的过程，如果 $\boldsymbol{M}$ 满足 RIC 为 $\delta_{(3\xi+1)S|B}$ 的拓展的 Block-D-RIP，则

$$\begin{aligned}\| \boldsymbol{x} - \boldsymbol{x}^p \|_2 \leqslant C_{\mathrm{prj}} \| \boldsymbol{Q}_{\tilde{\Lambda}^p}(\boldsymbol{x}_{\mathrm{prj}} - \boldsymbol{x}) \|_2 \\ + C_n \| \boldsymbol{P}_{\Lambda_e} \boldsymbol{M}^{\mathrm{H}} \boldsymbol{e} \|_2\end{aligned} \tag{5-71}$$

式中，$C_{\mathrm{prj}} = \dfrac{\lambda_{\min}(1+\sqrt{C_S})}{\sqrt{\lambda_{\min}^2 - \lambda_{\max}^2 \delta_{(3\xi+1)S|B}^2}}$，$C_n = \dfrac{1+\sqrt{C_S}}{\lambda_{\min} - \lambda_{\max}\delta_{(3\xi+1)S|B}}$，支撑集 $\Lambda_e = \underset{\Lambda_e:|\Lambda_e| \leqslant 3\xi S}{\operatorname{argmax}} \| \boldsymbol{P}_{\Lambda_e} \boldsymbol{M}^{\mathrm{H}} \boldsymbol{e} \|_2$。

证明 首先利用三角不等式，可得

$$\begin{aligned}\| \boldsymbol{x} - \boldsymbol{x}^p \|_2 &\leqslant \| \boldsymbol{x} - \boldsymbol{x}_{\mathrm{prj}} + \boldsymbol{x}_{\mathrm{prj}} - \boldsymbol{x}^p \|_2 \\ &\leqslant \| \boldsymbol{x} - \boldsymbol{x}_{\mathrm{prj}} \|_2 + \| \boldsymbol{x}^p - \boldsymbol{x}_{\mathrm{prj}} \|_2\end{aligned} \tag{5-72}$$

在算法迭代的最后一步，$\boldsymbol{x}^p = \boldsymbol{P}_{\Lambda^p}\boldsymbol{x}_{\mathrm{prj}}$。根据引理 5-16 可知

$$\| \boldsymbol{x} - \boldsymbol{x}^p \|_2^2 \leqslant C_S \| \boldsymbol{x} - \boldsymbol{x}_{\mathrm{prj}} \|_2^2 \tag{5-73}$$

将（5-73）代入式（5-72），可得

$$\begin{aligned}\| \boldsymbol{x} - \boldsymbol{x}^p \|_2 &\leqslant (1+\sqrt{C_S}) \| \boldsymbol{x} - \boldsymbol{x}_{\mathrm{prj}} \|_2^2 \\ &\leqslant \frac{\lambda_{\min}(1+\sqrt{C_S})}{\sqrt{\lambda_{\min}^2 - \lambda_{\max}^2 \delta_{(3\xi+1)S|B}^2}} \| \boldsymbol{Q}_{\tilde{\Lambda}^p}(\boldsymbol{x}_{\mathrm{prj}} - \boldsymbol{x}) \|_2 \\ &\quad + \frac{1+\sqrt{C_S}}{\lambda_{\min} - \lambda_{\max}\delta_{(3\xi+1)S|B}} \| \boldsymbol{P}_{\tilde{\Lambda}^p} \boldsymbol{M}^{\mathrm{H}} \boldsymbol{e} \|_2\end{aligned} \tag{5-74}$$

引理 5-20 对于定义 5-13 中的求支撑集 $\tilde{\mathcal{S}}_{\xi cS|B}(\boldsymbol{x})$ 的过程，如果 $\boldsymbol{M}$ 满足 RIC 为 $\delta_{(3\xi+1)S|B}$ 和 $\tilde{\mathcal{S}}_{2\xi S|B}$ 的拓展的 Block-D-RIP，则

$$\| \boldsymbol{Q}_{\tilde{\Lambda}^p}(\boldsymbol{x}_{\mathrm{prj}} - \boldsymbol{x}) \|_2 \leqslant \tilde{C}_{\mathrm{prj}} \| \boldsymbol{x} - \boldsymbol{x}^{p-1} \|_2 + \tilde{C}_n \| \boldsymbol{P}_{\Lambda_e} \boldsymbol{M}^{\mathrm{H}} \boldsymbol{e} \|_2 \tag{5-75}$$

式中，支撑集 $\Lambda_e = \underset{\Lambda_e:|\Lambda_e| \leqslant 3\xi S}{\operatorname{argmax}} \| \boldsymbol{P}_{\Lambda_e} \boldsymbol{M}^{\mathrm{H}} \boldsymbol{e} \|_2$。

证明 在第 $p-1$ 次迭代中的第②步，获得支撑集 Λ_Δ 的过程就是求 $\boldsymbol{S}^{-1}\boldsymbol{M}^{\mathrm{H}}\mathrm{vec}(\boldsymbol{R}^{p-1})^{\mathrm{T}}$ 在投影算子 $\boldsymbol{P}_{\Lambda^p}$ 下的近似最优的过程。由于 $\boldsymbol{x}^{p-1} = \boldsymbol{Y}\boldsymbol{z}^{p-1}$，可得

$$\begin{aligned}\boldsymbol{S}^{-1}\boldsymbol{M}^{\mathrm{H}}\mathrm{vec}(\boldsymbol{R}^{p-1})^{\mathrm{T}} &= \boldsymbol{S}^{-1}\boldsymbol{M}^{\mathrm{H}}\mathrm{vec}(\boldsymbol{Y} - \boldsymbol{C}\boldsymbol{Z}^{p-1})^{\mathrm{T}} \\ &= \boldsymbol{S}^{-1}\boldsymbol{M}^{\mathrm{H}}(\boldsymbol{y} - \boldsymbol{M}\boldsymbol{Y}\boldsymbol{z}^{p-1}) \\ &= \boldsymbol{S}^{-1}\boldsymbol{M}^{\mathrm{H}}(\boldsymbol{y} - \boldsymbol{M}\boldsymbol{x}^{p-1})\end{aligned} \tag{5-76}$$

在第 p 次迭代中，$\tilde{\Lambda}^p = \tilde{\Lambda}^{p-1} \cup \Lambda_\Delta$，所以 $\Lambda_\Delta \subseteq \tilde{\Lambda}^p$，根据引理 5-16 可知

$$\begin{aligned}\| \boldsymbol{P}_{\tilde{\Lambda}^p}\boldsymbol{S}^{-1}\boldsymbol{M}^{\mathrm{H}}\mathrm{vec}(\boldsymbol{R}^{p-1})^{\mathrm{T}} \|_2^2 &= \| \boldsymbol{P}_{\tilde{\Lambda}^p}\boldsymbol{S}^{-1}\boldsymbol{M}^{\mathrm{H}}(\boldsymbol{y} - \boldsymbol{M}\boldsymbol{x}^{p-1}) \|_2^2 \\ &\geqslant \| \boldsymbol{P}_{\Lambda_\Delta}\boldsymbol{S}^{-1}\boldsymbol{M}^{\mathrm{H}}(\boldsymbol{y} - \boldsymbol{M}\boldsymbol{x}^{p-1}) \|_2^2 \\ &\geqslant \tilde{C}_{2S} \| \boldsymbol{P}_{\Lambda^{p-1}\cup\Lambda}\boldsymbol{S}^{-1}\boldsymbol{M}^{\mathrm{H}}(\boldsymbol{y} - \boldsymbol{M}\boldsymbol{x}^{p-1}) \|_2^2\end{aligned} \tag{5-77}$$

如果令常数 $\gamma_1>0$ 和 $\alpha>0$，根据命题5-17，可得

$$
\begin{aligned}
\| P_{\widetilde{\Lambda}^p} S^{-1} M^{\mathrm{H}} \mathrm{vec}(R^{p-1})^{\mathrm{T}} \|_2^2 &= \| P_{\widetilde{\Lambda}^p} S^{-1} M^{\mathrm{H}} (u - M x^{p-1}) \|_2^2 \\
&\leqslant \frac{1}{\lambda_{\min}^2}\left(1+\frac{1}{\gamma_1}\right) \| P_{\widetilde{\Lambda}^p} M^{\mathrm{H}} e \|_2^2 + (1+\gamma_1) \| P_{\widetilde{\Lambda}^p} S^{-1} M^{\mathrm{H}} M (x - x^{p-1}) \|_2^2 \\
&\leqslant \frac{1+\gamma_1}{\lambda_{\min}^2 \gamma_1} \| P_{\widetilde{\Lambda}^p} M^{\mathrm{H}} e \|_2^2 + (1+\alpha)(1+\gamma_1) \| P_{\widetilde{\Lambda}^p} (x - x^{p-1}) \|_2^2 \\
&\quad + \left(1+\frac{1}{\alpha}\right)(1+\gamma_1) \| P_{\widetilde{\Lambda}^p} S^{-1} (S - M^{\mathrm{H}} M)(x - x^{p-1}) \|_2^2 \\
&\leqslant \frac{1+\gamma_1}{\lambda_{\min}^2 \gamma_1} \| P_{\widetilde{\Lambda}^p} M^{\mathrm{H}} e \|_2^2 - (1+\alpha)(1+\gamma_1) \| Q_{\widetilde{\Lambda}^p} (x - x^{p-1}) \|_2^2 \\
&\quad + \left(1+\alpha+\frac{\lambda_{\max}^2 \delta_{(3\xi S+1)|B}^2}{\lambda_{\min}^2}\left(1+\frac{1}{\alpha}\right)\right)(1+\gamma_1) \| x - x^{p-1} \|_2^2
\end{aligned}
\tag{5-78}
$$

在最后一步不等式（5-78）中 $x_{\mathrm{prj}} - x = P_{\widetilde{\Lambda}^p \cup \Lambda}(x_{\mathrm{prj}} - x)$，结合引理5-14和命题5-17可得。对于不等式（5-77）中右边的项，再次利用命题5-17可得

$$
\begin{aligned}
\| P_{\Lambda^{p-1}\cup\Lambda} S^{-1} M^{\mathrm{H}} (u - M x^{p-1}) \|_2^2 &\geqslant \frac{1}{1+\gamma_2} \| P_{\Lambda^{p-1}\cup\Lambda} S^{-1} M^{\mathrm{H}} M (x - x^{p}) \|_2^2 \\
&\quad - \frac{1}{\gamma_2} \| P_{\Lambda^{p-1}\cup\Lambda} S^{-1} M^{\mathrm{H}} e \|_2^2 \\
&\geqslant \frac{1}{1+\beta}\frac{1}{1+\gamma_2} \| x - x^{p-1} \|_2^2 - \frac{1}{\gamma_2} \| P_{\Lambda^{p-1}\cup\Lambda} S^{-1} M^{\mathrm{H}} e \|_2^2 \\
&\quad - \frac{1}{\beta}\frac{1}{1+\gamma_2} \| P_{\Lambda^{p-1}\cup\Lambda} S^{-1} (S - M^{\mathrm{H}} M)(x - x^{p-1}) \|_2^2 \\
&\geqslant \left(\frac{1}{1+\beta} - \frac{\lambda_{\max}^2 \delta_{(\xi S+1)|B}^2}{\lambda_{\min}^2}\frac{1}{\beta}\right)\frac{1}{1+\gamma_2} \| x - x^{p-1} \|_2^2 \\
&\quad - \frac{1}{\lambda_{\min}^2 \gamma_2} \| P_{\Lambda^{p-1}\cup\Lambda} M^{\mathrm{H}} e \|_2^2
\end{aligned}
\tag{5-79}
$$

将式（5-78）和式（5-79）合并到式（5-77），可得

$$
\begin{aligned}
\| Q_{\widetilde{\Lambda}^p} (x - x^{p-1}) \|_2^2 &\leqslant \frac{1}{\lambda_{\min}^2 (1+\alpha)(1+\gamma_1)}\left(\frac{1+\gamma_1}{\gamma_1} + \frac{\widetilde{C}_{2S}}{\gamma_2}\right) \| P_{\widetilde{\Lambda}_e} M^{\mathrm{H}} e \|_2^2 \\
&\quad - \widetilde{C}_{2S}\left(\frac{1}{1+\beta} - \frac{\lambda_{\max}^2 \delta_{(3\xi S+1)|B}^2}{\lambda_{\min}^2}\frac{1}{\beta}\right)\frac{1}{(1+\alpha)(1+\gamma_1)(1+\gamma_2)} \| x - x^{p-1} \|_2^2
\end{aligned}
$$

$$+\left(1+\frac{\lambda_{\max}^2\delta_{(\xi+1)S|B}^2}{\alpha\lambda_{\min}^2}\right)\|\boldsymbol{x}-\boldsymbol{x}^{p-1}\|_2^2 \tag{5-80}$$

将 $\|\boldsymbol{x}-\boldsymbol{x}^{p-1}\|_2^2$ 和 $\|\boldsymbol{P}_{\tilde{\Lambda}_e}\boldsymbol{M}^{\mathrm{H}}\boldsymbol{e}\|_2^2$ 项的系数分别用 $\tilde{C}_{\mathrm{prj}}$ 和 $\tilde{C}_n$ 表示，可以得到式（5-75）。

说明 在 RIC 满足 $\delta_{(\xi+1)S|B}\leqslant\frac{\lambda_{\min}}{\lambda_{\max}}$ 的条件下可以选取 $\beta=\frac{\lambda_{\max}\delta_{(\xi+1)S|B}}{\lambda_{\min}-\lambda_{\max}\delta_{(\xi+1)S|B}}$，$\alpha=\frac{\lambda_{\max}\delta_{(3\xi S+1)|B}}{\sqrt{\frac{\tilde{C}_{2S}}{(1+\gamma_1)(1+\gamma_2)}}(\lambda_{\min}-\lambda_{\max}\delta_{(\xi+1)S|B})-\lambda_{\max}\delta_{(3\xi S+1)|B}}$，此时 $\beta>0$ 且 $\alpha>0$，将其代入式（5-80），可得

$$\begin{aligned}\|\boldsymbol{Q}_{\tilde{\Lambda}^p}(\boldsymbol{x}-\boldsymbol{x}^{p-1})\|_2^2\leqslant&\left(\frac{1}{\lambda_{\min}^2(1+\alpha)\gamma_1}+\frac{\tilde{C}_{2S}}{\lambda_{\min}^2(1+\alpha)(1+\gamma_1)\gamma_2}\right)\|\boldsymbol{P}_{\tilde{\Lambda}_e}\boldsymbol{M}^{\mathrm{H}}\boldsymbol{e}\|_2^2\\&+\left(1-\left(\frac{\lambda_{\max}\delta_{(3\xi+1)S|B}}{\lambda_{\min}}\right.\right.\\&\left.\left.-\sqrt{\frac{\tilde{C}_{2S}}{(1+\gamma_1)(1+\gamma_2)}}\left(1-\frac{\lambda_{\max}\delta_{(\xi+1)S|B}}{\lambda_{\min}}\right)\right)^2\right)\|\boldsymbol{x}-\boldsymbol{x}^{p-1}\|_2^2\end{aligned} \tag{5-81}$$

当 Gabor 框架为紧框架时，$\lambda_{\min}=\lambda_{\max}$，此时 $\delta_{(\xi+1)S|B}\leqslant 1$ 必定成立。在设置了常数 β 和 α 后，就只要通过调整常数 γ_1 和 γ_2 就可以在算法收敛性和噪声系数尺寸上根据需要进行权衡。这里对于常数 γ_1 和 γ_2 不再进行优化选取，而是直接令 $\gamma_1=\gamma_2=\gamma>0$，式（5-81）还可以简化为

$$\begin{aligned}\|\boldsymbol{Q}_{\tilde{\Lambda}^p}(\boldsymbol{x}-\boldsymbol{x}^{p-1})\|_2^2\leqslant&\left(\frac{1}{\lambda_{\min}^2(1+\alpha)\gamma}+\frac{\tilde{C}_{2S}}{\lambda_{\min}^2(1+\alpha)(1+\gamma))\gamma}\right)\|\boldsymbol{P}_{\tilde{\Lambda}_e}\boldsymbol{M}^{\mathrm{H}}\boldsymbol{e}\|_2^2\\&+\left(1-\left(\frac{\lambda_{\max}\delta_{(3\xi+1)S|B}}{\lambda_{\min}}\right.\right.\\&\left.\left.-\frac{\sqrt{\tilde{C}_{2S}}}{1+\gamma}\left(1-\frac{\lambda_{\max}\delta_{(\xi+1)S|B}}{\lambda_{\min}}\right)\right)^2\right)\|\boldsymbol{x}-\boldsymbol{x}^{p-1}\|_2^2\end{aligned} \tag{5-82}$$

当常数 γ 越小，收敛性越好，但是噪声越大。

2. 算法收敛性

定理 5-21 令 $\boldsymbol{U}=\boldsymbol{C}\boldsymbol{Z}+\boldsymbol{E}$，$\boldsymbol{x}=\boldsymbol{Y}\mathrm{vec}(\boldsymbol{Z}^{\mathrm{T}})$ 为 S 阶分块稀疏，$\boldsymbol{E}$ 为每个通道中产生的加性噪声，等式 $\boldsymbol{U}=\boldsymbol{C}\boldsymbol{Z}+\boldsymbol{E}$ 中包含的测量矩阵 $\boldsymbol{M}$ 符合拓展的

Block-D-RIP。定义 5-13 中的支撑集 $\tilde{\mathcal{S}}_{2\xi S|B}(\cdot)$ 和 $\mathcal{S}_{\xi S|B}(\cdot)$ 为常数 $\tilde{C}_{2S}$ 和 C_S 条件下的近似最优支撑集，则本节算法在第 p 次迭代后满足

$$\| \boldsymbol{x}^p - \boldsymbol{x} \|_2 \leqslant C_1 \| \boldsymbol{x} - \boldsymbol{x}^{p-1} \|_2 + C_2 \| \boldsymbol{P}_{\Lambda_e} \boldsymbol{M}^{\mathrm{H}} \boldsymbol{e} \|_2 \tag{5-83}$$

式中，支撑集 $\Lambda_e = \underset{\Lambda_e:|\Lambda_e| \leqslant 3\xi S}{\operatorname{argmax}} \| \boldsymbol{P}_{\Lambda_e} \boldsymbol{M}^{\mathrm{H}} \boldsymbol{e} \|_2$，收敛常数为 $C_1 = C_{\mathrm{prj}} \tilde{C}_{\mathrm{prj}}$ 和 $C_2 = C_{\mathrm{prj}} \tilde{C}_n + C_n$。

证明　将引理 5-20 中的式（5-75）代入引理 5-19 中的式（5-71），则

$$\begin{aligned} \| \boldsymbol{x} - \boldsymbol{x}^p \|_2 &\leqslant C_{\mathrm{prj}} (\tilde{C}_{\mathrm{prj}} \| \boldsymbol{x} - \boldsymbol{x}^{p-1} \|_2 + \tilde{C}_n \| \boldsymbol{P}_{\Lambda_e} \boldsymbol{M}^{\mathrm{H}} \boldsymbol{e} \|_2) + C_n \| \boldsymbol{P}_{\Lambda_e} \boldsymbol{M}^{\mathrm{H}} \boldsymbol{e} \|_2 \\ &\leqslant C_{\mathrm{prj}} \tilde{C}_{\mathrm{prj}} \| \boldsymbol{x} - \boldsymbol{x}^{p-1} \|_2 + (C_{\mathrm{prj}} \tilde{C}_n + C_n) \| \boldsymbol{P}_{\Lambda_e} \boldsymbol{M}^{\mathrm{H}} \boldsymbol{e} \|_2 \end{aligned} \tag{5-84}$$

说明　为了保证算法收敛，要求 $C_1^2 < 1$，即 $C_{\mathrm{prj}}^2 \tilde{C}_{\mathrm{prj}}^2 < 1$，在式（5-82）的约束条件下，需要满足

$$\frac{\lambda_{\min}^2 (1 + \sqrt{C_S})^2}{\lambda_{\min}^2 - \lambda_{\max}^2 \delta_{(3\xi+1)S|B}^2} \left(1 - \left(\frac{\lambda_{\max} \delta_{(3\xi+1)S|B}}{\lambda_{\min}} - \frac{\sqrt{\tilde{C}_{2S}}}{1+\gamma} \left(1 - \frac{\lambda_{\max} \delta_{(\xi+1)S|B}}{\lambda_{\min}} \right) \right)^2 \right) < 1 \tag{5-85}$$

令 Gabor 框架的上下界之比为 $r_\lambda = \dfrac{\lambda_{\max}}{\lambda_{\min}}$，则式（5-86）可以简化为

$$\frac{2\sqrt{\tilde{C}_{2S}} (1 - r_\lambda \delta_{(\xi+1)S|B})(1+\gamma)) r_\lambda \delta_{(3\xi+1)S|B} - \tilde{C}_{2S} (1 - r_\lambda \delta_{(\xi+1)S|B})^2}{(1 - r_\lambda^2 \delta_{(3\xi+1)S|B}^2)(1+\gamma)^2} < 2\sqrt{C_S} + C_S \tag{5-86}$$

由于 $\delta_{(\xi+1)S|B} \leqslant \delta_{(3\xi+1)S|B}$，式（5-86）可以进一步简化为更强的不等式，即

$$\frac{t(r_\lambda)}{1 + r_\lambda \delta_{(3\xi+1)S|B}} < 2\sqrt{C_S} + C_S \tag{5-87}$$

式中，关于 r_λ 的函数为 $t(r_\lambda)$，即

$$t(r_\lambda) = 2\frac{\sqrt{C_{2S}}\, r_\lambda \delta_{(3\xi+1)S|B}}{1+\gamma} + \frac{\tilde{C}_{2S} (r_\lambda \delta_{(\xi+1)S|B} - 1)}{(1+\gamma)^2} \tag{5-88}$$

根据边界比 r_λ 的定义，$r_\lambda \geqslant 1$。在式（5-87）中，不等号左边项的分子和分母都是关于 r_λ 的一次多项式。分子中的多项式零点对应的 $r_\lambda > 0$，斜率高。分母多项式零点对应的 $r_\lambda < 0$，斜率低。所以 r_λ 存在上限，假设为 $r_{\lambda\max} > 0$，则当 $r_\lambda \in [1, r_{\lambda\max})$，不等式（5-87）成立。可见，Gabor 框架上下界比值越小，算法收敛性越好。最优的框架字典为紧框架字典，此时 $r_\lambda = 1$。同时，当

r_λ 越小，RIC 常数 $\delta_{(3\xi+1)S|B}$ 和 $\delta_{(\xi+1)S|B}$ 的约束范围越宽，系数测量矩阵 $\boldsymbol{C}$ 就可以越扁，测量系统压缩性越好。

下面，根据定理 5-21 推导出算法最终的误差不等式，如定理 5-22。

定理 5-22 令 $\boldsymbol{U}=\boldsymbol{CZ}+\boldsymbol{E}$，$\boldsymbol{x}=\boldsymbol{Y}\mathrm{vec}(\boldsymbol{Z}^{\mathrm{T}})$ 为 S 阶分块稀疏，$\boldsymbol{E}$ 为每个通道中产生的加性噪声，等式 $\boldsymbol{U}=\boldsymbol{CZ}+\boldsymbol{E}$ 中包含的测量矩阵 $\boldsymbol{M}$ 符合拓展的 Block-D-RIP。定义 5-13 中的支撑集 $\tilde{\mathcal{S}}_{2\xi S|B}(\cdot)$ 和 $\mathcal{S}_{\xi S|B}(\cdot)$ 为常数 $\tilde{C}_{2S}$ 和 C_S 条件下的近似最优支撑集。则本节算法在经过 $p^*=\dfrac{\lg(\|\boldsymbol{x}\|_2/C_2\|\boldsymbol{P}_{\Lambda_e}\boldsymbol{M}^{\mathrm{H}}\boldsymbol{e}\|_2)}{\lg(1/C_1)}$ 次迭代后满足

$$\|\boldsymbol{x}^{p^*}-\boldsymbol{x}\|_2\leqslant\left(1+\frac{1-C_1^{p^*}}{1-C_1}\right)C_2\|\boldsymbol{P}_{\Lambda_e}\boldsymbol{M}^{\mathrm{H}}\boldsymbol{e}\|_2 \tag{5-89}$$

证明 根据定理 5-21 中的不等式（5-83），假设最终经过了 p^* 次迭代，则通过递归运算可得

$$\|\boldsymbol{x}^{p^*}-\boldsymbol{x}\|_2\leqslant C_1^{p^*}\|\boldsymbol{x}-\boldsymbol{x}^0\|_2+(1+C_1+C_1^2+\cdots+C_1^{p^*-1})C_2\|\boldsymbol{P}_{\Lambda_e}\boldsymbol{M}^{\mathrm{H}}\boldsymbol{e}\|_2 \tag{5-90}$$

在式（5-59）中，$\boldsymbol{x}^0=\boldsymbol{0}$。如果令 $C_1^{p^*}\|\boldsymbol{x}\|_2=C_2\|\boldsymbol{P}_{\Lambda_e}\boldsymbol{M}^{\mathrm{H}}\boldsymbol{e}\|_2$，代入式（5-90）可得式（5-89）。此时，利用换底公式可以计算出迭代次数 p^*，即

$$p^*=\lg_{C_1}\left(\frac{C_2\|\boldsymbol{P}_{\Lambda_e}\boldsymbol{M}^{\mathrm{H}}\boldsymbol{e}\|_2}{\|\boldsymbol{x}\|_2}\right)=\frac{\lg(\|\boldsymbol{x}\|_2/C_2\|\boldsymbol{P}_{\Lambda_e}\boldsymbol{M}^{\mathrm{H}}\boldsymbol{e}\|_2)}{\lg(1/C_1))} \tag{5-91}$$

说明 根据定理 5-22，算法重构误差边界决定于收敛系数 C_1,C_2 和采样系统引入噪声项 $\|\boldsymbol{P}_{\Lambda_e}\boldsymbol{M}^{\mathrm{H}}\boldsymbol{e}\|_2$。当收敛系数越小，误差边界也越小。当 $C_1\to0$，$\|\boldsymbol{x}^{p^*}-\boldsymbol{x}\|_2\leqslant2C_2\|\boldsymbol{P}_{\Lambda_e}\boldsymbol{M}^{\mathrm{H}}\boldsymbol{e}\|_2$。此时，根据引理 5-19 可得，$\|\boldsymbol{x}^{p^*}-\boldsymbol{x}\|_2\leqslant2C_2\lambda_{\max}\delta_{3\xi S|B}\|\boldsymbol{e}\|_2$。因此，Gabor 字典的框架上界越小、系数测量矩阵 $\boldsymbol{C}$ 的 RIP 特性越好，误差边界就越小。但系数测量矩阵 $\boldsymbol{C}$ 的 RIP 和采样系统通道数是一对矛盾，需根据实际需要进行权衡。

5.4.4 采样通道数分析

为了便于直接分析修正算法对采样通道数的影响，首先仍然令 $\boldsymbol{D}=\boldsymbol{I}$。此时通道数受到 RIP 条件约束，根据前面的分析，如果能够提高 RIC，则通道数就可以进一步减小。根据定理 5-21，可知

$$C_1=C_{\mathrm{prj}}\tilde{C}_{\mathrm{prj}} \tag{5-92}$$

其中

$$
\begin{cases}
C_{\text{prj}} = \dfrac{\lambda_{\min}(1+\sqrt{C_S})}{\sqrt{\lambda_{\min}^2 - \lambda_{\max}^2 \delta_{(3\xi+1)S|B}^2}} \\
\widetilde{C}_{\text{prj}} = \left(1 + \dfrac{\lambda_{\max}^2 \delta_{(\xi+1)S|B}^2}{\alpha \lambda_{\min}^2}\right) \\
\qquad - \widetilde{C}_{2S}\left(\dfrac{1}{1+\beta} - \dfrac{\lambda_{\max}^2 \delta_{(3\xi S+1)|B}^2}{\lambda_{\min}^2}\dfrac{1}{\beta}\right)\dfrac{1}{(1+\alpha)(1+\gamma_1)(1+\gamma_2)}
\end{cases}
\tag{5-93}
$$

式（5-93）过于复杂，几乎无法从 $C_1 < 1$ 中直接求解出 $\delta_{(3\xi+1)S|B}$ 的范围。这里采用的方法是对比第 5.2 节算法，中本节投影算法增加的参量对 $\delta_{(3\xi+1)S|B}$ 的影响。不失一般地，令 $\xi = 1$ 。根据引理 5-11，可以将式（5-93）中的 RIC 统一成 $\delta_{2S|B}$ 。令 $\alpha = \gamma_1 = \gamma_2 = 1$ ，则

$$
\begin{cases}
C_{\text{prj}} \leqslant \dfrac{\lambda_{\min}(1+\sqrt{C_S})}{\sqrt{\lambda_{\min}^2 - 4\lambda_{\max}^2 \delta_{4S|B}^2}} \\
\widetilde{C}_{\text{prj}} \leqslant \left(1 + \dfrac{\lambda_{\max}^2 \delta_{2S|B}^2}{\lambda_{\min}^2}\right) - \dfrac{\widetilde{C}_{2S}}{6}\left(1 - \dfrac{5\lambda_{\max}\delta_{2S|B}}{\lambda_{\min}}\right)
\end{cases}
\tag{5-94}
$$

根据式（5-94）可知，$\delta_{2S|B}$ 和 C_1 正相关，$\delta_{2S|B}$ 越小，C_1 也越小，算法收敛性越好。首先，在相同的 C_1 条件下，减小 C_S ，可以降低 C_1 ，从而增大 $\delta_{2S|B}$ 的适用范围，降低通道数。其次，提高 $\dfrac{\lambda_{\max}}{\lambda_{\min}}$ ，也可以增加 $\delta_{2S|B}$ 的适用范围，而式（5-94）中 $\lambda_{\max}/\lambda_{\min}$ 项，来源于信号空间投影算子 $\boldsymbol{P}_\Lambda$ 。由此可见，适用空间投影的方法可有助于减小通道数。最后，根据式（5-55），$\widetilde{C}_{2S}$ 则不宜减小的过低，因为如果 $\|\boldsymbol{P}_\Lambda \boldsymbol{x}\|_2^2 = \|\boldsymbol{P}_{S_{\xi S|B}^*(x)} \boldsymbol{x}\|_2^2$ ，则可以使得重构信号最接近于原始信号，所以适当增大 $\widetilde{C}_{2S}$ 有利于提高重构精度和收敛性。此时，也可以增大 $\delta_{2S|B}$ 的适用范围。综上所述，利用信号投影方法，与 5.2 节中的算法相比较有利于进一步降低采样系统通道数量。

5.5　仿真分析

本节通过数值仿真对本章研究的重构算法进行验证。仿真实验对时间长度为 $T = 20\text{ms}$ 的多脉冲信号进行了采样和重构，采样率为 $1/T$ ，远低于 Nyquist 采样率。信号中包含单脉宽度为 $W = 0.5\text{ms}$ 的单周期的正弦脉冲、Gaussain 脉冲和三阶 B-样条脉冲构成的集合中随机选取。系数测量矩阵 $\boldsymbol{C}$ 在列维度 M 确定的条件下，其行向量从标准的 DFT 矩阵中随机筛选。实验在

500 次蒙特卡罗仿真后，通过计算相对误差 $\|x-\hat{x}\|_2/\|x\|_2$ 对重构效果进行评价。

5.5.1 冗余字典条件下空间投影对重构效果的影响

本节首先验证在冗余字典条件下，利用空间投影方法修正 SCoSaMP 算法每次迭代中更新的最优支撑集后对重构效果的影响，并与 SCoSaMP 和 SOMP 算法进行对比分析。依据 5.4.1 节的讨论，$\mathcal{S}_{\xi S|B}(\boldsymbol{x})$ 和 $\tilde{\mathcal{S}}_{\xi S|B}(\boldsymbol{x})$ 的过程采用 BOMP 算法实现。实验过程中，规定窗函数尺度变换因子 $\zeta=6$，则在指数再生窗函数平滑阶数 N 取不同的值的条件下，K/L 是一个固定值。仿真过程中令时域调制通道数为 $M=25$、$M=45$ 和 $M=65$，观察在 N 增加的过程中重构成功率。每一次重构时，规定当相对误差满足 $\|\boldsymbol{x}-\hat{\boldsymbol{x}}\|_2/\|\boldsymbol{x}\|_2<0.05$，认为本次成功重构。对于 SCoSaMP 算法和基于空间投影的 SCoSaMP 算法 5.2 的第②步中，分别令 $|\Lambda_\Delta|=2S$ 和 $|\Lambda_\Delta|=S$ 对信号支撑集进行更新。算法中，令 $\xi=11$。仿真结果如图 5-5 所示。

图 5-5 为基于空间投影的 SCoSaMP 重构算法、SCoSaMP 重构算法和 SOMP 重构算法在不同时域调制采样通道数 M 条件下随 N 增大时重构成功率的变化曲线。在图 5-5 中，“SCoSaMP1”和“SCoSaMP2”分别表示 $|\Lambda_\Delta|=2S$ 和 $|\Lambda_\Delta|=S$ 条件下的 SCoSaMP 算法，“SCoSaMP1 pro”和“SCoSaMP2 pro”分别表示 $|\Lambda_\Delta|=2S$ 和 $|\Lambda_\Delta|=S$ 条件下的基于投影空间的重构算法。

仿真结果表明，当 M 为固定值时，随着 N 的增大，冗余度提高，重构成功率总体降低。当 $M=25$ 时，由于测量值过少，各种算法都不能保证 100% 精确重构。随着 M 的增大，各种算法的重构成功率都得到提高。随着 N 的增大，SOMP 算法重构成功率衰减最快，基于信号空间投影的 SCoSaMP 算法重构成功率衰减最慢。可见，本节研究的算法更能适应高度冗余的字典条件下的信号重构。对于 SCoSaMP 算法和基于空间投影的 SCoSaMP 算法，$|\Lambda_\Delta|=S$ 比 $|\Lambda_\Delta|=2S$ 条件下重构成功率有一定的提高，这是因为随着 N 的增大，其本质窗宽越来越窄。当 $|\Lambda_\Delta|=S$ 时，可以避免在更新支撑集的过程中引入过多冗余字典元素，更加有利于削弱字典冗余对重构效果的不良影响。

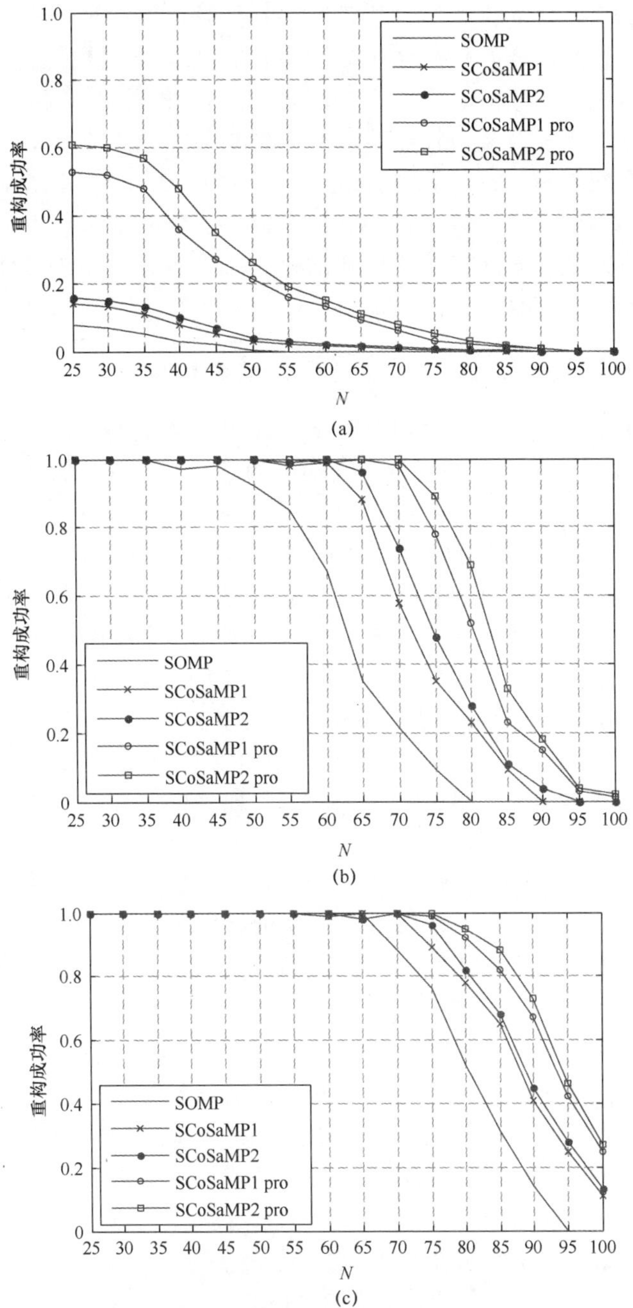

(a)

(b)

(c)

图 5-5　不同重构算法的重构成功率

（a）$M=25$；（b）$M=45$；（c）$M=65$。

采样根据 3.8 节中的实验，提高 N 的好处是可以提升采样重构系统的稳健性，可见，这是以增大系统通道数为代价的。实际系统构建的时候，希望采样系统通道数越少越好，这对系统的稳健性又是一种限制。因此，在实际的采样系统构建中，要根据实际需要对各种参数进行折中。当 $M=45$ 时，使用基于信号投影空间的 SCoSaMP 算法可以将 N 增大到 70；当 $M=65$ 时，使用本书算法可以将 N 增大到 75。此时，N 增加 7.4%，但是通道数 M 增多了 44%，此时付出代价太大，因此在系统构建的过程中在保证合适的 SNR 的前提下，要尽力降低采样通道数。

5.5.2 窗函数尺度变换对重构算法性能的影响

本实验中令 $M=N$，再分别选取 $N=25$、$M=45$ 和 $M=65$，观察当 ζ 从 1 增大到 14 时信号重构成功率。重构成功率的定义同上一节的规定。实验结果如图 5-6 所示。

图 5-6 中为基于空间投影的 SCoSaMP 重构算法、SCoSaMP 重构算法和 SOMP 重构算法在不同的窗函数尺度变换因子条件下的信号重构成功率。可以看出，当 N 增大时，各种算法整体上可以在越来越小的窗函数尺度拉伸条件下完成高概率精确重构。这是因为随着 N 的增大，通道数 M 也在增大。设不同算法满足 100% 精确重构所需要的最小尺度变换因子为 ζ^*，则基于空间投影的 SCoSaMP 重构算法所需的 ζ^* 最小，SOMP 算法所需的 ζ^* 最大。而且，随着 N 的增大，ζ^* 整体越来越小。当 $|\Lambda_\Delta|=S$ 比 $|\Lambda_\Delta|=2S$ 条件下对 ζ^* 的要求更低。

在系统中尺度变换因子为 ζ^* 条件下，这三类算法的 M/K 需要满足的下界分别为 0.20、0.23 和 0.26。可见，算法的改进还降低了系数测量矩阵 M/K 所需满足的最小值，从而证明了改进型算法本身对系数测量矩阵的 RIP 条件的要求得到放宽。

在满足所需的重构精度后，$\zeta \geqslant \zeta^*$。当 ζ 持续增大时，字典分块尺寸 L 持续增大。此时，ζ 的增加对算法重构效果的提升贡献越来越小。然而，频域调制测量矩阵 $\boldsymbol{D}$ 的尺寸为 $J\times L$，过分的增大 L 对矩阵 $\boldsymbol{D}$ 提出了更高的要求。如果 $J=L$，则采样系统的频域调制通道数需要增加。而如果令 $J<L$，则 $\boldsymbol{D}$ 也需要像矩阵 $\boldsymbol{C}$ 一样考虑 RIP 特性，并在 J/L 很小的情况下使用 CS 重构算法完成 $\boldsymbol{U}$ 的求解。因此，实际系统构建中需要根据对重构误差的需求尽量选择最小的窗函数尺度变换因子，从而降低系统的复杂度。

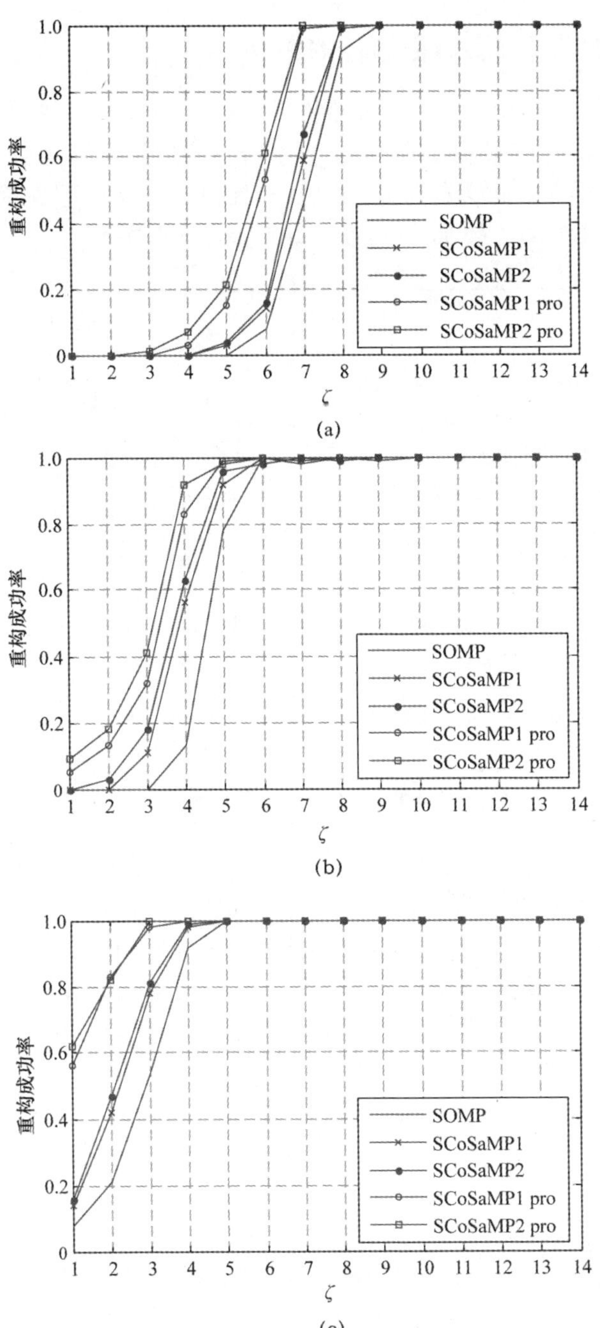

图 5-6　不同重构算法在各窗函数尺度变换的重构成功率
（a）$M=25$；（b）$M=45$；（c）$M=65$

5.5.3 信号空间投影对稳健性的影响

为了验证信号空间投影对采样重构系统稳健性的影响，本实验在分别在每个通道加入 SNR = 115dB 的 Gaussain 白噪声，通过最终恢复信号的 SNR 来观察使用改进的子空间探测方法对于系统稳健性的影响。设置窗函数尺度变换因子 $\zeta = 6$，令采样通道数 $M = N$。仿真结果如图 5-7 所示。

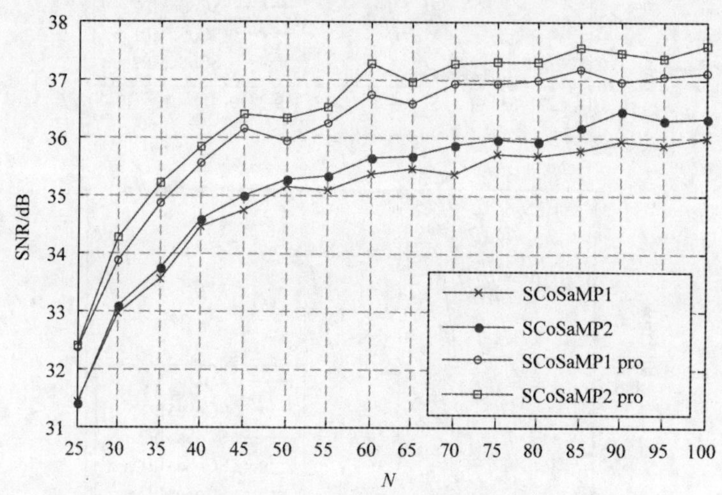

图 5-7 不同算法重构 SNR

由图 5-7 可知，系统最终重构信号的 SNR 约高出系统输入信号的 SNR > 16dB，对噪声具有很好的抑制作用。对比图 3-11（a），使用基于空间投影的 SCoSaMP 算法和 SCoSaMP 算法相比 SOMP 算法具有更优的噪声抑制能力。随着 N 的增大，系统的冗余度提高，输出信号 SNR 总体呈增大趋势。同时，对于 SCoSaMP 算法，利用基于空间投影的支撑集更新方法进行改进后，使得算法抑制噪声的能力总体提高 1 ~ 2dB。而且，$|\Lambda_{\Delta}| = S$ 比 $|\Lambda_{\Delta}| = 2S$ 条件下的算法抑制噪声能力略强，随着 N 的增大，两种算法每次更新支撑集后，选取的最优重构字典的冗余度略微拉大，也导致抑制噪声能力的差距略有增加。

小　结

本章研究了信号的分块稀疏表示模型，构建分块 Gabor 字典矩阵，给出了新的信号重构模型；分析了分块模型中系数测量矩阵 RIP 特性的改善情况，利用分块理论分析了 SCoSaMP 算法中系数矩阵长宽比对重构效果的影响，解释了窗函数尺度变换提高信号采样重构效果的根本原因；针对采样系统用于信号重构的 Gabor 字典的高度冗余特性，提出利用信号空间投影的方法对算法更新的最优支撑集进行修正，打破了传统算法要求信号稀疏表示字典为正交字典的限制，提高了算法的重构成功率，并改善了系统的稳健性。

第 6 章　基于字典相干性的支撑集压缩与降噪分析

6.1　引言

第 5 章构建了 Gabor 分块字典，分析了信号的分块稀疏表示模型；针对字典的冗余特性，研究了基于信号投影空间的 SCoSaMP 重构算法。SCoSaMP 算法每次迭代中更新支撑集都是整体进行的，更新的支撑集对应的字典列向量仍然具有冗余性。如果能提高更新支撑集对应列向量的正交性，则可进一步提高算法的重构性能。因此，根据 3.6 节的分析，SCoSaMP 算法每次迭代中更新的支撑集可进一步压缩。

第 3 章中支撑集压缩的方法是在重构算法中修改稀疏度 S，为了实现信号精确重构，信号测量矩阵与系数测量矩阵的一致性要求很高。由于直接修改重构算法输入稀疏度 S 无法保证能够筛选出具有良好的正交性的字典列向量，因此利用这种方法进行支撑集压缩具有一定的随意性。针对此问题，本章将根据文献［151］中 ε-相干性的思想，提出一种基于 Gabor 字典的分块 ε-相干性，并在 SOMP 算法的基础上设计一种基于字典相干性的支撑集压缩的算法，用于完成第 5 章中基于空间投影的 SCoSaMP 算法中 $\mathcal{S}_{\xi S|B}(\boldsymbol{x})$ 和 $\tilde{\mathcal{S}}_{\xi S|B}(\boldsymbol{x})$ 两个过程。基于字典相干性的支撑集压缩可以提高更新支撑集对应的字典列向量的正交性，从而提高信号重构效果。

冗余字典的信号重构经过信号空间投影和支撑集压缩方面的改进，可获得冗余字典条件下最优的信号子空间。在此条件下，本章分析了冗余 Gabor 字典条件下重构算法的降噪性能，利用基于近似 Oracle 估计给出了 Gaussain 噪声条件下信号 MSE 上界和 Cramér-Rao 下界。

6.2　基于字典相干性的支撑集压缩算法设计

第 3 章中的式（3-68）给出了支撑集压缩条件下保证不影响重构效果的约束条件，即要保证信号测量矩阵与系数测量矩阵的一致性。根据式（5-14）

分块对偶字典模型的推导可知，为了保证一致性要求最优支撑集对应的字典列向量尽可能正交。

使用贪婪算法对支撑集进行更新时，SOMP 算法和 SCoSaMP 算法使用了两种不同的思路。前者是 OMP 算法衍生出来的算法，在每次迭代的时候只更新一个支撑指标，随后通过 S 次迭代拼接出一个完整的最优支撑集，算法在不对重构精度有过高要求的时候，其能否实现对于稀疏度没有要求，但是为了保证重构精度，需要稀疏度 S 控制在一定的范围内。后者算法严格意义上不是贪婪算法，只能称为类贪婪算法。因为算法中更新支撑集的过程是，先按 $|\Lambda|$ 若干倍数整体更新，然后通过一定的标准剪枝，再反复迭代，最终获得最优支撑集。

根据不同的更新支撑集的机制，可以采用不同的方法修正支撑集。当字典冗余时，对于 SOMP 算法，很难使用基于信号空间投影的方法进行支撑集修正，但是可以在每次支撑集更新的过程中不断计算所需支撑字典向量与已经选择支撑字典向量的相干性，剔除掉相干性过差的支撑字典向量，这种方法仅仅能够保证更新的支撑字典向量的正交性，并不能完全保证支撑字典向量张成的空间和信号原有的空间的一致性。SCoSaMP 算法则很难使用计算支撑字典向量相干性再对相干性过差的字典向量剔除的方法修正支撑集，但可以使用基于信号空间投影的方法。

从冗余字典支撑集修正的角度，本章将要提出的方法和基于信号空间投影的方法各有利弊，相互补充，但是从支撑集压缩的角度，就只能使用计算支撑字典向量相干性的办法，更新支撑集就要使用基于 OMP 算法的改进型算法。本章在分块 ε-相干性基础上提出的方法实际是一种 SOMP 和 BOMP 混合的方法，利用这种方法可以使上一章中基于信号投影空间的 SCoSaMP 算法中 $\mathcal{S}_{\xi S|B}(\boldsymbol{x})$ 和 $\tilde{\mathcal{S}}_{\xi S|B}(\boldsymbol{x})$ 这两个步骤获得更优的压缩支撑集。

6.2.1　测量矩阵的分块 ε-相干性

对于稀疏表示 $\boldsymbol{x} = \boldsymbol{\Upsilon} z$，字典可以分块表示为 $\boldsymbol{\Upsilon} = (\boldsymbol{\Upsilon}[1], \boldsymbol{\Upsilon}[2], \cdots, \boldsymbol{\Upsilon}[K])$，其中 $\boldsymbol{\Upsilon}[k]$ 为 $\boldsymbol{\Upsilon}$ 的第 k 个子分块矩阵。相应地，系数向量 z 可以按字典的分块结构进行分块表示为 $z = (z[1]^{\mathrm{T}}, z[2]^{\mathrm{T}}, \cdots, z[K]^{\mathrm{T}})^{\mathrm{T}}$。定义 $\|z\|_{2,0} = \sum_{k=1}^{K} I(\|z[k]\|_2 > 0)$。类似地，在后面出现的块稀疏向量的范数 $\|\boldsymbol{Z}\|_{p,q} = \|(\|z[1]\|_p, \|z[2]\|_p, \cdots, \|z[K]\|_p)^{\mathrm{T}}\|_q$。函数支撑集 Λ 定义为 $\Lambda = \{k \in \Lambda \mid \exists k, \|z[k]\|_2 > 0\}$。如果 $\boldsymbol{\Upsilon}[k]$ 列数为 L，则分块 ε-相干性定义如下。

定义 6-1　对于 $0 \leqslant \varepsilon < 1$，$\boldsymbol{M}$ 和 $\boldsymbol{\Upsilon}$ 分别为确定的测量矩阵和稀疏字典，分

块 ε-相干性 $\theta_{B\varepsilon}(\boldsymbol{M},\boldsymbol{Y})$ 定义为

$$\theta_{B\varepsilon}(\boldsymbol{M},\boldsymbol{Y}) = \max_{k,k'\neq k} \frac{1}{L}\rho(\mathbf{Gr}[k,k'])$$

满足

$$\frac{\|\boldsymbol{Y}[k]^{\mathrm{H}}\boldsymbol{Y}[k']\|_F^2}{\|\boldsymbol{Y}[k]\|_F^2\|\boldsymbol{Y}[k']\|_F^2} < 1-\varepsilon^2 \tag{6-1}$$

式中，$\mathbf{Gr}[k,k'] = (\boldsymbol{Y}[k])^{\mathrm{H}}\boldsymbol{M}^{\mathrm{H}}\boldsymbol{M}\boldsymbol{Y}[k']$，是 Gram 矩阵 $\mathbf{Gr} = \boldsymbol{Y}^{\mathrm{H}}\boldsymbol{M}^{\mathrm{H}}\boldsymbol{M}\boldsymbol{Y}$ 中的尺寸为 $L\times L$ 子矩阵。当取相同的 ε 时，$\boldsymbol{Y}$ 中满足式（6-1）中右边不等式的字典向量指标集更大，再根据文献［152］，推论可得 $0 < \theta_{B\varepsilon}(\boldsymbol{M},\boldsymbol{Y}) \leqslant \theta_{\varepsilon}(\boldsymbol{M},\boldsymbol{Y})$。

相应地，引入分块 ε-闭包 $\mathrm{clos}_{B\varepsilon,F}(\Lambda)$ 的概念，定义如下。

定义 6-2 对于 $0 \leqslant \varepsilon < 1$ 和分块字典 Y，从支撑集 Λ 选取的满足以下条件的集合称为分块 ε-闭包，用 $\mathrm{clos}_{B\varepsilon,F}(\Lambda)$ 表示，即

$$\mathrm{clos}_{B\varepsilon,F}(\Lambda) = \left\{k \mid \exists k' \in \Lambda, \frac{\|\boldsymbol{Y}[k]^{\mathrm{H}}\boldsymbol{Y}[k']\|_F^2}{\|\boldsymbol{Y}[k]\|_F^2\|\boldsymbol{Y}[k']\|_F^2} \geqslant 1-\varepsilon^2\right\} \tag{6-2}$$

对于本书中构建的 Gabor 字典，其分块 ε-闭包对应的是 $\boldsymbol{Y}$ 子块的指标集或系数矩阵 $\mathbf{Z}$ 的非零行的指标集。相应地，分块 ε-独立支撑集如定义 6-3。

定义 6-3 对于 $0 \leqslant \varepsilon < 1$ 和分块字典 $\boldsymbol{Y}$，如果支撑集 Λ 满足以下条件，则称为分块 ε-独立支撑集：

$$\Lambda = \left\{k \mid \exists k' \neq k, \frac{\|\boldsymbol{Y}[k]^{\mathrm{H}}\boldsymbol{Y}[k']\|_F^2}{\|\boldsymbol{Y}[k]\|_F^2\|\boldsymbol{Y}[k']\|_F^2} < 1-\varepsilon^2\right\} \tag{6-3}$$

对于分块 ε-RIP 可以按照定义 6-4 进行描述。

定义 6-4 对于 $0 \leqslant \varepsilon < 1$，$\boldsymbol{M}$ 和 $\boldsymbol{Y}$ 分别为确定的测量矩阵和稀疏字典，若 Λ 为 $\mathbf{Z}$ 的支撑指标集且 $\|\Lambda\| \leqslant S$，则在 $\|(\boldsymbol{I}-\boldsymbol{Y}_\Lambda\boldsymbol{Y}_\Lambda^{\dagger})\boldsymbol{Y}[k]\|_2 < \epsilon\|\boldsymbol{Y}[k]\|_2$ 条件下，分块 ϵ-RIP 可用 $\delta_{S|B,\epsilon}(\boldsymbol{M},\boldsymbol{Y})$ 表示，定义为满足式（6-4）的最小数值，即

$$(1-\delta_{S|B,\epsilon}(\boldsymbol{M},\boldsymbol{Y}))\|z\|_2^2 < \|\boldsymbol{M}\boldsymbol{Y}_\Lambda z\|_2^2 < (1+\delta_{S|B,\epsilon}(\boldsymbol{M},\boldsymbol{Y}))\|z\|_2^2 \tag{6-4}$$

6.2.2 支撑集压缩算法

结合冗余 Gabor 字典分块 ε-相干性，本小节探索了一种 SOMP 和信号分块稀疏表示相结合的支撑集压缩算法来完成 $\mathcal{S}_{\xi S|B}(\boldsymbol{x})$ 和 $\tilde{\mathcal{S}}_{\xi S|B}(\boldsymbol{x})$ 这两个步骤中的支撑集的压缩。当 Gabor 字典冗余度过高时，将字典 $\boldsymbol{Y}$ 作为测量矩阵探测支撑集 Λ 的过程是在解决一个 SMV 问题，会因为 $\boldsymbol{Y}$ 过于庞大而具有很大

的运算量。因此，这里令 $\mathcal{S}_{\xi S|B}(\boldsymbol{x})$ 和 $\tilde{\mathcal{S}}_{\xi S|B}(\boldsymbol{x})$ 的输入量为 $\boldsymbol{x}_u = \boldsymbol{x} + \boldsymbol{e}$ 。先将 $\boldsymbol{x}_u$ 与 $\boldsymbol{M}$ 相乘，将针对 $\boldsymbol{x}_u$ 进行修正获得最优支撑集的过程转化为针对 $\boldsymbol{U} = \boldsymbol{CZ} + \boldsymbol{E}$ 进行修正的过程。此时，SMV 问题转化为 MMV 问题，支撑集压缩算法流程图如图 6-1所示。

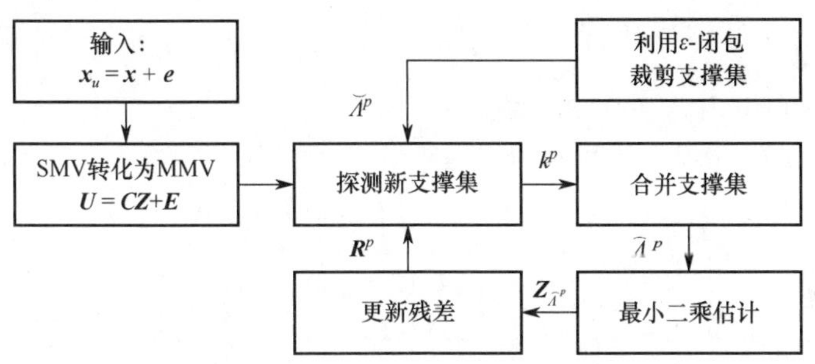

图 6-1　支撑集压缩算法流程图

支撑集压缩算法输入变量为 $\boldsymbol{S}$, $\boldsymbol{C}$, $\boldsymbol{Y}$, $\boldsymbol{U}$ ，这里满足 $\mathrm{vec}(\boldsymbol{U}^{\mathrm{T}}) = \boldsymbol{Mx} + \mathrm{vec}(\boldsymbol{E}^{\mathrm{T}})$, $\boldsymbol{E}$ 为加性噪声。信号可稀疏表示为 $\boldsymbol{x} = \boldsymbol{Y}\mathrm{vec}(\boldsymbol{Z}^{\mathrm{T}})$ 。支撑集 Λ 满足 $|\Lambda| \leqslant S$ 。算法中定义 Λ_C 为 Λ 的补集。算法 6.1 如下。

算法 6.1

初始化: $\hat{\boldsymbol{x}}^0 = 0$ ，残差 $\boldsymbol{R}^0 = \boldsymbol{U}$ ，支撑集 $\hat{\Lambda}^0 = \breve{\Lambda}^0 = \varnothing$, $\hat{\boldsymbol{Z}}_{\hat{\Lambda}^0} = 0$ 迭代次数 $p = 0$

while $p \leqslant S$ do

①$p = p + 1$

②$k^p = \arg\max_{k \notin \breve{\Lambda}^{p-1}} \| \boldsymbol{C}_k^{\mathrm{H}} \boldsymbol{R}^{p-1} \|_F$ [探测新支撑集]

③$\hat{\Lambda}^p = \hat{\Lambda}^{p-1} \cup \{k^p\}$ [合并支撑集]

④$\hat{\boldsymbol{Z}}_{\hat{\Lambda}^p} = \boldsymbol{C}_{\hat{\Lambda}^p}^{\dagger}\boldsymbol{U}$, $\hat{\boldsymbol{Z}}_{\hat{\Lambda}_C^p} = 0$ [最小二乘估计]

⑤$\hat{\boldsymbol{x}}_{\mathrm{SOMP}_{B\varepsilon,F}}^p = \boldsymbol{Y}_{\hat{\Lambda}^p}\mathrm{vec}((\boldsymbol{Z}_{\hat{\Lambda}^p})^{\mathrm{T}})$ [更新信号估计]

⑥$\boldsymbol{R}^p = \boldsymbol{U} - \boldsymbol{C}\boldsymbol{Z}_{\hat{\Lambda}^p + \hat{\Lambda}_C^p}$ [更新残差]

⑦$\breve{\Lambda}^p = \mathrm{clos}_{B\varepsilon,F}(\hat{\Lambda}^p)$

end while

$\breve{\boldsymbol{Z}}_{\mathrm{SOMP}_{B\varepsilon,F}} = \hat{\boldsymbol{Z}}_{\breve{\Lambda}^p + \hat{\Lambda}^p_C}$ ；[最终子空间探测结果]

$\hat{\boldsymbol{x}}_{\mathrm{SOMP}_{B\varepsilon,F}} = \hat{\boldsymbol{x}}_{\mathrm{SOMP}_{B\varepsilon,F}}^p$ ；[最终信号合成]

算法 6.1 中，第 p 次迭代的第②步等价于

$$\begin{aligned} k^p &= \operatorname{argmax}_{k \notin \breve{\Lambda}^{p-1}} \| (\boldsymbol{C}_k \otimes \boldsymbol{I}_L)^{\mathrm{H}} \mathrm{vec}((\boldsymbol{R}^{p-1})^{\mathrm{T}}) \|_2 \\ &= \operatorname{argmax}_{k \notin \breve{\Lambda}^{p-1}} \| \boldsymbol{Y}[k]^{\mathrm{H}} \boldsymbol{M}^{\mathrm{H}} \mathrm{vec}((\boldsymbol{R}^{p-1})^{\mathrm{T}}) \|_2 \end{aligned}$$

由此可见，此过程中探测到的最优支撑实际上是由分块字典决定的。在更新此支撑集的时候，k 从 $\breve{\Lambda}^{p-1}$ 中选取，去除了与 $\breve{\Lambda}^{p-1}$ 中相干性过强的字典子块，增强的了 $\breve{\Lambda}^p$ 中字典的相干性。

算法 6.1 第⑤步更新残差的过程等价于

$$\begin{aligned} \mathrm{vec}((\boldsymbol{R}^p)^{\mathrm{T}}) &= \mathrm{vec}((\boldsymbol{U})^{\mathrm{T}}) - \boldsymbol{M}\boldsymbol{Y}_{\hat{\Lambda}^p} \mathrm{vec}((\boldsymbol{Z}_{\hat{\Lambda}^p})^{\mathrm{T}}) \\ &= \mathrm{vec}((\boldsymbol{U})^{\mathrm{T}}) - \boldsymbol{M}\,\hat{\boldsymbol{x}}^p_{\mathrm{SOMP}_{B\varepsilon,F}} \end{aligned}$$

说明此步残差更新是在探测到更加逼近的子空间之后，对 $\hat{\boldsymbol{x}}^p_{\mathrm{SOMP}_{B\varepsilon,F}}$ 投影到 $\boldsymbol{M}$ 上的残余子空间的探测的过程。

算法 6.1 中的第⑥步中，对于分块的字典 $\boldsymbol{Y}_\Lambda$，其 ε-闭包存在一个临界值 ε，当 $\varepsilon < \varepsilon_C$，存在 $\breve{\Lambda}^p = \mathrm{clos}_{B\varepsilon_c,F}(\hat{\Lambda}^p)$，则此步骤将不起作用，整个算法等价于 SOMP。

当算法 6.1 用于支撑集压缩时，可以令作为算法输入量的稀疏度 S 选择更小的值 S_C，还可以通过选择合适的 ε。可以进行支撑集的压缩，除了字典的冗余度的原因，还因为冗余度越高，本质窗宽所占窗函数实际支撑域的比例也越小。S_C 和 ε 的值选取要合适，当 S_C 的值比 S 减小不太多，而 ε 减小过多时，会导致重构过程中更新的支撑字典强制包含过多本质窗宽以外的分量，导致误差增大。而 S_C 取值过小，ε 又不够小时，则本算法效果又不太明显。

在执行基于信号空间投影的 SCoSaMP 中 $\Lambda_\Delta = \tilde{\mathcal{S}}_{2\xi S|B}(\boldsymbol{Y}\mathrm{vec}((\boldsymbol{C}^{\mathrm{H}}\boldsymbol{R}^{p-1})^{\mathrm{T}}))$ 的步骤时，将支撑集压缩算法稀疏度设置为 $2\xi S$，Λ_Δ 的求解中输入变量 $\boldsymbol{U}$ 对应的矩阵为 $\boldsymbol{C}\,\boldsymbol{C}^{\mathrm{H}}\,\boldsymbol{R}^{p-1}$。在执行 $\Lambda^p = S_{\xi S|B}(\boldsymbol{x}_{\mathrm{prj}})$ 的步骤时，将支撑集压缩算法稀疏度设置为 ξS，Λ_p 的求解中输入变量 $\boldsymbol{U}$ 对应的矩阵为 $\boldsymbol{C}\boldsymbol{Z}_{\mathrm{prj}}$。

6.2.3 约束条件及算法分析

完成了算法描述，本节将分析算法重构的约束条件。对于 $\boldsymbol{W} = \boldsymbol{Y}^{\mathrm{H}}\boldsymbol{Y}$，抽取对角线上的元素分块相加，可构成对角矩阵 $\boldsymbol{W}_{\boldsymbol{Y}} = \mathrm{diag}(\|\boldsymbol{Y}[1]\|_F, \|\boldsymbol{Y}[2]\|_F, \cdots, \|\boldsymbol{Y}[K]\|_F)$。规定 $\boldsymbol{z}_{\boldsymbol{Y}} = [\|z[1]\|_2, \|z[2]\|_2, \cdots, \|z[K]\|_2]^{\mathrm{T}}$。首先提出引理6-5。

引理6-5　令 $\boldsymbol{x}=\boldsymbol{Y}\boldsymbol{z}$，$\Lambda$ 为 S 阶块稀疏向量 $\boldsymbol{z}$ 的支撑集，$\tilde{\Lambda}$ 为满足 $\Lambda\subseteq \mathrm{clos}_{B\varepsilon,F}(\tilde{\Lambda})$ 的一个支撑集，$\boldsymbol{\Psi}_k=\dfrac{\boldsymbol{Y}[k]^{\mathrm{H}}\boldsymbol{Y}[\tilde{k}]}{\|\boldsymbol{Y}[\tilde{k}]\|_F^2}$。对于确定的 k，$\tilde{k}$ 满足 $\dfrac{\|\boldsymbol{Y}[k]^{\mathrm{H}}\boldsymbol{Y}[\tilde{k}]\|_F^2}{\|\boldsymbol{Y}[k]\|_F^2\|\boldsymbol{Y}[k]\|_F^2}\geqslant 1-\varepsilon^2$。如果对于一个 k 存在若干 $\tilde{k}$，选择其中任意一个代替 k，构建 $\boldsymbol{x}$ 的一个稀疏表示为

$$\tilde{\boldsymbol{x}}=\sum_{k\in\Lambda\cap\tilde{\Lambda}}\boldsymbol{Y}[k]\boldsymbol{z}[k]+\sum_{k\in\Lambda\setminus\tilde{\Lambda}}\boldsymbol{Y}[k]\boldsymbol{\Psi}_k\boldsymbol{z}[k] \tag{6-5}$$

可得

$$\|\boldsymbol{x}-\tilde{\boldsymbol{x}}\|_2^2\leqslant\varepsilon^2\|\boldsymbol{W}_{Y\ \Lambda}\boldsymbol{z}_{Y_{\Lambda\setminus\tilde{\Lambda}}}\|_1^2 \tag{6-6}$$

证明　根据 $\|\bullet\|_F$ 定义，可得

$$\begin{aligned}
&\|\boldsymbol{Y}[k]-\boldsymbol{Y}[k]\boldsymbol{\Psi}_k\|_F^2\\
&=\mathrm{Tr}((\boldsymbol{Y}[k]^{\mathrm{H}}-\boldsymbol{\Psi}_k^{\mathrm{H}}\boldsymbol{Y}[k]^{\mathrm{H}})(\boldsymbol{Y}[k]-\boldsymbol{Y}[k]\boldsymbol{\Psi}_k))\\
&=\|\boldsymbol{Y}[k]\|_F^2\left(1-\frac{\|\boldsymbol{Y}[k]^{\mathrm{H}}\boldsymbol{Y}[\tilde{k}]\|_F^2}{\|\boldsymbol{Y}[k]\|_F^2\|\boldsymbol{Y}[\tilde{k}]\|_F^2}\right)\leqslant\|\boldsymbol{Y}[k]\|_F^2\varepsilon^2
\end{aligned} \tag{6-7}$$

根据 Cauchy－Schwartz 不等式及矩阵范数 $\|\bullet\|_F$ 与向量范数 $\|\bullet\|_2$ 的相容性，由式（6-7）可得

$$\begin{aligned}
\|\boldsymbol{x}-\tilde{\boldsymbol{x}}\|_2^2&=\Big\|\sum_{k\in\Lambda\setminus\tilde{\Lambda}}(\boldsymbol{Y}[k]-\boldsymbol{Y}[k]\boldsymbol{\Psi}_k)\boldsymbol{z}[k]\Big\|_2^2\\
&=\sum_{k,k'\in\Lambda\setminus\tilde{\Lambda}}\boldsymbol{z}[k]^{\mathrm{H}}(\boldsymbol{Y}[k]-\boldsymbol{Y}[k]\boldsymbol{\Psi}_k)^{\mathrm{H}}(\boldsymbol{Y}[k']-\boldsymbol{Y}[k']\boldsymbol{\Psi}_k)\boldsymbol{z}[k']\\
&\leqslant\sum_{k\in\Lambda\setminus\tilde{\Lambda}}\varepsilon^2\|\boldsymbol{Y}[k]\|_F^2\|\boldsymbol{z}[k]\|_2^2\\
&\quad+\sum_{k\neq k'\in\Lambda\setminus\tilde{\Lambda}}\varepsilon^2\|\boldsymbol{Y}[k]\|_F\|\boldsymbol{Y}[k']\|_F\|\boldsymbol{z}[k]\|_2\|\boldsymbol{z}[k']\|_2\\
&=\varepsilon^2\|\boldsymbol{W}_{Y\Lambda}\boldsymbol{z}_{Y_{\Lambda\setminus\tilde{\Lambda}}}\|_1^2
\end{aligned} \tag{6-8}$$

根据6.2节对 $\boldsymbol{W}_Y$ 和 $\boldsymbol{z}_Y$ 的定义可得式（6-6）。

引理6-5给出了分块 ε-独立支撑集对应的稀疏表示产生的误差边界。选取的分块 ε-闭包越大，允许的误差边界就越大。

引理6-6　当 $\boldsymbol{MY}=\boldsymbol{C}\otimes\boldsymbol{I}_L$ 时，且满足 $\boldsymbol{Y}$ 的分块尺寸为 L，则

$$\theta_B(\boldsymbol{M},\boldsymbol{Y})=\frac{1}{L}\theta(\boldsymbol{C})$$

证明　由于 $\boldsymbol{C}$ 每一列为单位范数向量，$\boldsymbol{MY}$ 中每一列也是归一化的，则

$$\begin{aligned}\theta_B(\boldsymbol{M},\boldsymbol{Y}) &= \max_{k,k'\neq k}\frac{1}{L}\rho((\boldsymbol{MY}[k])^{\mathrm{H}}\boldsymbol{MY}[k']) \\ &= \frac{1}{L}\max_{k,k'\neq k}\max_{l}|\boldsymbol{\lambda}_l((\boldsymbol{C}_k^{\mathrm{H}}\boldsymbol{C}_{k'})\otimes\boldsymbol{I}_{L\times L})| \\ &= \frac{1}{L}\max_{k,k'\neq k}|\boldsymbol{C}_k^{\mathrm{H}}\boldsymbol{C}_{k'}| = \frac{1}{L}\max_{i,j\neq i}|\langle\boldsymbol{C}_k,\boldsymbol{C}_{k'}\rangle|\end{aligned}$$

然后根据矩阵相干性定义得证。

引理6-6中两种相干性相差L倍，这是因为将MMV联合稀疏问题转化为块稀疏问题时，由$\boldsymbol{C}$经过变换获得的测量矩阵$\boldsymbol{C}\otimes\boldsymbol{I}_L$的子分块矩阵内部是正交的。在使用SOMP算法进行重构时，不需要考虑$\boldsymbol{Z}$的列之间的关联性。为了保证算法的收敛，只要分别保证$\boldsymbol{Z}$中每一列的重构收敛即可。

引理6-7 在6.2.2节描述的算法和定理6-8中设定条件下，算法经S次迭代满足

$$\tilde{\Lambda}\subseteq\breve{\Lambda}^S = \mathrm{clos}_{B\varepsilon,F}(\hat{\Lambda}^S) \tag{6-9}$$

证明 这里采用数学归纳法进行证明。

首先，定义$\bar{\Lambda} = \mathrm{clos}_{B\varepsilon,F}(\hat{\Lambda}^S)$，$p = 1$时，如果此次迭代满足

$$\max_{k\in\bar{\Lambda}}\|\boldsymbol{Y}[k]^{\mathrm{H}}\boldsymbol{M}^{\mathrm{H}}\mathrm{vec}(\boldsymbol{U}^{\mathrm{T}})\|_2 > \max_{k\in\bar{\Lambda}_C}\|\boldsymbol{Y}[k]^{\mathrm{H}}\boldsymbol{M}^{\mathrm{H}}\mathrm{vec}(\boldsymbol{U}^{\mathrm{T}})\|_2 \tag{6-10}$$

则迭代算法收敛，且选取的子空间支撑集从$\bar{\Lambda}$中更新，即$k^1\in\bar{\Lambda}$。根据$\boldsymbol{\varepsilon}$-闭包的定义，对于任意$k,k'\in\Lambda$，当且仅当$k'\in\mathrm{clos}_{B\varepsilon,F}(\{k\})$，存在$k\in\mathrm{clos}_{B\varepsilon,F}(\{k'\})$，可知定理6-8的条件下$\tilde{\Lambda}^1\subseteq\breve{\Lambda}^1$。下面证明式（6-10）满足定理6-8中的不等式（6-21）。

令$\mathrm{vec}(\boldsymbol{U}^{\mathrm{T}}) = \boldsymbol{M}(\boldsymbol{x}-\tilde{\boldsymbol{x}})$，使用三角不等式和Cauchy-Shwartz不等式，同时由于$\|\boldsymbol{MY}[k]\|_F = \sqrt{L}$，可得

$$\max_{k\in\bar{\Lambda}}\|\boldsymbol{Y}[k]^{\mathrm{H}}\boldsymbol{M}^{\mathrm{H}}\boldsymbol{M}\tilde{\boldsymbol{x}}\|_2 > \max_{k\in\bar{\Lambda}_C}\|\boldsymbol{Y}[k]^{\mathrm{H}}\boldsymbol{M}^{\mathrm{H}}\boldsymbol{M}\tilde{\boldsymbol{x}}\|_2 + 2\sqrt{L}\|\boldsymbol{M}(\boldsymbol{x}-\tilde{\boldsymbol{x}})\|_2 \tag{6-11}$$

由于$\tilde{\boldsymbol{x}} = \boldsymbol{Y}\tilde{z}$，此步骤等价于

$$\max_{k\in\bar{\Lambda}}\|\boldsymbol{Y}[k]^{\mathrm{H}}\boldsymbol{M}^{\mathrm{H}}\boldsymbol{M}\tilde{\boldsymbol{x}}\|_2 > \max_{k\in\bar{\Lambda}_C}\|\boldsymbol{Y}[k]^{\mathrm{H}}\boldsymbol{M}^{\mathrm{H}}\boldsymbol{M}\tilde{\boldsymbol{x}}\|_2 + 2\sqrt{L}\|\boldsymbol{M}(\boldsymbol{x}-\tilde{\boldsymbol{x}})\|_2 \tag{6-12}$$

下面，对式（6-10）左边和右边分别求下界和上界，对于式（6-12）左边，可以不失一般性地取$\boldsymbol{z}_{\boldsymbol{Y}}$中元素最大值的序号为$k = 1$，于是可得

$$\begin{aligned}\max_{k\in\bar{\Lambda}}\|C_k^{\mathrm{H}}C\tilde{Z}\|_F &\geqslant \|C_1^{\mathrm{H}}C\tilde{Z}\|_F = \|\sum_{k'\in\tilde{\Lambda}}C_1^{\mathrm{H}}C_{k'}\tilde{z}[k']^{\mathrm{T}}\|_F\\ &\geqslant \|C_1^{\mathrm{H}}C_1\tilde{z}[k']^{\mathrm{T}}\|_F-\sum_{k'\in\tilde{\Lambda},k'\neq 1}\|C_1^{\mathrm{H}}C_{k'}\tilde{z}[k']^{\mathrm{T}}\|_F\\ &\geqslant z_{Y_1}-L\theta_{B\varepsilon}\sum_{k'\in\tilde{\Lambda},k'\neq 1}\|\tilde{z}[k']^{\mathrm{T}}\|_F\\ &\geqslant (1-(\tilde{S}-1)L\theta_{B\varepsilon})z_{Y_1}\end{aligned} \tag{6-13}$$

此步证明中，$\tilde{S}=|\tilde{\Lambda}|$。在倒数第二步的不等式中使用了引理6-6。下面分析式（6-12）中右边第一项的上界，即

$$\begin{aligned}\max_{k\in\bar{\Lambda}_C}\|C_k^{\mathrm{H}}C\tilde{z}\|_F &= \max_{k\in\bar{\Lambda}_C}\|\sum_{k'\in\tilde{\Lambda}}C_i^{\mathrm{H}}C_{k'}\tilde{z}[k']^{\mathrm{T}}\|_F\\ &\leqslant \max_{k\in\bar{\Lambda}_C}\sum_{k'\in\tilde{\Lambda}}\|C_i^{\mathrm{H}}C_{k'}\tilde{z}[k']^{\mathrm{T}}\|_F\\ &\leqslant L\theta_{B\varepsilon}\sum_{k'\in\tilde{\Lambda}}\|\tilde{z}[k']^{\mathrm{T}}\|_F\leqslant \tilde{S}L\theta_{B\varepsilon}z_{Y_1}\end{aligned} \tag{6-14}$$

令$\sigma_M=\|M\|_2$为M的最大奇异值，将式（6-13）和式（6-14）代入式（6-12）中，并使用引理6-5中的结论，可得

$$\tilde{S}<\frac{1}{2}\left(1+\frac{1}{L\theta_{B\varepsilon}}\right)-\frac{\sigma_M}{\sqrt{L}\theta_{B\varepsilon}z_{Y_1}}\|W_{Y\Lambda}z_{Y_{\Lambda\setminus\tilde{\Lambda}}}\|_1\varepsilon \tag{6-15}$$

从而保证首次迭代获得的子矩阵指标从$\bar{\Lambda}$中选取。在这里σ_M也可以用$\|M\|_F$代替，但是会使得证明中不等式缩放量过大，计算边界与实际边界差别过大，最终导致式（6-15）中对稀疏度S要求过于苛刻。

假设在$p-1$更新的支撑集仍然从$\bar{\Lambda}$中选取，接下来证明在第p次迭代时在定理6-8中的条件下仍然满足$\tilde{\Lambda}^p\subseteq\breve{\Lambda}^p$。令$\bar{\Lambda}^p=\mathrm{clos}_{b\varepsilon,2}(\tilde{\Lambda}\setminus\breve{\Lambda}^{p-1})$，则需要保证

$$\max_{k\in\bar{\Lambda}^p}\|Y[k]^{\mathrm{H}}M^{\mathrm{H}}\mathrm{vec}(R^{\mathrm{T}})^{p-1}\|_2>\max_{k\in\bar{\Lambda}_C^p\setminus\breve{\Lambda}^{p-1}}\|Y[k]^{\mathrm{H}}M^{\mathrm{H}}\mathrm{vec}(R^{\mathrm{T}})^{p-1}\|_2 \tag{6-16}$$

若$\tilde{z}$在$\tilde{\Lambda}$上支撑，令$\tilde{x}^{p-1}=\sum_{k\in\tilde{\Lambda}\setminus\breve{\Lambda}^{p-1}}Y[k]\tilde{z}[k]+\sum_{k\in\breve{\Lambda}^{p-1}}Y[k]\Psi_k\tilde{z}[k]$，则$p-1$次迭代残差$\mathrm{vec}(\tilde{R}^{\mathrm{T}})^{p-1}=(I-MY_{\hat{\Lambda}^{p-1}}(MY_{\Lambda^{p-1}})^{\dagger})M\tilde{x}^{p-1}$，等价于$\tilde{R}^{p-1}=(I-C_{\hat{\Lambda}^{p-1}}C_{\hat{\Lambda}^{p-1}}^{\dagger})C\tilde{z}^{p-1}$。这里$C_{\hat{\Lambda}^{p-1}}C_{\hat{\Lambda}^{p-1}}^{\dagger}$是到$C_{\Lambda^{p-1}}$列空间的正交投影，则残差表示第$p-1$次迭代后计算得到的$U$在$C_{\Lambda^{p-1}}$正交补空间的投影。类比式（6-12），由式（6-16）可得

$$\max_{k\in\bar{\Lambda}^p}\|\boldsymbol{C}_k^{\mathrm{H}}\tilde{\boldsymbol{R}}^{p-1}\|_F > \max_{k\in\bar{\Lambda}_C^p\setminus\breve{\Lambda}^{p-1}}\|\boldsymbol{C}_k^{\mathrm{H}}\tilde{\boldsymbol{R}}^{p-1}\|_F + 2\|\tilde{\boldsymbol{R}}^{p-1}-\boldsymbol{R}^{p-1}\|_F \tag{6-17}$$

式中，$\tilde{\boldsymbol{R}}^{p-1}$ 在 $\breve{\Lambda}^{p-1}\cup\tilde{\Lambda}\setminus\breve{\Lambda}^{p-1}$ 上支撑，即提取残差中信息时需要在 $p-1$ 次迭代更新支撑集和其 ε-闭包以外进行。$\tilde{\boldsymbol{R}}^{p-1}$ 可以表示为 $\tilde{\boldsymbol{R}}^{p-1}=\boldsymbol{C}_{\hat{\Lambda}^{p-1}\cup\tilde{\Lambda}\setminus\breve{\Lambda}^{p-1}}\tilde{z}^{R^{p-1}}$，其中 $\tilde{\Lambda}\setminus\breve{\Lambda}^{p-1}$ 对应的子空间稀疏矩阵 $z^{R^{p-1}}_{\tilde{\Lambda}\setminus\breve{\Lambda}^{p-1}}=\tilde{z}_{\tilde{\Lambda}\setminus\breve{\Lambda}^{p-1}}$，这里 $\tilde{\boldsymbol{Z}}_{\tilde{\Lambda}\setminus\breve{\Lambda}^{p-1}}$ 表示由 $\tilde{\boldsymbol{Z}}$ 的序号在 $\tilde{\Lambda}\setminus\breve{\Lambda}^{p-1}$ 中的行向量构成的子矩阵。

在迭代时，$\tilde{\boldsymbol{R}}^{p-1}$ 的最佳子空间系数矩阵的支撑集属 $\tilde{\Lambda}\setminus\breve{\Lambda}^{p-1}$。这里通过反证法进行说明。假设最佳子空间系数矩阵的支撑 $k\in\breve{\Lambda}^{p-1}$，根据残差的正交性可知 $\boldsymbol{C}_k^{\mathrm{H}}\tilde{\boldsymbol{R}}^{p-1}=0$，且有 $0=\|\boldsymbol{C}_k^{\mathrm{H}}\tilde{\boldsymbol{R}}^{p-1}\|_F\geqslant(1-(\tilde{S}-1)L\theta_{B\varepsilon})z_{\boldsymbol{Y}_k}$。可推导出稀疏度 $\tilde{S}\geqslant 1+1/L\mu_{B\varepsilon}$，则和定理 6-8 中设定条件相矛盾。

在以上证明得到的条件下，将对式（3-8）左右两边的边界进行分析。类似于前面的证明，不失一般性地令对残差 $\tilde{\boldsymbol{R}}^{p-1}$ 进行表示的系数矩阵为 $\tilde{\boldsymbol{Z}}_{k^*}^{R^{p-1}}$，其中 $k^*\in\breve{\Lambda}\setminus\breve{\Lambda}^{p-1}$，则

$$\begin{aligned}\max_{k\in\bar{\Lambda}^p}\|\boldsymbol{C}_k^{\mathrm{H}}\boldsymbol{C}\tilde{\boldsymbol{Z}}^{p-1}\|_F &\geqslant (1-(\tilde{S}-1)L\theta_{B\varepsilon})z_{\boldsymbol{Y}_{k^*}}\quad \max_{k\in\bar{\Lambda}_C^p\setminus\breve{\Lambda}^{p-1}}\|\boldsymbol{C}_k^{\mathrm{H}}\tilde{\boldsymbol{R}}^{p-1}\|_F\\ &\leqslant \tilde{S}L\theta_{B\varepsilon}z_{\boldsymbol{Y}_{k^*}}\end{aligned} \tag{6-18}$$

由第 $p-1$ 迭代残差投影性质可得范数不等式 $\|\boldsymbol{I}-\boldsymbol{C}_{\hat{\Lambda}^{p-1}}\boldsymbol{C}^{\dagger}_{\hat{\Lambda}^{p-1}}\|_2\leqslant 1$，则

$$\begin{aligned}\|\tilde{\boldsymbol{R}}^{p-1}-\boldsymbol{R}^{p-1}\|_F &\leqslant \|\boldsymbol{M}(\tilde{\boldsymbol{x}}^{p-1}-\boldsymbol{x})\|_2\\ &\leqslant \sigma_{\boldsymbol{M}}\sqrt{L}\,\|\tilde{\boldsymbol{x}}^{p-1}-\boldsymbol{x}\|_2\\ &\leqslant \sigma_{\boldsymbol{M}}\sqrt{L}\,\|\tilde{\boldsymbol{x}}^{p-1}-\tilde{\boldsymbol{x}}\|_2+\sigma_{\boldsymbol{M}}\sqrt{L}\,\|\tilde{\boldsymbol{x}}-\boldsymbol{x}\|_2\end{aligned} \tag{6-19}$$

根据引理 6-5，将式（6-18）和式（6-19）合并到式（6-17）中，可得

$$\tilde{S}<\frac{1}{2}\left(1+\frac{1}{L\theta_{B\varepsilon}}\right)-\frac{\sigma_{\boldsymbol{M}}\varepsilon}{\sqrt{L}\theta_{B\varepsilon}z_{\boldsymbol{Y}_{k^*}}}\left(\|\boldsymbol{W}_{\boldsymbol{Y}_\Lambda}\tilde{z}_{\boldsymbol{Y}_{\breve{\Lambda}^{p-1}}}\|_1+\|\boldsymbol{W}_{\boldsymbol{Y}_\Lambda}z_{\boldsymbol{Y}_{\Lambda\setminus\tilde{\Lambda}}}\|_1\right) \tag{6-20}$$

一直到 $p=S$ 停止迭代，都在定理 6-8 中设定的条件下满足 $\tilde{\Lambda}^p\subseteq\breve{\Lambda}^{p-1}$。

引理 6-7 中的 $\breve{\Lambda}^S$ 是算法经过 S 次迭代后的支撑集的分块 ε-闭包，它是支撑集在一定范围内的拓展，尽可能多地包含了可以用于信号稀疏表示的冗

余字典向量的指标。在算法中更新支撑集时，新的支撑集要从第 p 次迭代已经选择的支撑集的分块 ε-闭包以外选择，从而保证选择的支撑集是分块ε-独立的。

根据上面提出的三个引理，可以提出如下定理，给出了算法收敛的约束条件和重构误差边界。

定理6-8　令$0 \leqslant \varepsilon < 1$，$\boldsymbol{MY} = \boldsymbol{C} \otimes \boldsymbol{I}_L$，其中$\boldsymbol{M}$为确定的测量矩阵，$\boldsymbol{Y}$为分块尺寸为$L$的字典，$\boldsymbol{MY}$的$\varepsilon$-相干为$\theta_{B\varepsilon}(\boldsymbol{M},\boldsymbol{Y}) = \theta_{B\varepsilon}$。令$\boldsymbol{z} = \mathrm{vec}(\boldsymbol{Z}^{\mathrm{T}})$，$\boldsymbol{U} = \boldsymbol{CZ}$是信号$\boldsymbol{x} = \boldsymbol{Yz}$的测量值，其中$\boldsymbol{Z}$的支撑集为$\Lambda$且$|\Lambda| = S$。令$\varepsilon$-独立支撑集$\tilde{\Lambda} \subseteq \Lambda$，满足$\Lambda \subseteq \mathrm{clos}_{B\varepsilon,F}(\tilde{\Lambda})$，且$\tilde{\boldsymbol{x}} = \boldsymbol{Y}\tilde{\boldsymbol{z}}$按照式（6-3）构造，则

$$\tilde{S} < \frac{1}{2}\left(1 + \frac{1}{L\theta_{B\varepsilon}}\right) - \frac{\sigma_M \varepsilon}{\sqrt{L}\theta_{B\varepsilon}\boldsymbol{z}_{\boldsymbol{Y}_{\min}}}\left(\|\boldsymbol{W}_{\boldsymbol{Y}}\tilde{\boldsymbol{z}}_{\boldsymbol{Y}}\|_1 + \|\boldsymbol{W}_{\boldsymbol{Y}_{\Lambda\setminus\tilde{\Lambda}}}\boldsymbol{z}_{\boldsymbol{Y}_{\Lambda\setminus\tilde{\Lambda}}}\|_1\right) \tag{6-21}$$

式中，$\boldsymbol{z}_{\boldsymbol{Y}_{\min}}$是$\boldsymbol{z}_{\boldsymbol{Y}}$中的最小非零值，则此条件下$\hat{\boldsymbol{x}}_{\mathrm{SOMP}_{B\varepsilon,2}}$满足

$$\|\hat{\boldsymbol{x}}_{\mathrm{SOMP}_{B\varepsilon,2}} - \boldsymbol{x}\|_2^2 \leqslant \|\boldsymbol{W}_{\boldsymbol{Y}}\tilde{\boldsymbol{z}}_{\boldsymbol{Y}}\|_1^2\varepsilon^2 + \|\boldsymbol{W}_{\boldsymbol{Y}\Lambda\setminus\tilde{\Lambda}}\boldsymbol{z}_{\boldsymbol{Y}_{\Lambda\setminus\tilde{\Lambda}}}\|_1^2\varepsilon \tag{6-22}$$

说明　关于定理6-8中的式（6－22），如果$\boldsymbol{Y}_\Lambda$是ε-线性独立的字典，有$\Lambda = \tilde{\Lambda}$，则

$$\|\hat{\boldsymbol{x}}^p_{\mathrm{SOMP}_{B\varepsilon,F}} - \boldsymbol{x}\|_2 \leqslant \varepsilon\|\boldsymbol{W}_{\boldsymbol{Y}}\boldsymbol{z}_{\boldsymbol{Y}}\|_1$$

对于本书提出的算法，当$\varepsilon < \varepsilon_C$，$\Lambda$是一个关于字典$\boldsymbol{Y}$的分块$\varepsilon$-独立支撑集，此时算法相当于SOMP算法，重构约束条件为$S < \frac{1}{2}\left(1 + \frac{1}{L\theta_{B\varepsilon}}\right)$。重构出来的Gabor系数矩阵$\boldsymbol{Z} = \tilde{z}$，则重构误差为$\|\hat{\boldsymbol{x}}^p_{\mathrm{SOMP}_{B\varepsilon,2}} - \boldsymbol{x}\|_2^2 \leqslant \varepsilon_c\|\boldsymbol{W}_{\boldsymbol{Y}}\boldsymbol{z}_{\boldsymbol{Y}}\|_1^2$。

根据定义，可知

$$\begin{aligned}\rho(\boldsymbol{Y}[k]^{\mathrm{H}}\boldsymbol{M}^{\mathrm{H}}\boldsymbol{MY}[k']) &= |\lambda_{\max_l}((\boldsymbol{C}_k^{\mathrm{H}}\boldsymbol{C}_{k'}) \otimes \boldsymbol{I}_L)| \\ &= \frac{1}{\sqrt{L}}\|(\boldsymbol{C}_k^{\mathrm{H}}\boldsymbol{C}_{k'}) \otimes \boldsymbol{I}_L\|_F \\ &= \frac{1}{\sqrt{L}}\|\boldsymbol{Y}[k]^{\mathrm{H}}\boldsymbol{M}^{\mathrm{H}}\boldsymbol{MY}[k']\|_F\end{aligned}$$

由于$\dfrac{\|\boldsymbol{Y}[k]^{\mathrm{H}}\boldsymbol{Y}[k']\|_F^2}{\|\boldsymbol{Y}[k]\|_F^2\|\boldsymbol{Y}[k']\|_F^2} \leqslant 1 - \varepsilon_c^2$，SOMP算法的探测得到的子空间对应的字典的相干性满足$\theta \leqslant \dfrac{1}{L^{3/2}}\sqrt{1 - {\varepsilon_c}^2}$。对于高度冗余的字典$\boldsymbol{Y}$，$\varepsilon$非常小。如果$\varepsilon_c \to 0$，$S < \frac{1}{2}(1 + \sqrt{L})$，所以分块尺寸$L \geqslant 2$才能允许$|\Lambda| \geqslant 1$。这

个条件非常苛刻，如果不对字典进行分块，在字典高度冗余的条件下 $S < \frac{1}{2}\left(1+\frac{1}{\sqrt{1-\varepsilon^2}}\right)$，算法则根本无法完成信号重构。为了比较本书提出的算法对于约束条件的改善，提出了推论 6-9。

推论 6-9　在定理 6-8 的设定下，取 $\varepsilon = \varepsilon_c$，本书提出的算法的约束条件为

$$S < \frac{1}{2}\left(1+\sqrt{\frac{L}{1-\varepsilon_c^2}}\right) - \frac{L}{\sqrt{K(1-\varepsilon_c^2)}}\varepsilon_c$$

证明　根据算法 $\widehat{\boldsymbol{x}}^p_{\mathrm{SOMP}_{B\varepsilon,2}} = \boldsymbol{Y}_{\widehat{\Lambda}^p}\mathrm{vec}(((\boldsymbol{C}_{\widehat{\Lambda}^p}\boldsymbol{Z})^{\dagger}\boldsymbol{U})^{\mathrm{T}})$，且 $\mathrm{vec}(\boldsymbol{U}^{\mathrm{T}}) = \boldsymbol{Mx}$，则

$$\begin{aligned}\|\widehat{\boldsymbol{x}}^p_{\mathrm{SOMP}_{B\varepsilon,2}} - \boldsymbol{x}\|_2 &= \|\boldsymbol{Y}_{\widehat{\Lambda}^p}\mathrm{vec}\,(\boldsymbol{C}^{\dagger}_{\widehat{\Lambda}^p}\boldsymbol{U})^{\mathrm{T}}\boldsymbol{Mx} - \boldsymbol{x}\|_2 \\ &= \|(\boldsymbol{Y}_{\widehat{\Lambda}^p}\mathrm{vec}\,(\boldsymbol{C}^{\dagger}_{\widehat{\Lambda}^p}\boldsymbol{U})^{\mathrm{T}}\boldsymbol{M} - \boldsymbol{I})(\boldsymbol{I} - \boldsymbol{Y}_{\widehat{\Lambda}^p}\boldsymbol{Y}^{\dagger}_{\widehat{\Lambda}^p})\boldsymbol{x}\|_2 \\ &\leqslant \|(\boldsymbol{I} - \boldsymbol{Y}_{\widehat{\Lambda}^p}\boldsymbol{Y}^{\dagger}_{\widehat{\Lambda}^p})\boldsymbol{x}\|_2\end{aligned} \tag{6-23}$$

式中，$\boldsymbol{Y}_{\widehat{\Lambda}^p}\mathrm{vec}\,(\boldsymbol{C}^{\dagger}_{\widehat{\Lambda}^p}\boldsymbol{U})^{\mathrm{T}}\boldsymbol{M} - \boldsymbol{I}$ 是到迭代求出的信号和原始信号误差的字典上的投影算子，满足 $\|\boldsymbol{Y}_{\widehat{\Lambda}^p}\mathrm{vec}\,(\boldsymbol{C}^{\dagger}_{\widehat{\Lambda}^p}\boldsymbol{U})^{\mathrm{T}}\boldsymbol{M} - \boldsymbol{I}\|_2 \leqslant 1$。令 $\boldsymbol{x} = \tilde{\boldsymbol{x}} + (\boldsymbol{x} - \tilde{\boldsymbol{x}})$，则式（6-23）等价于

$$\begin{aligned}\|\hat{\boldsymbol{x}}^p_{\mathrm{SOMP}_{B\varepsilon,2}} - \boldsymbol{x}\|_2 \leqslant\ &\|(\boldsymbol{I} - \boldsymbol{Y}_{\widehat{\Lambda}^p}\boldsymbol{Y}^{\dagger}_{\widehat{\Lambda}^p})\tilde{\boldsymbol{x}}\|_2 \\ &+ \|\boldsymbol{x} - \tilde{\boldsymbol{x}}\|_2\end{aligned} \tag{6-24}$$

根据引理 6-7，经过 S 次迭代，$\widetilde{\Lambda} \subseteq \breve{\Lambda}^S = \mathrm{clos}_{B\varepsilon,2}(\widehat{\Lambda}^S)$。因此，存在 $\widehat{\boldsymbol{x}}^S$，其支撑集为 $\widehat{\Lambda}^S$，满足

$$\begin{aligned}\|\hat{\boldsymbol{x}}^p_{\mathrm{SOMP}_{B\varepsilon,2}} - \boldsymbol{x}\|_2 \leqslant\ &\|(\boldsymbol{I} - \boldsymbol{Y}_{\widehat{\Lambda}^p}\boldsymbol{Y}^{\dagger}_{\widehat{\Lambda}^p})\tilde{\boldsymbol{x}}\|_2 \\ &+ \|\boldsymbol{x} - \tilde{\boldsymbol{x}}\|_2\end{aligned} \tag{6-25}$$

将式（6-25）代入式（6-24）可以最终得到式（6-21）

说明　根据推论6-9，需要满足 $K > 4L\varepsilon_c^2$。当选取比 ε_c 大的 ε，重构条件有比较明显的放宽。$\varepsilon \to 1$ 将意味着选取的字典接近正交，等价于使用 SOMP 算法完成测量矩阵为正交矩阵条件下的稀疏信号的重构。在 K 和 L 保持一定比例关系的条件下，L 越大，重构条件就越放松。但是，ε 的增大也意味着重构误差边界的放宽，所以在 Gabor 系数的稀疏度较小的条件下，可以令 ε 尽可能小，以获得更加精确的重构误差。

冗余条件下进行支撑集压缩存在两个重要原因。①任何关于 S 的约束条

件都是建立在一定的允许误差的基础之上的。当字典冗余程度提高时，Gabor窗函数的本质窗宽不断减小，稀疏度 S 在存在本质窗宽导致的微小误差的条件下也大幅减小。本质窗宽导致的稀疏度降低的同时，其实也是在提高字典列向量之间的相干性。相干性提高，S 降低，根据推论6-9，算法实际允许的 S 提高，这也是保证算法成功重构的有利条件。②当冗余度提高，N 增大。N 的增大对 L 本身无影响，而是导致 K 增加。根据推论6-9，此时，算法允许的最大 S 也提高了。当使用基于 ε-闭包的算法时，在进行支撑集筛选的时候，有效的 K 值就减小了，算法允许的最大 S 响应减小。此时减小高冗余度条件下的输入量 S，造成的误差同不考虑 ε-闭包是一样的。基于以上两条原因，在字典高度冗余的条件下，使用字典支撑集压缩是有利于提高重构效果的。

实际上，当根据字典支撑列向量的相干性剔除最优支撑集更新过程中冗余度过高字典列向量时，如果不存在噪声，很可能在迭代次数未达到 S 次时就已经获取了完整的最优支撑集，这样算法就自然地实现了字典支撑集压缩。因此对于算法输入量中 S 的设定只能在部分情况下对支撑集强制进行压缩。所以，当字典冗余度提高时，通过降低 S 所起的作用就要逐渐让位于利用 ε-闭包对支撑集剔除的效果。

定理6-8 的分析是在无噪声条件下，下面给出带噪声时的约束条件。

推论6-10　定理6-8 的条件下，取 $\varepsilon=\varepsilon_c$，则为了保证算法收敛，需要满足

$$S<\frac{1}{2}\left(1+\sqrt{\frac{L}{1-\varepsilon_c^2}}\right)-\frac{L}{\sqrt{K(1-\varepsilon_c^2)}}\varepsilon_c$$

证明　由推导式（6-21），可得

$$\begin{aligned}S&<\frac{1}{2}\left(1+\frac{\sqrt{L}}{\sqrt{1-\varepsilon_c^2}}\right)\\&\quad-\frac{\varepsilon_c L\sigma_M}{\sqrt{1-\varepsilon_c^2}z_{Y_{\min}}}(\|\boldsymbol{W}_Y\tilde{\boldsymbol{z}}_Y\|_1+\|\boldsymbol{W}_{Y_{\Lambda\setminus\tilde{\Lambda}}}\boldsymbol{z}_{Y_{\Lambda\setminus\tilde{\Lambda}}}\|_1)\end{aligned}\tag{6-26}$$

对于式（6-26）的第二项，可以推出其上界。推导中使用了 $\|\bullet\|_F$ 范数不等式

$$\frac{L\sigma_M\varepsilon_c}{\sqrt{1-\varepsilon_c^2}z_{Y_{\min}}}(\|\boldsymbol{W}_Y\tilde{\boldsymbol{z}}_Y\|_1+\|\boldsymbol{W}_{Y_{\Lambda\setminus\tilde{\Lambda}}}\boldsymbol{z}_{Y_{\Lambda\setminus\tilde{\Lambda}}}\|_1)$$

$$
\begin{aligned}
&\geqslant \frac{L\|\boldsymbol{M}\|_2^2\varepsilon_c}{\sqrt{1-\varepsilon_c^2}}\left(\|\boldsymbol{W}_{\boldsymbol{Y}}\|_1+\|\boldsymbol{W}_{\boldsymbol{Y}_{\Lambda\setminus\tilde{\Lambda}}}\|_1\right)\\
&\geqslant \frac{L\varepsilon_c}{\sqrt{1-\varepsilon_c^2}}\|\boldsymbol{M}\|_2^2\max_k\|\boldsymbol{Y}[k]\|_F\\
&\geqslant \frac{\sqrt{L}\varepsilon_c}{\sqrt{K}\sqrt{1-\varepsilon_c^2}}\max_k\|(\boldsymbol{C}\otimes\boldsymbol{I}_L)\boldsymbol{G}^{\mathrm{H}}\|_F\max_k\|\boldsymbol{Y}[k]\|_F\\
&\geqslant \frac{L\varepsilon_c}{\sqrt{K}\sqrt{1-\varepsilon_c^2}}\max_k\|(\boldsymbol{C}_k\otimes\boldsymbol{I}_L)\|_F\geqslant\frac{L\varepsilon_c}{\sqrt{K(1-\varepsilon_c^2)}}
\end{aligned}
\tag{6-27}
$$

将式（6-27）结果代入式（6-22）可以得到推论中的结果。

说明　由推论6-10，可见误差的存在对收敛条件提出了更加严格的要求，误差越大，允许重构的稀疏度越低。

推论6-10中，噪声越大，所允许的最大稀疏度越小。此时，S_N 与 S 其实存在本质的不同。S 为实际信号的稀疏度，而 S_N 仅仅为保证算法精确重构所能输入的最大值。当 S_N 越小，对于字典支撑集压缩程度越高。而存在噪声的条件下，S_N 越小，对噪声的抑制程度越高。根据推论6-10，如果希望进行窗函数尺度拉伸，即增大 L，则为了保证抑制噪声能力，S_N 需要减小，进而支撑集也需要压缩。相应地，当冗余度提高，$\theta_{B\varepsilon}$ 增大，S_N 也需要减小。而考虑 ε-闭包之后，可以减小 $\theta_{B\varepsilon}$，所允许的 S_N 反而是增大的，此时再根据测量矩阵的RIP条件分析，减小 S_N 也是有利于抑制噪声能力加强的。综上，当进行支撑集压缩时，可以降低重构时噪声带来的误差，提高信噪比。

6.2.4　采样通道数分析

采样系统总的通道数为矩阵 $\boldsymbol{Y}$ 的测量点个数，其列数由测量矩阵 $\boldsymbol{C}$ 的行数决定，其值为 M。可以通过降低 M 来减小通道数。根据文献［152］，为了保证算法收敛且取得较小误差，M 的下界决定于 $\boldsymbol{Z}$ 的行数 K 和支撑集 Λ 尺寸。

在采样系统中，字典冗余度越高，窗函数平滑阶数 N 越小，K 越小，M 的下界越低，根据前面的分析可知 N 越小，最终恢复的信号的误差也越大。另外，使用SOMP$_{B\varepsilon,F}$ 算法完成 $\mathcal{S}_{\xi S|B}(\boldsymbol{x})$ 和 $\tilde{\mathcal{S}}_{\xi S|B}(\boldsymbol{x})$ 的过程，客观上可以使支撑集 Λ 减小，即完成字典支撑集压缩，从而 M 的下界也相应减小。但是，ε 的增大会一定程度上对误差产生影响，选取适当的 ε 可以减小误差；ε 过大也会增大误差。所以，通道数 M 是针对最终信号恢复误差所允许的值进行权衡得到的结果。对于误差要求越苛刻，需要的通道数就越多。但是根据后面的仿真

实验，相比较前面分析中系统对通道数的要求，本节研究的方法在减小通道数方面还是取得了非常积极的改善。

根据对推论 6-9 的分析，如果不专门减小算法输入量 S，在字典冗余度较高的情况下，基于 ε-闭包的算法可以自然地对支撑集进行压缩，所以不改变输入量 S，同样可以使用 $\mathrm{SOMP}_{B\varepsilon,F}$ 算法降低系统构建时的通道数。

6.3　基于信号域的重构算法降噪估计

在信号采样的过程中，由于采样设备本身的原因，每个通道都会引入噪声，实际设备中引入的各种噪声中，主要是 Gaussain 白噪声，无论使用多么精确的重构算法对信号进行重构，都不可能完全消除噪声导致的误差。因此，对重构结果进行噪声误差估计对于评估算法的性能非常重要。

Gaussain 噪声是一个统计意义上的信号，一般使用均方误差（MSE）的期望进行表示。MSE 估计的表达式为[35]

$$\mathrm{MSE}(\boldsymbol{M},\boldsymbol{x}) = E_{\boldsymbol{x},\boldsymbol{e}}(\|\mathcal{F}(\boldsymbol{Mx}+\boldsymbol{e})-\boldsymbol{x}\|_2^2) \tag{6-28}$$

式中，$\mathcal{F}(\cdot)$ 表示从测量值中对信号进行估计的函数，$E_{\boldsymbol{x},\boldsymbol{e}}(\cdot)$ 表示在测量过程中，信号向量 $\boldsymbol{x}$ 受 Gaussain 白噪声向量 $\boldsymbol{e} \sim N(0,\sigma^2\boldsymbol{I})$ 影响重构误差的期望。在解决关于信号重构的 MMV 问题时，$\boldsymbol{e} = \mathrm{vec}(\boldsymbol{E}^{\mathrm{T}})$。为实现估计 $\mathcal{F}(\cdot)$，可以采用各种信号重构方法，但是在进行 MSE 估计过程中算法本身的复杂性使得这个过程本身就很具有很高的复杂度。针对本书提出的基于信号空间的重构算法和基于字典相干性的支撑集压缩，在 Oracle 估计的基础上，本书提出了一种基于近似 Oracle 估计的 MSE 的分析方法。

6.3.1　Oracle 估计

对采样信号进行 Oracle 估计其目的是在真实支撑集 Λ 条件下寻找 $\boldsymbol{x}$ 的最小二乘解，求解过程可以表示为

$$\hat{\boldsymbol{x}}_{\mathrm{or}} = \underset{\mathrm{supp}(\tilde{\boldsymbol{x}})\subseteq\Lambda}{\mathrm{argmin}}\|\boldsymbol{x}-\tilde{\boldsymbol{x}}\|_2^2 \qquad \tilde{\boldsymbol{x}} = \boldsymbol{Y}\tilde{z},\tilde{z}_{\Lambda_C} = \boldsymbol{0} \tag{6-29}$$

针对本书中的模型，其计算方法为

$$\hat{\boldsymbol{x}}_{\mathrm{or}} = \boldsymbol{Y}_\Lambda\mathrm{vec}((\boldsymbol{C}^\dagger\boldsymbol{U})^{\mathrm{T}}) = \boldsymbol{Y}_\Lambda(\boldsymbol{MY}_\Lambda)^\dagger\boldsymbol{u} \tag{6-30}$$

式中，Oracle 估计作为一种理想的估计模型，要求 Λ 为信号稀疏表示时真实的支撑集。

令 $\mathcal{F}^{\mathrm{or}}(\cdot)$ 表示 Oracle 估计函数，则式（6-28）可以转化为

$$\mathrm{MSE}^{\mathrm{or}}(\boldsymbol{M},\boldsymbol{x}) = E_{\boldsymbol{x},\boldsymbol{e}}(\|\mathcal{F}^{\mathrm{or}}(\boldsymbol{Mx}+\boldsymbol{e})-\boldsymbol{x}\|_2^2) = \sigma^2\mathrm{Tr}((\boldsymbol{M}_\Lambda^{\mathrm{H}}\boldsymbol{M})^{-1}) \tag{6-31}$$

在字典分块的条件下，本书利用引理 6-11 对信号 $\boldsymbol{x}$ 基于 Oracle 估计的重构 MSE 进行说明。

引理 6-11 如果测量矩阵 $\boldsymbol{M}$ 满足拓展的 Block-D-RIP，且能够在字典 $\boldsymbol{Y}$ 下利用分块尺寸为 L 的 S 阶稀疏系数向量 $\boldsymbol{z}$ 进行稀疏表示，则当测量中存在分布为 $N(0,\sigma^2)$ 的 Gaussain 白噪声时，Oracle 估计的误差满足

$$\frac{L^2 S\sigma^2}{\lambda_{\max}(1+\delta_{S|B})} \leqslant \mathrm{MSE}^{\mathrm{or}}(\boldsymbol{M},\boldsymbol{x}) \leqslant \frac{L^2 S\sigma^2}{\lambda_{\min}(1-\delta_{S|B})} \tag{6-32}$$

证明 由于 $\boldsymbol{x}$ 的支撑集为 Λ，故 $\boldsymbol{x}=\boldsymbol{Y}\boldsymbol{z}=\boldsymbol{Y}_\Lambda \boldsymbol{z}_\Lambda$，根据式 (6-31)，可得

$$\hat{\boldsymbol{x}}_{\mathrm{or}} = \boldsymbol{Y}_\Lambda(\boldsymbol{M}\boldsymbol{Y}_\Lambda)^\dagger \boldsymbol{u} = \boldsymbol{Y}_\Lambda(\boldsymbol{M}\boldsymbol{Y}_\Lambda)^\dagger(\boldsymbol{M}\boldsymbol{Y}_\Lambda \boldsymbol{z}_\Lambda+\boldsymbol{e}) = \boldsymbol{x}+\boldsymbol{Y}_\Lambda(\boldsymbol{M}\boldsymbol{Y}_\Lambda)^\dagger \boldsymbol{e} \tag{6-33}$$

因此 Oracle 误差等价于

$$\mathrm{MSE}^{\mathrm{or}}(\boldsymbol{M},\boldsymbol{x}) = E(\|\boldsymbol{x}-\hat{\boldsymbol{x}}_{\mathrm{or}}\|_2^2) = E(\|\boldsymbol{Y}_\Lambda(\boldsymbol{M}\boldsymbol{Y}_\Lambda)^\dagger \boldsymbol{e}\|_2^2) \tag{6-34}$$

根据拓展的 Block-D-RIP，可得

$$\begin{aligned}\frac{1}{\lambda_{\max}(1+\delta_{S|B})}E(\|\boldsymbol{M}\boldsymbol{Y}_\Lambda(\boldsymbol{M}\boldsymbol{Y}_\Lambda)^\dagger \boldsymbol{e}\|_2^2) &\leqslant \mathrm{MSE}^{\mathrm{or}}(\boldsymbol{M},\boldsymbol{x})\\ &\leqslant \frac{1}{\lambda_{\min}(1-\delta_{S|B})}E(\|\boldsymbol{M}\boldsymbol{Y}_\Lambda(\boldsymbol{M}\boldsymbol{Y}_\Lambda)^\dagger \boldsymbol{e}\|_2^2)\end{aligned} \tag{6-35}$$

很显然，式 (6-35) 中的 $\boldsymbol{M}\boldsymbol{Y}_\Lambda(\boldsymbol{M}\boldsymbol{Y}_\Lambda)^\dagger$ 是一个投影算子，因此，根据式 (6-31) 中 Gaussain 噪声的性质可知

$$\begin{aligned}E(\|\boldsymbol{M}\boldsymbol{Y}_\Lambda(\boldsymbol{M}\boldsymbol{Y}_\Lambda)^\dagger \boldsymbol{e}\|_2^2) &= \mathrm{Tr}(\boldsymbol{M}\boldsymbol{Y}_\Lambda(\boldsymbol{M}\boldsymbol{Y}_\Lambda)^\dagger)\sigma^2\\ &= \mathrm{Tr}((\boldsymbol{M}\boldsymbol{Y}_\Lambda)^\dagger \boldsymbol{M}\boldsymbol{Y}_\Lambda)\sigma^2 = \mathrm{Tr}((\boldsymbol{C}_\Lambda\otimes\boldsymbol{I}_L)^\dagger(\boldsymbol{C}_\Lambda\otimes\boldsymbol{I}_L))\sigma^2\\ &= L^2 S\sigma^2\end{aligned} \tag{6-36}$$

将式 (6-36) 代入式 (6-35) 可得式 (6-32)。

说明 在算法支撑集为真实支撑集的理想状态下，利用 Oracle 估计信号获得的 MSE 和分块尺寸 L、分块稀疏度 S、噪声均方值 σ^2、Block-RIC $\delta_{S|B}$ 及框架界有关。然而，在进行窗函数尺度变换的条件下，SL 是不变的，而 $\delta_{S|B}$ 会随着 ζ 的增大而减小，从而有利于噪声的降低，另外，随着 N 的增加，Gabor 框架越来越趋近于紧框架，$\lambda_{\min}$ \ $\lambda_{\max}$ 也越来越接近于 1，也有利于噪声的抑制。当 N 确定时，使用支撑集压缩，SL 随之降低，在信号经过重构之后，噪声也会受到抑制。

在后面的分析中，将针对具体算法对噪声的上下界进行推导。

6.3.2　基于近似 Oracle 估计的 MSE 分析

1. 近似 Oracle 估计

在 CS 理论中，$\sum_{S|B}$ 空间中的 $\boldsymbol{x}$ 可以通过测量矩阵 $\boldsymbol{M}$ 进行压缩测量，得到测量值 $\boldsymbol{u}$，而只有经过信号重构才能从低维度的测量值 $\boldsymbol{u}$ 中获得高维的信号 $\boldsymbol{x}$ 。信号重构本身其实就是对未知信号的估计的过程，第 1 章分析了目前存在的各种信号重构算法，这些算法基本上都起源于几种典型的估计。

这些估计方法的核心都在于探测信号子空间，即求解稀疏系数向量 z 的估计 $\hat{z}$。在最终重构信号的过程中，首先估计出 $\hat{z}$ ，再利用 $\hat{\boldsymbol{x}} - \boldsymbol{Y}\hat{z}$ 完成最终重构。其中最广泛使用的一种估计方法是最大似然估计（Maximum Likelihood, ML），即求解最小二乘问题

$$\arg\min_{z} \| \boldsymbol{u} - \boldsymbol{H}z \|_2^2, \| z \|_0 \leqslant 0 \tag{6-37}$$

ML 估计是一种非凸优化问题，其求解为 NP 难题[153]。这意味着目前并没有高效快速的计算方法，需要进行 $\begin{pmatrix} K \\ S \end{pmatrix}$ 次穷举并选出 $\| \boldsymbol{u} - \boldsymbol{H}z \|_2^2$ 的最小值。为了提高计算效率，可以通过 BPDN 进行 l_1 -惩罚策略，利用求解二次规划问题获得 $\hat{z}_{BP}$ ，即

$$\min_{z} \frac{1}{2} \| \boldsymbol{u} - \boldsymbol{H}z \|_2^2 + \zeta \| z \|_1 \tag{5-38}$$

式中，ζ 为正则化参数。

另一种方法是利用 DS 分类[154]，这种方法通过求解式（6-39）获得。

$$\min_{z} \| \boldsymbol{Z} \|_1, \| \boldsymbol{H}^{\mathrm{T}}(\boldsymbol{u} - \boldsymbol{H}z) \|_{\infty} \leqslant \boldsymbol{v} \tag{6-39}$$

式中，$\boldsymbol{v}$ 是用户选择参量。在 DS 方法基础上，还有 Gauss-DS（GDS）方法，其方法利用 $\hat{z}$ 只估计出支撑集 Λ，再使用 $\hat{z} = \boldsymbol{H}_{\Lambda}^{\dagger} \boldsymbol{u}_{\Lambda}$ ，$\hat{z}_{\Lambda_C} = 0$ 求解出 $\hat{z}_{\mathrm{GDS}}$ 。

这些方法都能以很高的概率获得很低的 MSE，它们共同特点是在估计 $\hat{z}$ 的时候并不需要事先知道支撑集 Λ，在这些估计方法中可以发展出第 1 章中图 1-4中凸优化和非凸优化类型的多种重构算法。

不同于以上估计方法，在假定支撑集 Λ 已知的条件下，还可以利用 Oracle 估计探测出 $\hat{z}_{\mathrm{or}}$ ，从而完成信号重构。在 SNR 很低的条件下，Oracle 估计效果相比较 BPDN 和 DS 等估计方法，虽然重构信号的 MSE 较大，但是 Oracle 估计最大的优势是运算高效、简单，而且如果能够通过一定的方法探测出信号支撑集 Λ，其在工程中具有很强的可行性。另外，本书中的窄脉冲信号采样系统本

身引入的噪声不会使得信号具有很高的 SNR，估计过程中一般为无偏估计，此时，Oracle 估计就显示出其特有的优势。

在实际重构过程中，通常支撑集 Λ 本身是未知的，只能通过算法迭代获得近似的支撑集。因此当支撑集由算法获得时，含有噪声的 Oracle 估计称为**近似 Oracle 估计**。目前大量的研究都集中在如何获取与实际信号最接近的支撑集。在图 1-4 中，所有的贪婪算法都是通过迭代获取支撑集 Λ，每一步迭代过程中利用近似 Oracle 估计求解当前次数迭代中的信号估计结果。不同的算法之间的区别其实就在于更新支撑集的过程，如基于 MP 和 OMP 的算法是每次迭代通过从 $\boldsymbol{H}$ 挑选与残差最相关的一个 $\boldsymbol{h}_i$ 补充到前一次的支撑集中，基于 CoSaMP 和 SP 的算法是每次从 $\boldsymbol{H}$ 中挑选与残差最相关的 $2S$ 或 S 个列向量对前一次支撑集进行更新，基于 IHT 的算法则是利用一个过渡量衡量残差中与 $\boldsymbol{H}$ 中最相关的列向量，选取最大的过渡量条件下的列向量对支撑集进行更新。因此，这些贪婪迭代方法都可以是基于近似 Oracle 估计的重构算法。

2. 基于近似 Oracle 估计的 MSE 上界

本节将近似 Oracle 估计引入算法的重构来进行 MSE 分析。为了得到支撑集压缩后基于信号空间投影重构算法重构出信号 $\boldsymbol{x}$ 的近似 Oracle 估计，这里首先给出引理 6-12。

引理 6-12 如果测量矩阵 $\boldsymbol{M}$ 以 $3\xi S$ 阶的 RIC 满足拓展的 Block-D-RIP，字典的框架上下界分别为 $\lambda_{\max}$ 和 $\lambda_{\min}$，通道噪声符合 Gaussain 分布 $N(0,\sigma^2)$。则在不超过 $1-\dfrac{2}{(3\xi SL))!}n^{-\beta}$ 的概率下满足式

$$\|\boldsymbol{P}_{\tilde{T}}\boldsymbol{M}^{\mathrm{H}}\boldsymbol{e}\|_2 \leqslant \sqrt{3\xi SL\lambda_{\max}(1+\delta_{3\xi S|B})}(1+\sqrt{2\ln(n)(1+\beta)})\sigma \tag{6-40}$$

证明 根据引理 5-15，假设存在任意 $\boldsymbol{e}_1,\boldsymbol{e}_2\in\mathbb{R}^{ML}$ 和任意 Λ，且 $|\tilde{\Lambda}|\leqslant 3\xi S$，则可得

$$\|\boldsymbol{P}_{\tilde{T}}\boldsymbol{M}^{\mathrm{H}}(\boldsymbol{e}_1-\boldsymbol{e}_2)\|_2 \leqslant \sqrt{\lambda_{\max}(1+\delta_{3\xi S|B})}\|\boldsymbol{e}_1-\boldsymbol{e}_2\|_2 \tag{6-41}$$

满足式（6-41）的函数 $\|\boldsymbol{P}_{\tilde{T}}\boldsymbol{M}^{\mathrm{H}}(\cdot)\|_2^2$ 可以称为一个 $\sqrt{\lambda_{\max}(1+\delta_{3\xi S|B})}$-阶 Lipschitz 泛函。使用迹和期望特性，可得

$$\begin{aligned} E(\|\boldsymbol{P}_{\tilde{T}}\boldsymbol{M}^{\mathrm{H}}\boldsymbol{e}\|_2^2) &= E(\mathrm{Tr}(\boldsymbol{e}^{\mathrm{H}}\boldsymbol{M}\boldsymbol{P}_{\tilde{T}}\boldsymbol{P}_{\tilde{T}}\boldsymbol{M}^{\mathrm{H}}\boldsymbol{e})) \\ &= \mathrm{Tr}(\boldsymbol{M}\boldsymbol{P}_{\tilde{T}}\boldsymbol{P}_{\tilde{T}}\boldsymbol{M}^{\mathrm{H}}E(\mathrm{Tr}(\boldsymbol{e}\,\boldsymbol{e}^{\mathrm{H}}))) = \sigma^2\mathrm{Tr}(\boldsymbol{M}\boldsymbol{P}_{\tilde{T}}\boldsymbol{P}_{\tilde{T}}\boldsymbol{M}^{\mathrm{H}}) \end{aligned} \tag{6-42}$$

式中，$\mathrm{Tr}(\boldsymbol{M}\boldsymbol{P}_{\tilde{T}}\boldsymbol{P}_{\tilde{T}}\boldsymbol{M}^{\mathrm{H}})$ 等价于矩阵 $\boldsymbol{M}\boldsymbol{P}_{\tilde{T}}$ 所有特征值之和。由于 $\boldsymbol{P}_{\tilde{T}}$ 是一个在维度为 $3\xi S$ 的子空间上的投影，其最多有 $3\xi S$ 个非零特征值。根据测量矩阵 $\boldsymbol{M}$ 拓展的 Block-D-RIP，可以得到

$$E(\| \boldsymbol{P}_{\tilde{T}} \boldsymbol{M}^{\mathrm{H}} \boldsymbol{e} \|_2^2) \leqslant 3\xi SL\lambda_{\max}(1+\delta_{3\xi S|B})\sigma^2 \tag{6-43}$$

利用 Jensen's 不等式，由式（6-43）可得

$$E(\| \boldsymbol{P}_{\tilde{T}} \boldsymbol{M}^{\mathrm{H}} \boldsymbol{e} \|_2) \leqslant \sqrt{3\xi SL\lambda_{\max}(1+\delta_{3\xi S|B})}\sigma \tag{6-44}$$

根据 Gaussain 空间聚集特性[155]，可知

$$P(|\| \boldsymbol{P}_{\tilde{T}} \boldsymbol{M}^{\mathrm{H}} \boldsymbol{e} \|_2 - E(\| \boldsymbol{P}_{\tilde{T}} \boldsymbol{M}^{\mathrm{H}} \boldsymbol{e} \|_2)| \geqslant v) \leqslant 2\exp\left(-\frac{v^2}{2\lambda_{\max}(1+\delta_{3\xi S|B})}\right) \tag{6-45}$$

利用式（6-44）可得 $\| \boldsymbol{P}_{\tilde{T}} \boldsymbol{M}^{\mathrm{H}} \boldsymbol{e} \|_2 - \sqrt{3\xi SL\lambda_{\max}(1+\delta_{3\xi S|B})}\sigma \leqslant \| \boldsymbol{P}_{\tilde{T}} \boldsymbol{M}^{\mathrm{H}} \boldsymbol{e} \|_2 - E(\| \boldsymbol{P}_{\tilde{T}} \boldsymbol{M}^{\mathrm{H}} \boldsymbol{e} \|_2)$，因此，将其代入式（6-45），可得

$$\begin{aligned} &P(\| \boldsymbol{P}_{\tilde{T}} \boldsymbol{M}^{\mathrm{H}} \boldsymbol{e} \|_2 - \sqrt{3\xi SL\lambda_{\max}(1+\delta_{3\xi S|B})}\sigma \geqslant v) \\ \leqslant &P(\| \boldsymbol{P}_{\tilde{T}} \boldsymbol{M}^{\mathrm{H}} \boldsymbol{e} \|_2 - E(\| \boldsymbol{P}_{\tilde{T}} \boldsymbol{M}^{\mathrm{H}} \boldsymbol{e} \|_2) \geqslant v) \\ \leqslant &P(|\| \boldsymbol{P}_{\tilde{T}} \boldsymbol{M}^{\mathrm{H}} \boldsymbol{e} \|_2 - E(\| \boldsymbol{P}_{\tilde{T}} \boldsymbol{M}^{\mathrm{H}} \boldsymbol{e} \|_2)| \geqslant v) \end{aligned} \tag{6-46}$$

将式（6-46）代入式（6-45），可得

$$P(\| \boldsymbol{P}_{\tilde{T}} \boldsymbol{M}^{\mathrm{H}} \boldsymbol{e} \|_2 \geqslant \sqrt{3\xi SL\lambda_{\max}(1+\delta_{3\xi S|B})}\sigma + v) \leqslant 2\exp\left(-\frac{v^2}{2\lambda_{\max}(1+\delta_{3\xi S|B})\sigma^2}\right) \tag{6-47}$$

如果令 $v = \sqrt{3\xi SL\lambda_{\max}(1+\delta_{3\xi S|B})}\ \sqrt{2\lg(n)(1+\beta)}\sigma$，则

$$\exp\left(-\frac{v^2}{2\lambda_{\max}(1+\delta_{3\xi S|B})\sigma^2}\right) = \exp(-3\xi SL(1+\beta)\ln(n)) = n^{-3\xi SL(1+\delta_{3\xi S|B})} \tag{6-48}$$

将式（6-48）代入式（6-47），可得

$$\begin{aligned} &P(\| \boldsymbol{P}_{\tilde{T}} \boldsymbol{M}^{\mathrm{H}} \boldsymbol{e} \|_2 \geqslant \sqrt{3\xi SL\lambda_{\max}(1+\delta_{3\xi S|B})}\sigma(1+\sqrt{2\ln(n)(1+\beta)})) \\ \leqslant &\sum_{\tilde{\Lambda}:|\tilde{\Lambda}|=3\xi S} P(\| \boldsymbol{P}_{\tilde{T}} \boldsymbol{M}^{\mathrm{H}} \boldsymbol{e} \|_2 \geqslant \sqrt{3\xi SL\lambda_{\max}(1+\delta_{3\xi S|B})}\sigma(1+\sqrt{2\ln(n)(1+\beta)})) \\ \leqslant &2\binom{n}{3\xi SL} n^{-3\xi SL(1+\beta)} \leqslant 2\left(\frac{n}{3\xi SL}\right)^{3\xi SL} n^{-3\xi SL(1+\beta)} \\ \leqslant &\frac{2}{(3\xi SL))!} n^{-\beta} \end{aligned} \tag{6-49}$$

定理 6-13　令 $\boldsymbol{U} = \boldsymbol{CZ} + \boldsymbol{E}$，$\boldsymbol{x} = \boldsymbol{Y}\mathrm{vec}(\boldsymbol{Z}^{\mathrm{T}})$ 为 S 阶分块稀疏表示，$\boldsymbol{E}$ 为每个通道中产生的加性噪声，每个元素相互独立且符合 Gaussain 分布 $N(0,\sigma^2)$，等式 $\boldsymbol{C}$ 中包含的测量矩阵 $\boldsymbol{M}$ 符合拓展的 Block-D-RIP。定义 6-3 中的支撑集 $\tilde{\mathcal{S}}_{2\xi S|B}(\cdot)$ 和 $\mathcal{S}_{\xi S|B}(\cdot)$ 为常数 $\tilde{C}_{2S}$ 和 C_S 条件下的近似最优支撑集。字典的框架上

下界分别为 $\lambda_{\max}$ 和 $\lambda_{\min}$ 。则在不超过 $1-\frac{2}{(3\xi SL))!}n^{-\beta}$ 的概率下，本节算法在经过 $p^{*}=\frac{\lg(\|x\|_2/C_2\|\boldsymbol{P}_{\Lambda_e}\boldsymbol{M}^{\mathrm{H}}\boldsymbol{e}\|_2)}{\lg(1/C_1)}$ 次迭代后满足

$$\begin{aligned}&\|\boldsymbol{x}^{p^{*}}-\boldsymbol{x}\|_2\\&\leqslant\left(1+\frac{1-C_1^{p^{*}}}{1-C_1}\right)C_2\sqrt{3\xi SL\lambda_{\max}(1+\delta_{3\xi S|B})}\left(1+\sqrt{2\ln(n)(1+\beta)}\right)\sigma\end{aligned}\tag{6-50}$$

证明 将引理6-12代入定理6-13，可得到本定理。

说明 由定理6-13，近似Oracle估计是此估计方法在本节算法获得的支撑集条件下的拓展，利用其对MSE的估计效果受到多种因素的影响。

(1) Gabor字典框架界的影响。Gabor框架的上界越大，MSE也越大。所以为了减小噪声MSE，可以在进行滤波器设计的时候令Gabor框架界尽可能小。为方便分析，可以假设字典为单位范数字典，此时 $\lambda_{\max}$ 决定于字典的冗余度。字典冗余度越高 $\lambda_{\max}$ 越小。当Gabor框架为紧框架时，$\lambda_{\max}=\lambda_{\min}=1$ 。所以提高 N 有利于降低噪声带来的误差。

(2) 不失一般性地令 $\lambda_{\max}=\lambda_{\min}=1$ ，均方差 $\sigma=1$ 。MES估计边界条件简化为

$$\|\boldsymbol{x}^{p^{*}}-\boldsymbol{x}\|_2\leqslant\left(1+\frac{1-C_1^{p^{*}}}{1-C_1}\right)C_2\sqrt{3\xi SL(1+\delta_{3\xi S|B})}\left(1+\sqrt{2\ln(n)(1+\beta)}\right)\tag{6-51}$$

根据式(6-51)，此时噪声MES的估计受到收敛参数 C_1 、噪声误差参数 C_2 、分块尺寸 L、分块稀疏度 S、系数测量矩阵 $\boldsymbol{C}$ 的 $3\xi S$ 阶分块RIC常数 $\delta_{3\xi S|B}$ ，以及概率控制因子 $\sqrt{2\ln(n)(1+\beta)}$ 的影响。此时，根据引理5-19，常数 C_{prj} 和 C_n 简化为

$$C_{\mathrm{prj}}=\frac{1+\sqrt{C_S}}{\sqrt{1-\delta^2_{(3\xi+1)S|B}}},C_n=\frac{1+\sqrt{C_S}}{1-\delta_{(3\xi+1)S|B}}\tag{6-52}$$

定理5-21中，收敛因子 $C_1=C_{\mathrm{prj}}\tilde{C}_{\mathrm{prj}}$ 。因此 C_1 主要受到误差控制参数 C_S 和系数测量矩阵 $\boldsymbol{M}$ 的 $(3\xi+1)S$ 阶分块RIC $\delta_{(3\xi+1)S|B}$ 的影响。C_S 由人为控制，其值越小，迭代次数和运算量越大，信号 $\boldsymbol{x}$ 的重构误差和噪声MSE估计都会越小。$\delta_{(3\xi+1)S|B}$ 决定于 $\boldsymbol{M}$ 本身和字典分块尺寸 L，$\delta_{(3\xi+1)S|B}$ 越小，C_1 也越小，算法收敛性和重构速度提高。对于噪声误差参数 $C_2=C_{\mathrm{prj}}\tilde{C}_n+C_n$ ，在其受到 C_S 和 $\delta_{(3\xi+1)S|B}$ 约束的条件下，变化趋势同 C_1 ，对MSE估计的影响也同 C_1 。

在式（6-51）中，分块稀疏度 S 减小也会最终减小 MSE。根据第3章的分析，第一个主要决定因素在于脉冲个数 N_p 和冗余度 $\mu = 1/N$。脉冲个数源于信号本身，而冗余度和采样系统设计有关，因此设计原则要求通过增大 μ 来保证通道数减小和误差精度的提升；另一个重要因素在于支撑集压缩，支撑集压缩后，稀疏度也会减小。

概率控制因子 $\sqrt{2\ln(n)(1+\beta)}$ 决定了满足一定范围内重构精度和 MSE 的概率。n 和 β 越大，概率越高，但是对重构精度和 MSE 的控制范围也加宽。这个量仅仅用于反映误差的概率分布，对重构算法的性能提升无关。

6.3.3 MSE 的 Cramér-Rao 下界估计

MSE 分析是对信号估计的标准的分析方法，本书中可将 MSE 理解为 Oracle 估计 $\mathcal{F}^{or}(\cdot)$ 的函数。6.3.2 节分析了 MSE 的上界，而 MSE 还存在对所有估计最坏情况分析的下界，而真实的估计值会比理论分析的下界低得多。为了获得基于近似 Oracle 估计的最小 MSE 下界，可以通过分析 Cramér-Rao 下界（Cramér-Rao Low Bound，CRLB）实现。

1. 基本概念

在对 CRLB 进行估计之前，首先定义几个相关的基本概念。

根据信号采样于重构模型，测量向量 $\boldsymbol{u}$ 符合联合 Gaussain 概率分布，其概率密度函数为 $p(\boldsymbol{u};\boldsymbol{x})$。假设 $p(\boldsymbol{u};\boldsymbol{x})$ 关于 $\boldsymbol{x}$ 可微，则对应的 Fisher 信息矩阵（Fisher Information Matrix，FIM）为

$$\boldsymbol{J}(\boldsymbol{x}) = E(\Delta\Delta^{\mathrm{T}}),\Delta = \frac{\partial \ \lg p(\boldsymbol{u};\boldsymbol{x})}{\partial \ \boldsymbol{x}} \tag{6-53}$$

假设 $\boldsymbol{J}(\boldsymbol{x})$ 对于任何 $\boldsymbol{x} \in \mathcal{X}$ 都是有界的，$\boldsymbol{f}:\mathbb{R}^{Kn} \to \mathbb{R}^{ML}$ 是关于 $\boldsymbol{x}$ 的微分方程，且很显然 $0 \leqslant ML \leqslant Kn$，则 $\mathcal{X}$ 为满足式（6-54）的集合，即

$$\mathcal{X} = \{\boldsymbol{x} \in \mathbb{R}^{Kn},\boldsymbol{f}(\boldsymbol{x}) = 0\} \tag{6-54}$$

定义尺寸为 $Kn \times ML$ 的矩阵 $\boldsymbol{F}(\boldsymbol{x}) = \dfrac{\partial \boldsymbol{f}}{\partial \boldsymbol{x}}$，如果 $\boldsymbol{F}$ 是满秩矩阵，则定义尺寸为 $Kn \times (Kn - ML)$ 的矩阵 $\boldsymbol{\Gamma}$，使其满足

$$\boldsymbol{F\Gamma} = 0,\text{且}\boldsymbol{\Gamma}^{\mathrm{T}}\boldsymbol{\Gamma} = \boldsymbol{I} \tag{6-55}$$

式中，子空间 $\mathrm{Ran}(\boldsymbol{\Gamma}) \subseteq \mathcal{F}$，是 $\mathcal{X}$ 的正切空间，其中 $\mathcal{F}$ 表示 $\boldsymbol{x}$ 的可行方向的空间。定义 $\boldsymbol{b}(\boldsymbol{x}) = E(\hat{\boldsymbol{x}}) - \boldsymbol{x}$ 为统计偏差，偏差梯度矩阵为 $\boldsymbol{B} = \dfrac{\partial \boldsymbol{b}}{\partial \boldsymbol{x}}$。$\mathbf{Cov}(\hat{\boldsymbol{x}}) = E((\hat{\boldsymbol{x}} - E(\hat{\boldsymbol{x}}))(\hat{\boldsymbol{x}} - E(\hat{\boldsymbol{x}}))^{\mathrm{T}})$ 为协方差矩阵，可以用于表示逐点的 CRLB。CRLB 满足定理 6-14。

定理 6-14 令 $\hat{\boldsymbol{x}}$ 为 $\boldsymbol{x}$ 的估计向量，$\boldsymbol{B}$ 为给定 $\boldsymbol{x}_0$ 到 $\hat{\boldsymbol{x}}$ 的偏差梯度矩阵。如果 $\boldsymbol{U}$ 为正交矩阵，且 $\boldsymbol{BU}$ 已知，则当满足式（6-56）时，有

$$\mathrm{Ran}(\boldsymbol{\Gamma}(\boldsymbol{\Gamma}+\boldsymbol{B\Gamma})) \subseteq \mathrm{Ran}(\boldsymbol{\Gamma}\boldsymbol{\Gamma}^{\mathrm{T}}\boldsymbol{J}\boldsymbol{\Gamma}\boldsymbol{\Gamma}^{\mathrm{T}}) \tag{6-56}$$

协方差满足

$$\mathbf{Cov}(\hat{\boldsymbol{x}}) \geq (\boldsymbol{W}+\boldsymbol{\Gamma W})(\boldsymbol{\Gamma}^{\mathrm{T}}\boldsymbol{JW})^{\dagger}(\boldsymbol{W}+\boldsymbol{\Gamma W})^{\mathrm{T}} \tag{6-57}$$

当且仅当式（6-58）成立时，等号成立，即

$$\hat{\boldsymbol{x}} = \boldsymbol{x}_0 + \boldsymbol{b}(\boldsymbol{x}_0) + (\boldsymbol{W}+\boldsymbol{B\Gamma})(\boldsymbol{\Gamma}^{\mathrm{T}}\boldsymbol{JW})^{\dagger}\boldsymbol{\Gamma}^{\mathrm{T}}\Delta \tag{6-58}$$

2. 基于近似 Oracle 的 CRLB

假设信号 $\boldsymbol{x}\in\Sigma_{S|B}$ 具有唯一的稀疏表示 $\boldsymbol{x}=\boldsymbol{P}_{\Lambda}\boldsymbol{Y}\boldsymbol{z}_{\mathrm{prj}}$，其中 $z\in V_{S|B}$。令 $\Lambda=\{i_1,i_2,\cdots,i_S\}$ 表示 z 支撑集，令 $\aleph(\cdot)$ 表示空间 $\Sigma_{S|B}$ 到 $V_{S|B}$ 映射，则

$$\boldsymbol{x}=\boldsymbol{P}_{\Lambda}\boldsymbol{Y}\aleph(\boldsymbol{x}_{\mathrm{prj}}),\text{且}\ \|\aleph(\boldsymbol{x}_{\mathrm{prj}})\|_{0|B}\leqslant 2\xi S \tag{6-59}$$

当字典 $\boldsymbol{Y}$ 为非正交字典时，$\aleph(\cdot)$ 的过程就一个 NP 计算难题。当然，这个过程和信号估计类似，也可以使用一定的估计方法进行实现，如 Oracle 估计等。

令 $\boldsymbol{I}[j]$ 表示单位矩阵 $\boldsymbol{I}$ 的第 j 个列分块尺寸为 L 的子矩阵，对于任意 $z'\in V_{S|B}$，存在 $z_{\mathrm{prj}}+(z'_{\mathrm{prj}})^{\mathrm{T}}\boldsymbol{I}[j]\in V_{S|B}$。如果 $j\in\Lambda$，则 $\|z_{\mathrm{prj}}+(z'_{\mathrm{prj}})^{\mathrm{T}}\boldsymbol{I}[j]\|_{0,B}=2\xi S$，且 $\boldsymbol{I}[j]$ 表示可行方向；如果 $j\notin\Lambda$，则 $\|z_{\mathrm{prj}}+(z'_{\mathrm{prj}})^{\mathrm{T}}\boldsymbol{I}[j]\|_{0,B}=2\xi S+1$，且 $\boldsymbol{I}[j]$ 表示非可行方向。

当 $\|z_{\mathrm{prj}}\|_{0,B}=2\xi S$ 时，$\boldsymbol{Q}=[\boldsymbol{I}[i_1],\cdots,\boldsymbol{I}[i_S]]$，$\boldsymbol{x}$ 的 $\mathcal{F}$ 空间由 $\{\boldsymbol{I}[i_1],\cdots,\boldsymbol{I}[i_S]\}$ 张成。当 $\|z_{\mathrm{prj}}\|_{0,B}<2\xi S$ 时 $\mathcal{F}$ 空间由 $\{\boldsymbol{I}[1],\cdots,\boldsymbol{I}[Kn]\}$ 张成，此时，估计偏差为 $\boldsymbol{b}(\boldsymbol{x})$。这两种情况都是 $\hat{\Lambda}\subseteq\Lambda$ 的情况，而如果 $\Lambda\setminus\hat{\Lambda}\neq\varnothing$，也会存在估计偏差 $\boldsymbol{b}(\boldsymbol{x})$，此时 $\mathcal{F}$ 也由 $\{\boldsymbol{I}[1],\cdots,\boldsymbol{I}[Kn]\}$ 张成。

此时，在 Gaussain 噪声的条件下，根据文献［156］，$\boldsymbol{J}(\boldsymbol{x})$ 可表示为

$$\boldsymbol{J}(\boldsymbol{x})=\frac{1}{\sigma^2}(\boldsymbol{Y}(\boldsymbol{MY})^{\dagger}\boldsymbol{u})^{\mathrm{T}}\boldsymbol{Y}(\boldsymbol{MY})^{\dagger}\boldsymbol{u}=\frac{1}{\sigma^2}(\boldsymbol{Y}\boldsymbol{H}^{\dagger}\boldsymbol{u})^{\mathrm{T}}\boldsymbol{Y}\boldsymbol{H}^{\dagger}\boldsymbol{u} \tag{6-60}$$

在本书算法中，可以根据式（6-60）定义基于投影空间的 FIM $\boldsymbol{J}_P(\boldsymbol{x})$，即

$$\boldsymbol{J}_P(\boldsymbol{x})=\frac{1}{\sigma^2}(\boldsymbol{P}_{\Lambda}\boldsymbol{Y}(\boldsymbol{MY})^{\dagger}\boldsymbol{u})^{\mathrm{T}}\boldsymbol{P}_{\Lambda}\boldsymbol{Y}(\boldsymbol{MY})^{\dagger}\boldsymbol{u}=\frac{1}{\sigma^2}(\boldsymbol{Y}\boldsymbol{H}^{\dagger}\boldsymbol{u}))^{\mathrm{T}}\boldsymbol{P}_{\Lambda}\boldsymbol{Y}\boldsymbol{H}^{\dagger}\boldsymbol{u} \tag{6-61}$$

其中，投影矩阵 $\boldsymbol{P}_{\Lambda}$ 是幂等矩阵。此时可得 $\boldsymbol{\Gamma}^{\mathrm{T}}\boldsymbol{J}_P\boldsymbol{\Gamma}$ 的表达式：

$$\boldsymbol{\Gamma}^{\mathrm{T}}\boldsymbol{J}_P\boldsymbol{\Gamma}=\begin{cases}\dfrac{1}{\sigma^2}(\boldsymbol{Y}_{\Lambda}\boldsymbol{H}_{\Lambda}^{\dagger}\boldsymbol{u})^{\mathrm{T}}\boldsymbol{P}_{\Lambda}\boldsymbol{Y}_{\Lambda}\boldsymbol{H}_{\Lambda}^{\dagger}\boldsymbol{u},\ \|z\|_{0,B}=S\\[2ex]\dfrac{1}{\sigma^2}(\boldsymbol{Y}\boldsymbol{H}^{\dagger}\boldsymbol{u}))^{\mathrm{T}}\boldsymbol{P}_{\Lambda}\boldsymbol{Y}\boldsymbol{H}^{\dagger}\boldsymbol{u},\ \|z\|_{0,B}<S\end{cases} \tag{6-62}$$

下面将确定在何种条件下满足式（6-56）。首先，当 $\|z\|_{0,B} = S$ 时，为了保证信号重构的唯一性，需要 $\mathrm{spark}(\boldsymbol{H}) > 2S$ 且 $\mathrm{spark}(\boldsymbol{Y}) > 2S$，在此条件下，$\boldsymbol{\Gamma}^{\mathrm{T}}\boldsymbol{J}_P\boldsymbol{\Gamma}$ 是可逆的，则

$$\mathrm{Ran}(\boldsymbol{\Gamma}\boldsymbol{\Gamma}^{\mathrm{T}}\boldsymbol{J}_P\boldsymbol{\Gamma}\boldsymbol{\Gamma}^{\mathrm{T}}) = \mathrm{Ran}(\boldsymbol{\Gamma}\boldsymbol{\Gamma}^{\mathrm{T}}) \tag{6-63}$$

考虑到 $\mathrm{Ran}(\boldsymbol{\Gamma}\boldsymbol{\Gamma}^{\mathrm{T}}(I+\boldsymbol{B}^{\mathrm{T}})) \subseteq \mathrm{Ran}(\boldsymbol{\Gamma}\boldsymbol{\Gamma}^{\mathrm{T}})$，则此时能够满足式（6-56）。

而当 $\|z\|_{0,B} < S$ 或者 $\Lambda \setminus \hat{\Lambda} \neq \varnothing$ 时，式（6-56）中的约束条件则很难保证。此时可以令 $\boldsymbol{\Gamma} = \boldsymbol{I}$，则式（6-56）等价于

$$\mathrm{Ran}(\boldsymbol{I}+\boldsymbol{B}^{\mathrm{T}}) \subseteq \mathrm{Ran}((\boldsymbol{H}^{\dagger})^{\mathrm{T}}\boldsymbol{Y}^{\mathrm{T}}\boldsymbol{P}_{\Lambda}\boldsymbol{Y}\boldsymbol{H}^{\dagger}) \tag{6-64}$$

利用 $\mathrm{Ran}((\boldsymbol{H}^{\dagger})^{\mathrm{T}}\boldsymbol{Y}^{\mathrm{T}}\boldsymbol{P}_{\Lambda}\boldsymbol{Y}\boldsymbol{H}^{\dagger}) = \mathrm{Ran}((\boldsymbol{H}^{\dagger})^{\mathrm{T}}\boldsymbol{Y}^{\mathrm{T}}\boldsymbol{P}_{\Lambda}))$ 和 $\mathrm{Ran}((\boldsymbol{P}_{\Lambda}\boldsymbol{Y}\boldsymbol{H}^{\dagger})^{\mathrm{T}}) - \mathrm{Nul}(\boldsymbol{P}_{\Lambda}\boldsymbol{Y}\boldsymbol{H}^{\dagger})^{\perp}$ 这两个矩阵空间中的基本性质，式（6-64）等价于

$$\mathrm{Nul}(\boldsymbol{P}_{\Lambda}\boldsymbol{Y}\boldsymbol{H}^{\dagger}) \subseteq \mathrm{Nul}(\boldsymbol{I}+\boldsymbol{B}) \tag{6-65}$$

对比式（6-56），则可以推导出类似定理 6-14 中的 CRLB。

定理 6-15 令 $\hat{\boldsymbol{x}}$ 为 $\boldsymbol{x}$ 的估计向量，$\boldsymbol{B}$ 为给定 $\boldsymbol{x}_0$ 到 $\hat{\boldsymbol{x}}$ 的偏差梯度矩阵。如果 $\boldsymbol{U}$ 为正交矩阵，且 $\boldsymbol{BU}$ 已知，且满足 $\mathrm{spark}(\boldsymbol{H}) > 2S$ 和 $\mathrm{spark}(\boldsymbol{Y}) > 2S$，则

$$\mathbf{Cov}(\hat{\boldsymbol{x}}) \geq \begin{cases} \sigma^2(\boldsymbol{\Gamma}+\boldsymbol{B}\boldsymbol{\Gamma})((\boldsymbol{H}_{\Lambda}^{\dagger})^{\mathrm{T}}\boldsymbol{Y}_{\Lambda}^{\mathrm{T}}\boldsymbol{P}_{\Lambda}\boldsymbol{Y}_{\Lambda}\boldsymbol{H}_{\Lambda}^{\dagger})^{-1}(\boldsymbol{W}+\boldsymbol{B}\boldsymbol{\Gamma})^{\mathrm{T}} & \|z\|_{0,B} = S \\ \sigma^2(\boldsymbol{I}+\boldsymbol{B})((\boldsymbol{H}^{\dagger})^{\mathrm{T}}\boldsymbol{Y}^{\mathrm{T}}\boldsymbol{P}_{\Lambda}\boldsymbol{Y}\boldsymbol{H}^{\dagger})_{\Lambda})^{\dagger}(\boldsymbol{I}+\boldsymbol{B})^{\mathrm{T}} & \|z\|_{0,B} < S \text{ 或 } \Lambda \setminus \hat{\Lambda} \neq \varnothing \end{cases} \tag{6-66}$$

当且仅当式（6-58）成立时，等号成立。

说明 本定理利用协方差的方式，给出了信号 $\boldsymbol{x}$ 的逐点 CRLB，能够很精细地反映信号 Oracle 估计的误差下界。计算协方差的时候，理论上是利用信号多次测量的期望值和每次信号进行对比，求得误差后再计算协方差。实际应用中多次测量并不存在，因为假定求 $\hat{\boldsymbol{x}}$ 期望时，是认为信号在无噪声条件下每次测量结果相同，每次的统计误差只源于 Gaussain 噪声。所以，信号 $\boldsymbol{x}$ 的 CRLB 反映了信号重构系统对噪声的放大或缩小特性。如果具有缩小功能，则说明重构系统是可以抑制噪声的。

3. CRLB 的提升

在本书中，系数测量矩阵 $\boldsymbol{H} = \boldsymbol{C} \otimes \boldsymbol{I}_L$。由于 $\boldsymbol{C}$ 是行满秩的 DFT 子矩阵，$\boldsymbol{H}$ 也是行满秩矩阵。此时，由于 $\boldsymbol{P}_{\Lambda}$ 是满秩方阵，$\boldsymbol{Y}$ 为行满秩矩阵，所以 $\boldsymbol{P}_{\Lambda}\boldsymbol{Y}\boldsymbol{H}^{\dagger} = \boldsymbol{P}_{\Lambda}\boldsymbol{Y}\boldsymbol{H}^{\mathrm{T}}(\boldsymbol{H}\boldsymbol{H}^{\mathrm{T}})^{-1}$ 为行满秩矩阵。因此，$\boldsymbol{P}_{\Lambda}\boldsymbol{Y}\boldsymbol{H}^{\dagger}$ 的零空间可以忽略，此时式（6-65）在任何情况下都满足。因此，即使在 $\boldsymbol{B} \neq \boldsymbol{0}$ 的条件下其 CRLB 在任何情况下也是有限值。此时，为了单纯考虑噪声的影响，假设 $V_{S|B}$ 在无偏条件下。此时，由于在 $\boldsymbol{P}_{\Lambda}\boldsymbol{Y}\boldsymbol{H}^{\dagger}$ 行满秩条件下，$(\boldsymbol{H}^{\dagger})^{\mathrm{T}}\boldsymbol{Y}^{\mathrm{T}}\boldsymbol{P}_{\Lambda}\boldsymbol{Y}\boldsymbol{H}^{\dagger}$ 可逆定理 6-15 中的式（6-66）可以简化为

$$\mathbf{Cov}(\hat{\boldsymbol{x}}) \geq \begin{cases} \sigma^2 \boldsymbol{\Gamma}((\boldsymbol{H}_\Lambda^\dagger)^{\mathrm{T}} \boldsymbol{Y}_\Lambda^{\mathrm{T}} \boldsymbol{P}_\Lambda \boldsymbol{Y}_\Lambda \boldsymbol{H}_\Lambda^\dagger)^{-1} \boldsymbol{\Gamma}^{\mathrm{T}} & \|z\|_{0,B} = S \\ \sigma^2((\boldsymbol{H}^\dagger)^{\mathrm{T}} \boldsymbol{Y}^{\mathrm{T}} \boldsymbol{P}_\Lambda \boldsymbol{Y} \boldsymbol{H}^\dagger)^{-1} & \|z\|_{0,B} < S \end{cases} \tag{6-67}$$

为了分析 $\boldsymbol{H}$ 对于降噪性能的影响，可以假设 Gabor 框架为单位范数紧框架，此时 $\boldsymbol{P}_\Lambda = \boldsymbol{I}$，$\boldsymbol{Y}^{\mathrm{T}}\boldsymbol{Y} = \boldsymbol{I}$。当 $\|z\|_{0,B} = S$ 时，有

$$\mathbf{Cov}(\hat{\boldsymbol{x}}) \geq \sigma^2 \boldsymbol{\Gamma}((\boldsymbol{H}_\Lambda^\dagger)^{\mathrm{T}} \boldsymbol{H}_\Lambda^\dagger)^{-1} \boldsymbol{\Gamma}^{\mathrm{T}} \tag{6-68}$$

由式（6-68）可知，$\boldsymbol{Y}$ 冗余度越高，L 越大，计算出来的 $((\boldsymbol{H}_\Lambda^\dagger)^{\mathrm{T}} \boldsymbol{H}_\Lambda^\dagger)^{-1}$ 越小。这印证了第 3 章中提升框架冗余度可以减小重构信号 SNR，提高稳健性的结论。此时信号空间投影对于降噪基本无贡献。

当 $\|z\|_{0,B} < S$ 时，$\boldsymbol{Y}^{\mathrm{T}}\boldsymbol{Y} = \boldsymbol{I}$，满足

$$\begin{aligned} \mathbf{Cov}(\hat{\boldsymbol{x}}) &\geq \sigma^2((\boldsymbol{H}^\dagger)^{\mathrm{T}} \boldsymbol{H}^\dagger)^{-1} \\ &= \sigma^2(((\boldsymbol{H}\boldsymbol{H}^{\mathrm{T}})^{-1})^{\mathrm{T}} \boldsymbol{H} \boldsymbol{H}^{\mathrm{T}} (\boldsymbol{H}\boldsymbol{H}^{\mathrm{T}})^{-1}) = \sigma^2 (\boldsymbol{H}\boldsymbol{H}^{\mathrm{T}})^{-1} \end{aligned} \tag{6-69}$$

由式（6-69）可知，CRLB 受冗余度的影响同 $\|z\|_{0,B} = S$ 的条件下，$\boldsymbol{Y}$ 冗余度越高，L 越大，计算出来的 $(\boldsymbol{H}\boldsymbol{H}^{\mathrm{T}})^{-1}$ 越小。此时框架冗余提高会导致重构信号 SNR 减小，从而提高系统稳健性。

当 Gabor 框架为普通框架时，$\boldsymbol{P}_\Lambda$ 是一个由 Gabor 框架上、下界构成的对角阵。假设信号不经过信号空间投影的条件下的协方差下界为 $\underline{\mathbf{Cov}}^*(\hat{\boldsymbol{x}})$，则使用空间投影修正后，根据式（6-67）可知

$$\underline{\mathbf{Cov}}(\hat{\boldsymbol{x}}) \leqslant \frac{1}{\lambda_{\max}} \underline{\mathbf{Cov}}^*(\hat{\boldsymbol{x}}) \tag{6-70}$$

由式（6-70）可知，当进行字典支撑集压缩，可提高重构信号选择的子字典矩阵的正交性，从而减小了支撑集对应向量构成的子框架的框架界 $\lambda_{\max}$，降低了 $\mathbf{Cov}(\hat{\boldsymbol{x}})$ 的下界。可见使用信号空间投影后，噪声经过重构得到抑制。同时，冗余度提高，$\boldsymbol{P}_\Lambda$ 的计算值也会相应提高，从而降低了 CRLB 界，即降低了噪声对于信号重构的影响。

6.4 仿真分析

本节通过数值仿真对本章研究的重构算法进行验证。实验对时间长度为 $T = 20\text{ms}$ 的多脉冲信号进行了采样和重构，采样率为 $1/T$。信号从包含单脉宽度为 $W = 0.5\text{ms}$ 的单周期的正弦脉冲、Gaussain 脉冲和三阶 B-样条脉冲构成的集合中随机选取。系数测量矩阵 $\boldsymbol{C}$ 在列维度 M 确定的条件下，其行向量从标准的 DFT 矩阵中随机筛选。实验在 500 次蒙特卡罗仿真后，通过计算相对误差 $\|x - \hat{x}\|_2 / \|x\|_2$ 对重构效果进行评价。

实验过程中的重构算法建立在基于信号空间的 SCoSaMP 算法，在更新最优支撑集时，$\tilde{\mathcal{S}}_{\xi S|B}(\cdot)$ 和 $\mathcal{S}_{\xi S|B}(\cdot)$ 的步骤采用基于 ε-闭包的 BOMP 算法实现，通过调整输入的稀疏度 S 和 ε 完成字典支撑集的压缩。

6.4.1　字典支撑集压缩对重构精度的影响

实验过程中，规定窗函数尺度变换因子 $\zeta = 6$，则在指数再生窗函数平滑阶数 N 取不同的值的条件下，K/L 是一个固定值。仿真过程中令时域调制通道数为 $M = N$，观察在 $N = 25$、$N = 45$ 和 $N = 65$ 条件下的重构相对误差。因为根据第 3 章的分析，在此条件下，当 $N = 45$ 和 $N = 65$ 时，可能所有的信号重构相对误差都会小于 0.05，此时观察信号重构成功率意义不大，因此，本实验重点关注在使用 ε-闭包的 BOMP 算法完成 $\tilde{\mathcal{S}}_{\xi S|B}(\boldsymbol{x})$ 和 $\mathcal{S}_{\xi S|B}(\boldsymbol{x})$ 过程中，支撑集压缩对于精度的提升效果。支撑集压缩在基于空间投影的 SCoSaMP 算法的第②步中，令 $\tilde{\mathcal{S}}_{\xi S|B}(\boldsymbol{x})$ 和 $\mathcal{S}_{\xi S|B}(\boldsymbol{x})$ 中 $\xi = \tilde{\xi}$，ξ 的调整范围从 1 减小到 0.3，分别在 $(\varepsilon_1)^2 = \varepsilon_c^2$，$(\varepsilon_2)^2 = 3\varepsilon_c^2$ 和 $(\varepsilon_3)^2 = 5\varepsilon_c^2$ 进行重构。

本实验强制减小算法稀疏度输入量 S，令 $S' = S$。重构效果如图 6-2 所示。图 6-2 为基于空间投影的 SCoSaMP 重构算法 $\tilde{\mathcal{S}}_{2\xi S|B}(\boldsymbol{x})$ 和 $\mathcal{S}_{\xi S|B}(\boldsymbol{x})$ 过程，在不同 ε-闭包条件下进行支撑集压缩时的重构效果。图 6-2 中，“SCoSaMP1 pro”和“SCoSaMP2 pro”分别表示 $|\Lambda_\Delta| = 2S$ 和 $|\Lambda_\Delta| = S$ 条件下的基于投影空间的重构算法。

由图 6-2 可知，在基于信号投影空间的 SCoSaMP 算法中，$\tilde{\mathcal{S}}_{\xi S|B}(\boldsymbol{x})$ 和 $\mathcal{S}_{\xi S|B}(\boldsymbol{x})$ 过程中，支撑集压缩不会明显增大信号重构误差。当使用了基于 ε-闭包的算法后，重构误差总体降低。当在 $\varepsilon = \varepsilon_1$ 时，算法等价于 $\tilde{\mathcal{S}}_{\xi S|B}(\boldsymbol{x})$ 和 $\mathcal{S}_{\xi S|B}(\boldsymbol{x})$ 过程使用普通的 SOMP 算法，重构相对误差随着支撑集压缩程度增大而略微有所增大。而在 $\varepsilon = \varepsilon_2$ 和 $\varepsilon = \varepsilon_3$ 条件下，相对误差随着支撑集压缩程度增大而减小。说明 $\tilde{\mathcal{S}}_{\xi S|B}(\boldsymbol{x})$ 和 $\mathcal{S}_{\xi S|B}(\boldsymbol{x})$ 过程使用 $\mathrm{SOMP}_{B\varepsilon,F}$ 算法后，在更新支撑集的过程中，由于对支撑集对应的字典列向量依据正交性进行了筛选，提高了支撑集压缩后的重构精度。然而，当 $\varepsilon = \varepsilon_3$ 时，由于字典 $\boldsymbol{Y}$ 为循环矩阵，选取的 ε-独立支撑集对应的子空间原子的相干性固然降低，但支撑集被压缩得更小，导致恢复信号时获得的信息量减小，误差相比 $\varepsilon = \varepsilon_2$ 条件下反而增大。

在 $N = 25$、$N = 45$ 和 $N = 65$ 三种条件下，当 $N = 25$ 时重构误差整体最大，

$N=65$ 时重构误差整体最小。这是因为本实验设定 $M=N$，随着 N 的增大，采样通道数增多，获取的信息量增多，重构误差自然减小。同时，随着支撑集压缩程度的提高，不同 ε-条件下的误差的差距减小。这是因为随着 N 的提高，字典冗余度提高，支撑集可以压缩的裕度得到增强。另外，支撑集压缩实际上是为了能够尽可能地减小采样通道数。虽然采样通道数较小时重构误差较大，但支撑集压缩的效果也最明显。

6.4.2 字典支撑集压缩对采样通道数的影响

本实验过程中，规定窗函数尺度变换因子 $\zeta=6$。通道数 M 从 $M=N$ 减小至 $M=0.2N$，观察当 N 从 20 增大到 100 时信号重构成功率。每一次重构时，

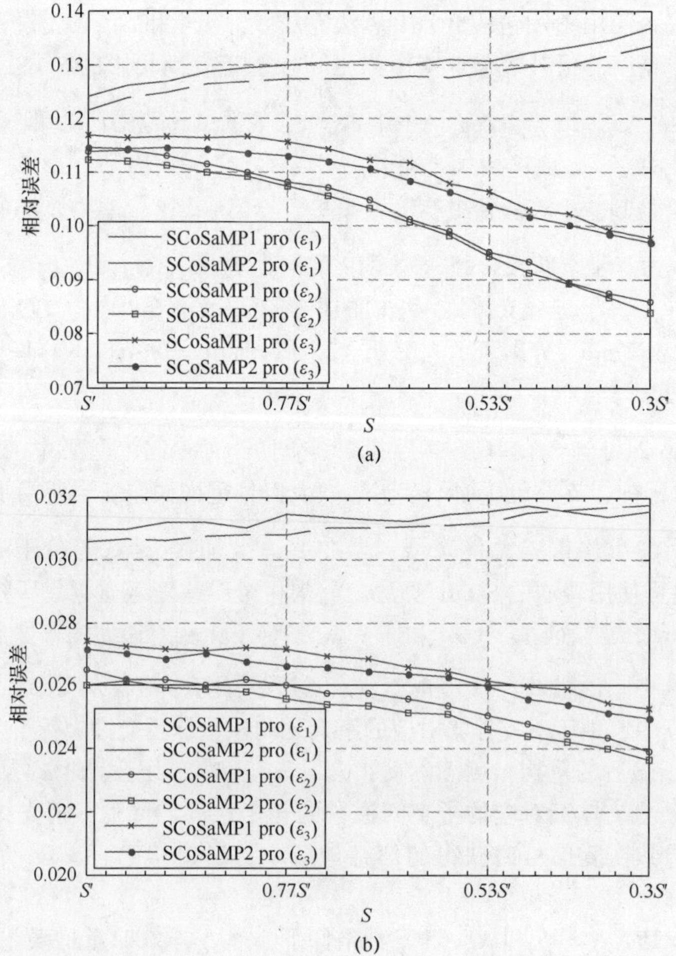

(a)

(b)

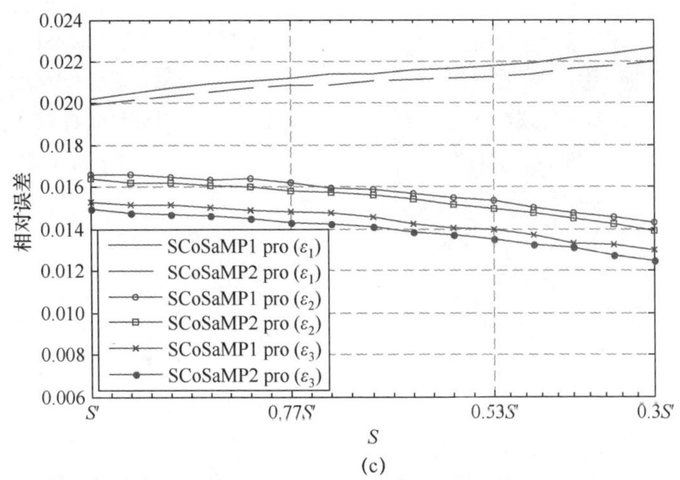

(c)

图 6-2　不同窗函数平滑阶数和 ε 条件下支撑集压缩信号重构效果

(a) $N=25$；(b) $N=45$；(c) $N=65$。

规定当相对误差满足 $\|x-\hat{x}\|_2/\|x\|_2<0.05$，认为本次成功重构。实验过程中分别在 $(\varepsilon_1)^2=\varepsilon_c^2$、$(\varepsilon_2)^2=3\varepsilon_c^2$ 和 $(\varepsilon_3)^2=5\varepsilon_c^2$ 进行重构，本实验不再通过强制设置算法稀疏度输入值的方式进行支撑集压缩，即 $\xi=1$，实验中的支撑集压缩完全来源于 $\mathrm{SOMP}_{B\varepsilon,F}$ 本身。实验结果如图 6-3 所示。

图 6-3 采用灰度图方式表示重构成功率，成功率指示值见侧面灰度条。根据前面的分析，当采用 $\mathrm{SOMP}_{B\varepsilon,F}$ 算法完成 $\tilde{\mathcal{S}}_{\xi S|B}(\boldsymbol{x})$ 和 $\mathcal{S}_{\xi S|B}(\boldsymbol{x})$ 过程时，可以自然实现支撑集压缩。当冗余度较低时，支撑集压缩程度较高，反之，支撑集压缩程度较低。

对比图 6-3 的 3 个分图，当 $\varepsilon=\varepsilon_1$ 时重构成功率普遍最低，$\varepsilon=\varepsilon_2$ 时重构成功率普遍最高。这是因为，$\varepsilon=\varepsilon_1$ 时，没有使用支撑集压缩，信号重构还会存在一定的冗余，导致误差增大。当 $\varepsilon=\varepsilon_2$ 时，支撑集进行了适当的压缩，而且筛选出的字典具有一定的正交性，有利于算法精确重构。而当 $\varepsilon=\varepsilon_3$ 时，支撑集压缩略有过度，比 $\varepsilon=\varepsilon_2$ 的条件下信息量减小，从而重构成功率降低，相比较 $\varepsilon=\varepsilon_1$ 条件下，由于用于信号逼近的字典支撑向量正交性提高，重构效果更高。

在实验中，随着 N 的增大，重构成功率总体提高。但是，提高 N 并不能降低信号重构的通道数 M，因为 N 的增大也意味着 K 的增大，导致测量矩阵的约束等距条件数值很难减小。不过，当 N 相同时，采用 $\mathrm{SOMP}_{B\varepsilon,F}$ 算法实现支撑集压缩后，采样通道数明显降低。$\varepsilon=\varepsilon_1$ 条件下采样通道数降低效果最不

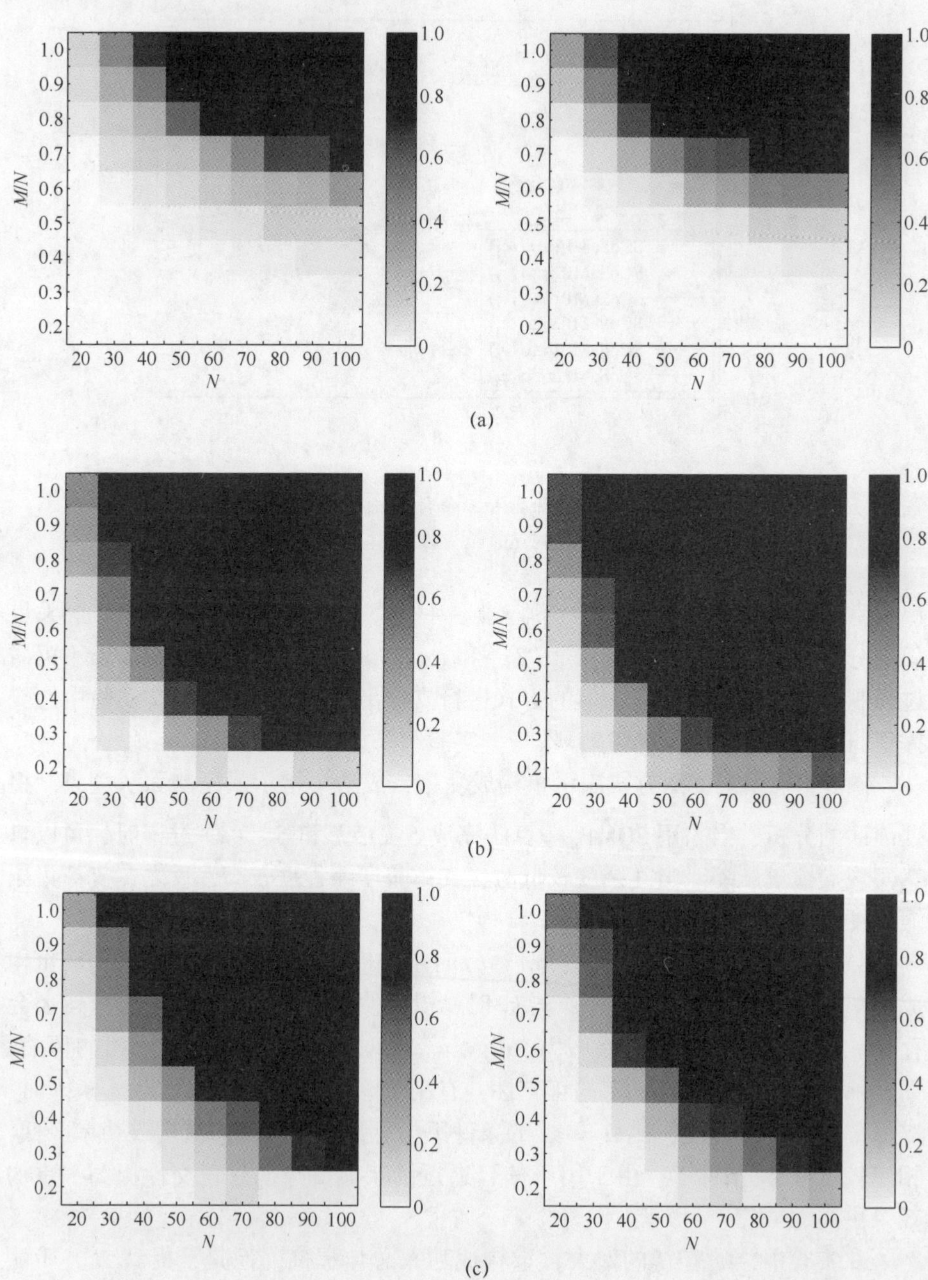

图 6-3　不同 ε 条件下算法重构成功率

(a) $\varepsilon=\varepsilon_1$；(b) $\varepsilon=\varepsilon_2$；(c) $\varepsilon=\varepsilon_3$。

明显，当 $N=100$ 时，最多仅能降低到 $0.8N$。而 $\varepsilon = \varepsilon_2$ 条件下，降低效果最好，当 $N=100$ 时，最多可将通道数降低到 $0.4N$。另外，$|\Lambda_\Delta| = S$ 比 $|\Lambda_\Delta| = 2S$ 条件下重构效果略好，但并不特别明显。但从运算量的角度来说，其具有很大优势。

6.4.3　字典支撑集压缩对降噪性能的影响

为了验证信号空间投影对采样重构系统降噪性能的影响，本实验中分别在每个通道加入 SNR = 15dB 的 Gaussain 白噪声，通过最终恢复信号的 SNR 来观察使用改进的子空间探测方法对于系统稳健性的影响。设置窗函数尺度变换因子 $\zeta = 6$，令采样通道数 $M = N$。观察在 N 从 25 增加到 100 的条件下的输出信号的 SNR。第 6.2.2 节支撑集压缩算法的第②步中，令 $\tilde{\mathcal{S}}_{\xi S|B}(\boldsymbol{x})$ 和 $\mathcal{S}_{\xi S|B}(\boldsymbol{x})$ 中 $\zeta = \xi = 1$。由于当 $(\varepsilon_1)^2 = \varepsilon_c^2$ 时相当于使用 $\tilde{\mathcal{S}}_{\xi S|B}(x)$ 和 $\mathcal{S}_{\xi S|B}(x)$ 的过程使用普通 SOMP 算法，在第 5 章中已经做过实验，这里只在 $(\varepsilon_2)^2 = 3\varepsilon_c^2$ 和 $(\varepsilon_3)^2 = 5\varepsilon_c^2$ 条件下进行重构。

仿真实验结果如图 6-4 所示。

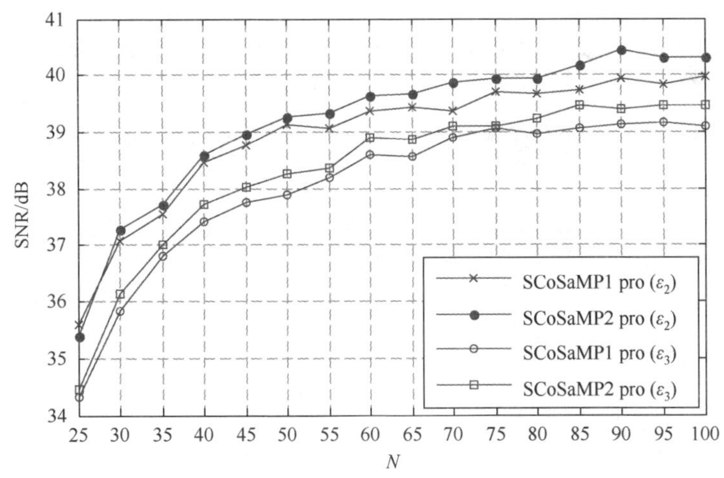

图 6-4　不同 ε 条件下输出信号 SNR

将图 6-4 中的实验结果和图 5-7 进行对比，$\tilde{\mathcal{S}}_{\xi S|B}(\boldsymbol{x})$ 和 $\mathcal{S}_{\xi S|B}(\boldsymbol{x})$ 过程利用 $\mathrm{SOMP}_{B\varepsilon,F}$ 进行支撑集压缩的 SCoSaMP 算法其输出信号的 SNR 明显优于其他算法。算法对通道引入的噪声具有高于 19dB 的抑制效果。随着 N 的增加输出信号的 SNR 进一步有所提升。$|\Lambda_\Delta| = S$ 比 $|\Lambda_\Delta| = 2S$ 条件下噪声抑制效果更好，

且随着 N 的增加差距略有增大。$\varepsilon = \varepsilon_1$ 比 $\varepsilon = \varepsilon_2$ 条件下抑制噪声能力更强，这是因为理论上支撑集尺寸减小虽然有利于抑制噪声，但是支撑集压缩过多反而使信号本身误差增大。由于进行 SNR 分析时只能以原始信号为标准信号，所以重构信号计算出来的 SNR 反而略有增大。

同时可以看出，N 越大，支撑集压缩在抑制噪声中的优势越来越小。这是因为算法经过 S 次迭代，$\mathrm{SOMP}_{B\varepsilon,F}$ 算法选取的支撑集为 ε-独立支撑集，其尺寸要小于 SOMP 算法最终选取的支撑集。在 N 较小时字典冗余度较低，ε-独立支撑集的相干性提高在噪声抑制中起主要作用；在 N 较大时字典冗余度较高，相比算法中字典冗余性对于噪声抑制的贡献，ε-独立支撑集相干性的提高又限制了冗余性的作用。同时也可以看出，由于 $M = N$，改进方法在通道数较小的条件下更有意义。

小　结

本章根据 Gabor 字典的分块特性，提出了基于 ε-闭包的相干性概念，在 SOMP 基础上得到 $\mathrm{SOMP}_{B\varepsilon,F}$ 算法完成 $\tilde{\mathcal{S}}_{\xi S|B}(\boldsymbol{x})$ 和 $\mathcal{S}_{\xi S|B}(\boldsymbol{x})$ 步骤，实现支撑集压缩；分析了 $\mathrm{SOMP}_{B\varepsilon,F}$ 算法的收敛性条件以及对采样通道数的影响，结合第 4 章和本章算法对支撑集的更新，估计了算法的降噪能力，推导出了基于 Oracle 估计的 MSE 上界和 CRLB；仿真实验证明，在信号子空间探测的过程中，本书提出的方法比传统面向系数域的重构方法具有更高的重构成功率，在相同的信号重构成功率条件下，可以大大降低采样通道的数量，通道中引入 Gaussain 白噪声时，重构信号具有更高的信噪比。

第7章　总结与展望

7.1　本书主要内容总结

本书在Gabor框架的采样重构理论基础上，针对窄脉冲信号从采样系统模型构建、采样通道滤波器设计、冗余字典条件下信号重构算法改进和信号重构中支撑集的进一步压缩等方面开展研究，本书中创新性工作如下。

（1）提出了基于指数再生窗Gabor框架的窄脉冲信号欠Nyquist采样系统，简化了Gabor框架采样系统模型。在Gabor框架中引入指数再生窗函数，将采样系统中复杂、难以实现的时域调制函数转化为复指数函数，提出了基于指数再生窗Gabor框架的窄脉冲信号欠Nyquist采样系统模型。本书针对该模型，首先详细研究了采样系统的参数设置，并推导了窄脉冲信号子空间探测的测量矩阵，利用窗函数尺度变换的方法用以改善测量矩阵RIP特性，提出“本质窗宽”概念以推导更加准确的RIP约束条件和重构误差边界，解决了采样系统子空间探测问题；然后提出了支撑集压缩方法减少系统采样通道数，降低子空间探测的运算量，并推导了相应的约束条件；进一步研究采样系统稳健性和窗函数平滑阶数的关系，为采样系统模型和信号子空间探测优化提供了解决方案；最后通过仿真实验表明，相比现有的Gabor框架采样系统，本书提出的采样系统具有更强的稳健性，并且在指数再生窗具有高平滑阶数的条件下，具有更高的重构精度。

（2）提出了采样系统时域调制函数的指数滤波器实现方法，解决了现有Gabor框架采样系统在工程上难以实现的问题。利用窗函数的指数再生特性，将Gabor框架采样系统的时域调制与积分环节转化为一阶指数滤波器，使得采样系统实现不再需要复杂的信号发生器和积分器；进一步考虑到系统模型中复数单极点一阶指数滤波器仍然难以实现的问题，设计了更加易于实现二阶响应滤波器，并推导了基于两种滤波器采样系统测量值的映射关系，研究了电路的设计方法，从根本上解决了采样系统的实现难题。

（3）提出了基于信号空间投影的分块信号重构方法，改善了高度冗余Gabor框架条件下的信号重构效果。构建了离散的分块Gabor字典对信号进行稀疏表示，重新设计了分块条件下的信号重构模型，提出了基于信号空间投影的分块 SCoSaMP 重构算法；针对该重构算法探索了增大字典分块尺寸对信号重构效果的改善作用，更加精确地分析了窗函数尺度变换对信号重构效果提升的影响，并推导了算法的收敛性和信号空间投影对所需采样通道数的影响，提高了高度冗余 Gabor 框架条件下信号重构的成功率；通过实验仿真表明，该算法有利于提高信号的重构成功率和减少采样通道数，并且当字典分块尺寸增大时，信号重构成功率还可以进一步提升，同时信号空间投影还可以提高信号重构的稳健性。

(4) 提出了基于字典相干性的支撑集压缩算法，有效降低了系统采样通道数。针对信号重构中的支撑集压缩问题，提出了基于 ε-闭包的相干性和支撑集压缩算法，推导了算法的收敛约束条件，分析了支撑集压缩对减少采样通道数的积极作用，解决了支撑集压缩与重构精度之间的矛盾；推导了 Gaussain 噪声条件下基于近似 Oracle 估计的 MSE 上、下界，证明字典支撑集压缩有利于提高采样重构的降噪性能；仿真实验表明，包含支撑集压缩的信号空间投影 SCoSaMP 算法的信号重构成功率和降噪性能得到了进一步提升，系统所需的采样通道数能够进一步减少。

7.2 有待进一步解决的问题

本书针对基于指数再生窗 Gabor 框架的窄脉冲信号欠 Nyquist 采样与重构进行了深入的研究，后续还有一些问题需要进一步探索。

(1) 本书的研究主要针对时域稀疏而频域不稀疏的窄脉冲信号，当信号中增加载频或多普勒频率后，信号的时频特性就发生了变化，采样系统就可以在通道数上进行更进一步的精简，如何进一步精简采样通道需要进一步研究。

(2) 本书采用的是时频网格均匀切分的 Gabor 框架，能够实现简单脉冲信号的采样与重构，针对复杂脉冲信号在理论上还可以用非均匀 Gabor 框架或小波框架等框架模型构建采样系统，这一部分也有待于进一步探索。

(3) 基于 Gabor 框架的采样系统在物理实现上主要分为两个部分：一个部分是频域调制的实现；另一个部分是时域调制滤波器的实现。第一部分可以参考研究比较成熟的 MWC 系统和 RD 系统，此类系统虽然国外研究较为成熟并有样机实现，但国内仍然处于初步试验系统的研究阶段；第二部分为本书研究的重点，目前已经完成了模型构建和滤波器电路设计，但具体电路实现仍在试制阶段。因此，基于 Gabor 框架的采样系统的物理实现是下一步研究的重点。

附　　录

附录 A　部分英文缩写与中文释义

英文缩写	英文全称	中文释义
A2I	Analog to Information Project	模拟 - 信息计划
ADC	Analog to Digital Conversion	模/数转换
AIC	Analog to Information Conversion	模拟信息转换
ARIP	Asymmetric Restricted Isometry Property	非对称约束等距特性
BCoSaMP	Block Compressive Sampling Matching Pursuits	分块压缩采样正交匹配追踪
BMP	Block Matching Pursuit	分块匹配追踪
BOMP	Block Orthogonal Matching Pursuit	分块正交匹配追踪
BP	Basis Pursuit	基追踪
BPDN	Basis Pursuit De - Noising	基追踪去噪
CoSaMP	Compressive Sampling Matching Pursuits	压缩采样匹配追踪
CRLB	Cramér-Rao Low Bound	克拉美罗下界
CS	Compressed Sensing	压缩感知
DARPA	Defence Advanced Research Projects Agency	国家先进技术预研项目计划署
DFT	Discrete Fourier Transform	离散 Fourier 变换
DS	Dantzig Selector	Dantzig 分类器
FIM	Fisher Information Matrix	Fisher 信息矩阵
FRI	Finite Rate of Innovation	有限新息率
GMRA	Geometric Multi - Resolution Analysis	几何多分辨率分析
GP	Gradient Pursuits	梯度追踪
IHT	Iterative Hard Thresholding	迭代硬阈值
LASSO	Least Absolute Shrinkage and Selection Operator	最小绝对收缩选择算子
ML	Maximum Likelihood	最大似然估计

续表

英文缩写	英文全称	中文释义
MMV	Multiple Measurement Vector	多测量向量
MP	Matching Pursuit	匹配追踪
MSE	Mean Squared Error	均方误差
MUSIC	Multiple Signal Classification	阵列信号分类
MWC	Modulated Wideband Converter	调制宽带转换器
NI	National Instruments	国家仪器
ODL	Online Dictionary Learning	在线字典学习
OMMP	Orthogonal Multiple Matching Pursuit	正交多重匹配追踪
OMP	Orthogonal Matching Pursuit	正交匹配追踪
OOC	Orthogonal Optical Codes	光学正交编码
RD	Random Demodulator	随机解调器
RIC	Restricted Isometry Constants	约束等距常数
RIP	Restricted Isometry Property	约束等距特性
ROMP	Regularized Orthogonal Matching Pursuit	正则正交匹配追踪
SAMUSIC	Subspace Augmented Multiple Signal Classification	子空间增广阵列信号分类
SCoSaMP	Simultaneous Compressive Sampling Matching Pursuits	同步压缩采样匹配追踪
SHTP	Simultaneous Hard Thresholding Pursuit	同步硬阈值追踪
SIHT	Simultaneous Iterative Hard Thresholding	同步迭代硬阈值
SI	Shift - Invariant	平移不变
SMV	Single Measurement Vector	单测量向量
SNR	Signal to Noise Ratio	信噪比
SOMP	Simultaneous OMP	同步正交匹配追踪
SoS	Sum of Sincs	sinc 叠加窗
SP	Subspace Pursuit	子空间追踪
SSCo-SaMP	Signal Space Compressive Sampling Matching Pursuits	基于信号空间的压缩采样匹配追踪
STFT	Short Time Fourier Transform	短时 Fourier 变换
StOMP	Stagewise Orthogonal Matching Pursuit	分段正交匹配追踪
StRIP	Statistical RIP	统计约束等距特性
TI	Texas Instruments	得州仪器
UoS	Union of Subspaces	子空间联合

附录 B　部分符号说明

数学符号	说明
$\mathbb{R}$	复数域
$\mathbb{Z}$	复整数域
$\mathbf{R}$	实数域
$\mathbf{R}^n$	实 n 维向量空间
$\mathbf{R}^{m\times n}$	实数 $m\times n$ 矩阵空间
$L_2(\mathbb{R})$	复数域平方可积函数空间
$L_1(\mathbb{R})$	复数域绝对值可积函数空间
T_τ	时间平移间隔为 τ 的时间平移算子
M_f	频率平移间隔为 f 的频率调制算子
V_g	窗函数为 $g(t)$ 的短时 Fourier 变换算子
$\langle \boldsymbol{x},\boldsymbol{y}\rangle$	向量 $\boldsymbol{x}$ 的 $\boldsymbol{y}$ 内积算子
$\mathcal{G}(g,a,b)$	窗函数为 g，且时域和频域平移间隔为 a 和 b 的 Gabor 框架
ess sup $S(t)$	函数 $S(t)$ 的本质上确界
ess inf $S(t)$	函数 $S(t)$ 的本质下确界
$\Vert x(t)\Vert_{S_0}$	$x(t)$ 的 Segal 空间泛函
$\Vert x(t)\Vert_{L^1(\mathbb{R}\times\hat{\mathbb{R}})}$	$x(t)$ 在 $\mathbb{R}\times\hat{\mathbb{R}}$ 复平面空间的绝对值可积泛函
$\Vert x\Vert_{p,q}$	向量 $\boldsymbol{x}$ 的 $l_{p,q}$ 范数
$\Vert \boldsymbol{A}\Vert_{\mathrm{F}}$	矩阵 $\boldsymbol{A}$ 的 Frobenius 范数
$\hat{x}(if)$	$x(t)$ 的 Fourier 变换
$\boldsymbol{Z}^S$	矩阵 $\boldsymbol{Z}$ 的 $\boldsymbol{S}$ 行最佳逼近
$\boldsymbol{A}^{\dagger}$	矩阵 $\boldsymbol{A}$ 的 Moore – Penrose 逆
$\boldsymbol{A}^{\mathrm{T}}$	矩阵 $\boldsymbol{A}$ 转置
$\boldsymbol{A}^{\mathrm{H}}$	矩阵 $\boldsymbol{A}$ 共轭转置
$\boldsymbol{A}_{\Lambda}$	列指标集为 Λ 的子矩阵
$\boldsymbol{A}\otimes\boldsymbol{B}$	矩阵 $\boldsymbol{A}$ 和矩阵 $\boldsymbol{B}$ 的 Kronecker 积
$\mathrm{vec}(\boldsymbol{A})$	矩阵 $\boldsymbol{A}$ 按行拉直所得的列向量
$\mathrm{Cov}(\boldsymbol{x})$	向量 $\boldsymbol{x}$ 的协方差矩阵
$\mathrm{Ran}(\boldsymbol{A})$	矩阵 $\boldsymbol{A}$ 列向量张成的空间

续表

数学符号	说明
$\mathrm{Nul}(\boldsymbol{A})$	矩阵 $\boldsymbol{A}$ 的核空间
$E(\cdot)$	期望
$P(\cdot)$	概率函数
$p(\cdot)$	概率密度函数
$\mathcal{F}(\cdot)$	Oracle 估计函数
$\lambda_{\max}$, $\lambda_{\min}$	矩阵的最大、最小特征值
$\delta_{S\mid B}$	分块稀疏度为 S 的测量矩阵约束等距常数
δ_S	稀疏度为 S 的测量矩阵约束等距常数
$\mathrm{Tr}(\boldsymbol{A})$	矩阵 $\boldsymbol{A}$ 的迹
$\mathrm{diag}(\lambda_1,\lambda_2,\cdots,\lambda_n)$	n 阶对角矩阵
$\lg C$	C 的以 10 为底的对数
$\ln C$	C 的以自然数 e 为底的对数
$\boldsymbol{J}(\boldsymbol{x})$	$\boldsymbol{x}$ 的费舍信息矩阵
$\mathbf{Gr}(A)$	矩阵 $\boldsymbol{A}$ 的 Gram 矩阵
$\boldsymbol{P}_\Lambda$	支撑集为 Λ 的正交投影矩阵
$\boldsymbol{Q}_\Lambda$	支撑集为 Λ 的正交补投影矩阵
$\mathcal{S}_{S\mid B}(\boldsymbol{x})$	向量 $\boldsymbol{x}$ 分块稀疏度为 S 的支撑集
$\succeq$, $\preceq$	偏序不等号

参考文献

[1] FEICHTINGER H G, STROHMER T. Gabor analysis and algorithms: Theory and applications [M]. HANS G. FEICHTINGER T S, editor. New York: Springer, 1997.

[2] NYQUIST H. Abridgment of certain topics in telegraph transmission [J]. Journal of AIEE, 1928, 47(3): 214-217.

[3] JERRI A J. The Shannon sampling theorem—Its various extensions and applications: A tutorial review [J]. Proceedings of the IEEE, 1977, 65: 1565-1596.

[4] BUTZER P L. A survey of the Whittaker - Shannon sampling theorem and some of its extensions [J]. Journal of Mathematical Research and Exposition, 1983, 3(1): 185-212.

[5] MISHALI M, ELDAR Y C, DOUNAEVSKY O, et al. Xampling: Analog to digital at sub-Nyquist rates [J]. IET Circuits, Devices & Systems, 2011, 5(1): 8-20.

[6] PROMITZER G. 12-bit low-power fully differential switched capacitor noncalibrating successive approximation ADC with 1Ms/s [J]. IEEE Journal of Solid-State Circuits, 2001, 36(7): 432-437.

[7] ABO A M, GRAY P R. A 1.5-V, 10-bit, 14.3-MS/s CMOS pipeline analog-to-digital converter [J]. IEEE Journal of Solid-State Circuits, 1999, 34(5): 599-606.

[8] SUMANEN L, WALTARI M, HALONEN K A I. A 10-bit 200Ms/s CMOS parallel pipeline A/D converter [J]. IEEE Journal of Solid-State Circuits, 2001, 36(7): 1048-1055.

[9] VAIDYANATHAN P P. Generalizations of the sampling theorem: Seven decades after nyquist [J]. IEEE Transactions on Circuits and Systems, 2001, 48(9): 1094-1109.

[10] MENG C, TU Q J. Difference sampling theorems for a class of non-bandlimited signals[J]. Proc ISIT, 2006.

[11] CANDÈS E J, ROMBERG J, TAO T. Robust uncertainty principles: Exact signal reconstruction from highly incomplete frequency information [J]. IEEE Transactions on Information Theory, 2006, 52(2): 489-509.

[12] DONOHO D L. Compressed sensing [J]. IEEE Transactions on Information Theory, 2006, 52(4): 1289-1306.

[13] HEALY D, BRADY D J. Compression at the physical interface [J]. IEEE Signal Processing Magazine, 2008, 25(2): 67-71.

[14] HEALY D. Analog-to-information (A-to-I) [J] DARPA/MTO Broad Agency Announcement BAA, 2005: 05-35

[15] TROPP J A, LASKA J N, DUARTE M F, et al. Beyond nyquist: Efficient sampling of

sparse bandlimited signals [J]. IEEE Transactions on Information Theory, 2010, 56(1): 520-543.

[16] MISHALI M, ELDAR Y C. From theory to practice: Sub-nyquist sampling of sparse wideband analog signals [J]. IEEE Journal of Selected Topics in Signal Processing, 2010, 4(2): 375-391.

[17] ZHANG J, FU N, PENG X. Compressive circulant matrix based analog to information conversion [J]. IEEE Signal Processing Letters, 2014, 21(4): 428-431.

[18] VETTERLI M, MARZILIANO P, BLU T. Sampling signals with finite rate of innovation [J]. IEEE Transactions on Signal Processing, 2002, 50(6): 1417-1428.

[19] DRAGOTTI P L, VETTERLI M, BLU T. Sampling moments and reconstructing signals of finite rate of innovation: Shannon meets strang-fix [J]. IEEE Transactions on Signal Processing, 2007, 55(5): 1741-1751.

[20] MICHAELI T, ELDAR Y C. Xampling at the rate of innovation [J]. IEEE Transactions on Signal Processing, 2012, 60(3): 1121-1133.

[21] ZHAO Y, HU Y H, WANG H. Enhanced random equivalent sampling based on compressed sensing [J]. IEEE Transactions on Instrumentation and Measurement, 2012, 61(3): 579-586.

[22] MATUSIAK E, ELDAR Y C. Sub-Nyquist sampling of short pulses [J]. IEEE Transactions on Signal Processing, 2012, 60(3): 1134-1148.

[23] DAVIS G, MALLAT S, AVELLANEDA M. Adaptive greedy approximations [J]. Constructive Approximation, 1997, 13(1): 57-98.

[24] GR CHENIG K. Foundations of time-frequency analysis [M]. BENEDETTO J J, editor. Boston MA: Birkhäuser, 2001.

[25] DAVENPORT M A, DUARTE M F, ELDAR Y C, et al. Introduction to compressed sensing [M]. YONINA C, ELDAR G K, editor. Cambradge, U.K.: Cambradge University Press, 2012.

[26] SHANNON C E. Communication in the presence of noise [J]. Proceedings of the IEEE, 1949, 37(1): 10-21.

[27] CANDÈS E J, DONOHO D L. New tight frames of curvelets and optimal representations of objects with piecewise C^2 singularities [J]. Communication Pure Application, 2004, 57(2): 219-266.

[28] DUARTE M F, DAVENPORT M A, TAKHAR D, et al. Single-pixel imaging via compressive sampling [J]. IEEE Signal Processing Magazine, 2008, 25(2): 83-91.

[29] DONOHO D L, ELAD M. Optimally sparse representation in general (nonorthogonal) dictionaries via L_1 minimization [J]. Proceedings of the National Academy of Sciences of United States of America, 2003, 100(5): 2197-2202.

[30] GRIBONVAL R, NIELSEN M. Sparse representations in unions of bases [J]. IEEE Trans-

actions on Information Theory, 2003, 49(12): 3320-3325.

[31] GRIBONVAL R, NIELSEN M. The restricted isometry property meets nonlinear approximation with redundant frames [J]. Journal of Approximation Theory, 2013, 165(1): 1-19.

[32] EMMANUEL J C, PLAN Y. A probabilistic and RIPless theory of compressed sensing [J]. IEEE Transactions on Signal Processing, 2011, 57(11): 7235-7254.

[33] BAJWA W U, CALDERBANK R, MIXON D G. Two are better than one: Fundamental parameters of frame coherence [J]. Applied Computational Harmonic Analysis, 2012, 33 (1): 58-78.

[34] TSILIGIANNI E V, KONDI L P, KATSAGGELOS A K. Construction of incoherent unit norm tight frames with application to compressed sensing [J]. IEEE Transactions on Information Theory, 2014, 60(4): 2319-2330.

[35] CHEN W, RODRIGUES M R D, WASSELL I J. On the use of unit-norm tight frames to improve the average MSE performance in compressive sensing applications [J]. IEEE Signal Processing Letters, 2012, 19(1): 8-11.

[36] W RMANN J, HAWE S, KLEINSTEUBER M. Analysis based blind compressive sensing [J]. IEEE Signal Processing Letters, 2013, 20(5): 491-494.

[37] HAWE S, KLEINSTEUBER M, DIEPOLD K. Analysis operator learning and its application to image reconstruction [J]. IEEE Transactions on Image Processing, 2013, 22(6): 2138-2150.

[38] ALLARD W K, CHEN G, M. MAGGIONI. Multiscale geometric methods for data sets II: Geometricmultiresolution analysis [J]. Applied and Computational Harmonic Analysis, 2012, 32(3): 435-462.

[39] MAIRAL J, BACH F, PONCE J, et al. Online learning for matrix factorization and sparse coding [J]. The Journal of Machine Learning Research, 2010, 11(3): 19-60.

[40] DUARTE M F, ELDAR Y C. Structured compressed sensing: From theory to applications [J]. IEEE Transactions on Signal Processing, 2011, 59(9): 4053-4085.

[41] LU Y M, DO M N. A theory for sampling signals from a union of subspaces [J]. IEEE Transactions on Image Processing, 2008, 56(6): 2334-2345.

[42] BLUMENSATH T, DAVIES M E. Sampling theorems for signals from the union of finite-dimensional linear subspaces [J]. IEEE Transactions on Information Theory, 2009, 55(4): 1872-1882.

[43] ELDAR Y C, KUPPINGER P, B LCSKEI H. Block-sparse signals: Uncertainty relations and efficient recovery [J]. IEEE Transactions on Signal Processing, 2010, 6(1): 505-519.

[44] QIU S. Block-circulant Gabor-matrix structure and discrete Gabor transforms [J]. Optical Engineering, 1995, 34(10): 2872-2878.

[45] NAM S, DAVIES M E, ELAD M, et al. The cosparse analysis model and algorithms [J]. Applied and Computational Harmonic Analysis, 2013, 34(1): 30-56.

[46] ELAD M. Sparse and redundant representation modeling-What Next? [J]. IEEE Signal Processing Letters, 2012, 19(12): 922-928.

[47] RAM I, ELAD M, COHEN I. Redundant wavelets on graphs and high dimensional data clouds [J]. IEEE Signal Processing Letters, 2012, 19(5): 291-294.

[48] CANDÈS E J, TAO T. Decoding by linear programming [J]. IEEE Transactions on Information Theory, 2005, 51(12): 4203-4215.

[49] CANDÈS E J. The restricted isometry property and its implications for compressed sensing [J]. Académie des Sciences, 2008, 346(1): 589-592.

[50] CANDÈE, ROMBERG J, TAO T. Stable signal recovery from incomplete and inaccurate measurements [J]. Communication Pure and Applied Mathematics, 2006, 59(8): 1207-1223.

[51] BANDEIRA A S, DOBRIBAN E, MIXON D G, et al. Certifying the restricted isometry property is hard [J]. IEEE Transactions on Information Theory, 2013, 59(6): 3448.

[52]许志强. 压缩感知[J]. 中国科学:数学, 2012, 42(9): 865-877.

[53] BARANIUK R, DAVENPORT M, DEVORE R, et al. A simple proof of the restricted isometry property for random matrices [J]. Constructive Approximation, 2008, 28(1): 253-263.

[54] CHI Y, SCHARF L L, PEZESHKI A, et al. Sensitivity to basis mismatch in compressed sensing [J]. IEEE Transactions on Image Processing, 2011, 59(5): 2182-2195.

[55] HERMAN M A, STROHMER T. General deviants: An analysis of perturbations in compressed sensing [J]. IEEE Journal of Selected Topics in Signal Processing, 2010, 4(2): 342-349.

[56] ROMBERG J. Compressive sensing by random convolution [J]. SIAM Journal on Imaging Sciences, 2009, 2(4): 1098-1128.

[57] HAUPT J, BAJWA W U, RAZ G, et al. Toeplitz compressed sensing matrices with applications to sparse channel estimation [J]. IEEE Transactions on Information Theory, 2010, 56(11): 5862-5875.

[58] SEBERT F, ZOU Y M, YING L. Toeplitz block matrices in compressed sensing and their applications in imaging [C]. Proceedings of the 5th International Conference on Information Technology and Application in Biomedicine. Shenzhen, China: IEEE, 2008: 47-49.

[59] LUN Y H, ARMIN E, B. W M, et al. The restricted isometry property for block diagonal matrices [C]. 2011 45th Annual Conference on Information Sciences and Systems, CISS 2011. Baltimore, MD, United States: IEEE Computer Society, 2011: 1-4.

[60] RUDELSON M, VERSHYNIN R. Sparse reconstruction by convex relaxation Fourier and Gaussian measurements [C]. 2006 40th Annual Conference on Information Sciences and Systems. Princeton, NJ, USA: IEEE, Piscataway, 2006: 207-212.

[61] RUDELSON M, VERSHYNIN R. On sparse reconstruction from Fourier and Gaussian measurements [J]. Communications on Pure and Applied Mathematics, 2008, LXI(1):

1025-1045.

[62] HAUPT J, APPLEBAUM L, NOWAK R. On the restricted isometry of deterministically subsampled Fourier matrices [C]. 2010 44th Annual Conference on Information Sciences and Systems. Madison, WI, United States : IEEE, 2010: 1-6.

[63] CALDERBANK R, HOWARD S, JAFARPOUR S. Construction of a large class of deterministic sensing matrices that satisfy a statistical isometry property [J]. IEEE Journal of Selected Topics in Signal Processing, 2010, 4(2): 358-374.

[64] XU G, XU Z. Compressed sensing matrices from Fourier matrices [J]. IEEE Transactions on Information Theory, 2013, 61(1): 469-478.

[65] AMINI A, MARVASTI F. Deterministic construction of binary, bipolar and ternary compressed sensing matrices [J]. IEEE Transactions on Information Theory, 2011, 57(4): 2360-2370.

[66] APPLEBAUM L, STEPHEN D. HOWARD, SEARLE S, et al. Chirp sensing codes: Deterministic compressed sensing measurements for fast recovery [J]. Applied and Computational Harmonic Analysis, 2009, 26(4): 283-290.

[67] DEVORE R. Deterministic constructions of compressed sensing matrices [J]. Journal of Complexity, 2007, 23(1): 918-925.

[68] BANDEIRA A S, FICKUS M, MIXON D G, et al. The road to deterministic matrices with the restricted isometry property [J]. Journal of Fourier Analysis and Applications, 2013, 19 (6): 1123-1149

[69] CANDÈS E, RECHT B. Exact matrix completion via convex optimization [J]. Foundations of Computational Mathematics, 2009, 9(6): 717-772.

[70] CHEN S, DONOHO D. Atomic decomposition by basis pursuit [J]. SIAM Review, 2001, 43(1): 129-159.

[71] LU W, VASWANI N. Modified basis pursuit denoising (modified BPDN) for noisy compressive sensing with partially known support [C]. Acoustics Speech and Signal Processing (ICASSP): IEEE, 2010: 3926-3929.

[72] TIBSHIRANI R. Regression shrinkage and selection via the lasso [J]. Journal of the Royal Statistical Society Series B (Methodological), 1996, 73(3): 267-288.

[73] RECHT B, FAZEL M, PARRILO P. Guaranteed minimum-rank solutions of linear matrix equations via nuclear norm minimization [J]. Annals of Statistics, 2010, 52(3): 471-501.

[74] CHANDRASEKARAN V, RECHT B, PARRILO P A, et al. The convex geometry of linear inverse problems [J]. The Journal of Society for the Foundations of Computational Mathematrics, 2012, 12(6): 805-849.

[75] BILEN C, PUY G, GRIBONVAL R, et al. Convex optimization approaches for blind sensor calibration using sparsity [J]. IEEE Transactions on Image Processing, 2014, 62(18): 4847-4856.

[76] FRIEDMAN J H, TUKEY J W. A projection pursuit algorithm for exploratory data analysis [J]. IEEE Transactions on Computers, 1974, c-23(9): 881-890.

[77] MALLAT S, ZHANG Z. Matching pursuits with time-frequency dictionaries [J]. IEEE Transactions on Signal Processing, 1993, 41(12): 3397-3415.

[78] TROPP J A, GILBERT A C. Signal recovery from random measurements via orthogonal matching pursuit [J]. IEEE Transactions on Information Theory, 2007, 53(12): 4655-4666.

[79] NEEDELL D, VERSHYNIN R. Uniform uncertainty principle and signal recovery via regularized orthogonal matching pursuit [J]. Foundations of Computational Mathematics, 2009, 9(3): 317-334.

[80] LIU E, TEMLYAKOV V N. The orthogonal super greedy algorithm and applications in compressed sensing [J]. IEEE Transactions on Information Theory, 2012, 58(4): 2040-2047.

[81] DONOHO D L, TSAIG Y, DRORI I, et al. Sparse solution of underdetermined systems of linear equations by stagewise orthogonal matching pursuit [J]. IEEE Transactions on Information Theory, 2012, 58(2): 1094-1121.

[82] FIGUEIREDO M, NOWAK R, WRIGHT S. Gradient projection for sparse reconstruction: Application to compressed sensing and other inverse problems [J]. IEEE Journal of Selected Topics in Signal Processing, 2008, 1(4): 586-597.

[83] NEEDELL D, TROPP J. CoSaMP: Iterative signal recovery from incomplete and inaccurate samples [J]. Applied and Computational Harmonic Analysis, 2009, 26(3): 301-321.

[84] DAI W, MILENKOVIC O. Subspace pursuit for compressive sensing signal reconstruction [J]. IEEE Transactions on Information Theory, 2009, 55(5): 2230-2249.

[85] SONG C B, XIA S T, LIU X J. Improved analyses for SP and CoSaMP algorithms in terms of restricted isometry constants [J]. IEEE Signal Processing Letters, 2014, 21(11): 1365-1369.

[86] BLUMENSATH T, DAVIES M. Iterative hard thresholding for compressed sensing [J]. Applied and Computational Harmonic Analysis, 2009, 27(3): 265-274.

[87] ELDAR Y C, MISHALI M. Block-sparsity and sampling over a union of subspaces [C]. Proceeding of the 16th International Conference of Digital Signal Processing: IEEE, 2009: 1-8.

[88] ELHAMIFAR E, VIDAL R. Block-Sparse recovery via convex optimization [J]. IEEE Transactions on Image Processing, 2012, 60(8): 4094-4107.

[89] GISHKORI S, LEUS G. Compressed sensing for block-sparse smooth signals [C]. International Conference on Acoustics, Speech and Signal Processing, 2014 ICASSP 2014: IEEE, 2014: 4166-4170.

[90] ELDAR Y C, B LCSKEI H. Block-sparsity: Coherence and efficient recovery [C]. International Conference on Acoustics, Speech and Signal Processing, 2009 ICASSP IEEE, 2009: 2885-2888.

[91] WANG J, LI G, ZHANG H, et al. Analysis of Block OMP using Block RIP [J]. CORR,

2011, abs(1104.1071).

[92] SEN S, NEHORAI A. Sparsity-based multi-target tracking using OFDM radar [J]. IEEE Transactions on Signal Processing, 2011, 59(4): 1902-1906.

[93] TROPP J A. Algorithms for simultaneous sparse approximation. Part Ⅱ: Convex relaxation [J]. Signal Processing, 2006, 86(1): 572-588.

[94] TROPP J A, GILBERT A C, STRAUSS M J. Algorithms for simultaneous sparse approximation. Part Ⅰ: Greedy pursuit [J]. Signal Processing, 2006, 86(1): 572-588.

[95] CHEN J, HUO X. Theoretical results on sparse representations of multiple-measurement vectors [J]. IEEE Transactions on Signal Processing, 2006, 54(12): 4634-4643.

[96] SCHMIDT R O. Multiple emitter location and signal parameter estimation [J]. IEEE Transactions on Antennas and Propagation, 1986, 34(3): 276-280.

[97] LEE K, BRESLER Y, JUNGE M. Subspace methods for joint sparse recovery [J]. IEEE Transactions on Information Theory, 2012, 58(6): 3613-3641.

[98] JEFFREY B, MICHAEL C, DAVID H, et al. Greedy algorithms for joint sparse recovery [J]. IEEE Transactions on Signal Processing, 2014, 62(7): 1694-1704.

[99] RAUHUT H, SCHNASS K, VANDERGHEYNST P. Compressed sensing and redundant dictionaries [J]. IEEE Transactions on Information Theory, 2008, 54(5): 2210-2219.

[100] CANDÈS E J, ELDAR Y C, NEEDELL D, et al. Compressed sensing with coherent and redundant dictionaries [J]. Applied and Computational Harmonic Analysis, 2011, 31(4): 59-73.

[101] DAVENPORT M A, NEEDELL D, WAKIN M B. Signal space CoSaMP for sparse recovery with redundant dictionaries [J]. IEEE Transactions on Information Theory, 2013, 59(10): 6820-6829.

[102] GIRYES R, NEEDELL D. Greedy signal space methods for incoherence and beyond [J]. arXiv:13092676v1 [mathNA] 10 Sep 2013, 2013.

[103] GIRYES R, NEEDELL D. Near oracle performance and block analysis of signal space greedy methods [J]. arXiv:14022601v2 [mathNA] 24 Jul 2014, 2014.

[104] KRAHMER F, NEEDELL D, WARD R. Compressive sensing with redundant dictionaries and structured measurements [J]. arXiv:150103208v1 [csIT] 13 Jan 2015, 2015.

[105] GIRYES R, ELAD M. OMP with highly coherent dictionaries [C]. Proceedings of the 10th International Conference on Sampling Theory and Applications, IEEE, 2013.

[106] MISHALI M, ELDAR Y C, ELRON A J. Xampling: Signal acquisition and processing in union of subspaces [J]. IEEE Transactions on Signal Processing, 2011, 59(10): 4719-4735.

[107] ELDAR Y C, KUTYNIOK G. Uncertainty relations for shift-invariant analog signals [J]. IEEE Transactions on Information Theory, 2009, 55(12): 5742-5757.

[108] MISHALI M, ELDAR Y C. Robust recovery of signals from a structured union of subspaces

[J]. IEEE Transactions on Information Theory, 2009, 59(11): 5016-5032.

[109] MISHALI M, ELDAR Y C. Blind multiband signal reconstruction: Compressed sensing for analog signals [J]. IEEE Transactions on Information Theory, 2009, 57(3): 993-1009.

[110] HERMAN M, STROHMER T. Compressed sensing radar [C]. Radar Conference, 2008 RADAR'08 IEEE: IEEE, 2008: 1-6.

[111] BERENT J, DRAGOTTI P L. Perfect reconstruction schemes for sampling piecewise sinusoidal signals [C]. Proc 2006 IEEE Int Conf Acoustics, Speech and Signal Proc (ICASSP): IEEE, 2006: 3-6.

[112] DONOHO D L, VETTERLI M, DEVORE R A. Data compression and harmonic analysis [J]. IEEE Transactions on Information Theory, 1998, 44(6): 2435-2476.

[113] MATUSIAK E, ELDAR Y C. Expected RIP: Conditioning of the modulated wideband converter [C]. Information Theory Workshop, 2009 ITW 2009 IEEE. Haifa, Israel : IEEE, 2009: 343-347.

[114] MISHALI M, ELDAR Y C. Wideband spectrum sensing at sub-Nyquist rates [J]. IEEE Signal Processing Magazine, 2011, 28(4): 102-135.

[115] YU Z, HOYOS S, SADLER B M. Mixed-signal parallel compressed sensing and reception for cognitive radio [C]. Acoustics, Speech and Signal Processing, 2008 ICASSP 2008 IEEE International Conference on: IEEE, 2008: 3861-3864.

[116] DRAGOTTI P L, VETTERLI M, BLU T. Sampling moments and reconstructing signals of finite rate of innovation: Shannon meets Strang-Fix [J]. IEEE Transactions on Signal Processing, 2007, 55(5): 1741-1757.

[117] MARAVIC I, VETTERLI M. Sampling and reconstruction of signals with finite rate of innovation in the presence of noise [J]. IEEE Transactions on Signal Processing, 2005, 53(8): 2788-2805.

[118] TUR R, ELDAR Y C, FRIEDMAN Z. Innovation rate sampling of pulse streams with application to ultrasound imaging [J]. IEEE Transactions on Signal Processing, 2011, 59(4): 1827-1842.

[119] NOVAK P, NAVARIK J, PECHOUSEK J. Development of fast pulse processing algorithm for nuclear detectors and its utilization in LabVIEW-based Mössbauer spectrometer [J]. Journal of Instrumentation, 2014, 9(01): T01001.

[120] BAJWA W U, GEDALYAHU K, ELDAR Y C. Identification of parametric underspread linear systems and super-resolution radar [J]. IEEE Transactions on Signal Processing, 2011, 59(6): 2548-2561.

[121] STOICA P, MOSES R L. Introduction to spectral analysis [M]. New Jersey: Prentice hall, 2000.

[122] BLU T, DRAGOTTI P L, VETTERLI M. Sparse sampling of signal innovations [J]. IEEE Signal Processing Magazine, 2008, 25(2): 31-40.

[123] DESLAURIERS-GAUTHIER S, MARZILIANO P, et al. Sampling signals with a finite rate of innovation on the sphere [J]. IEEE Transactions on Signal Processing, 2013, 61(18): 4552-4561.

[124] URIG EN J A, DRAGOTTI P L, BLU T. On the exponential reproducing kernels for sampling signals with finite rate of innovation [C]. Proceedings of the Sampling Theory and Application Conference. Singapore: IEEE, 2013.

[125]王亚军, 李明, 刘高峰. 基于改进指数再生采样核的有限新息率采样系统 [J]. 电子与信息学报, 2013, 35(9): 2088-2093.

[126] AKHONDI A H, DRAGOTTI P L, BABOULAZ L. Multichannel sampling of signals with finite rate of innovation [J]. IEEE Signal Processing Letters, 2010, 17(8): 762-765.

[127] GEDALYAHU K, TUR R, ELDAR Y C. Multichannel sampling of pulse streams at the rate of innovation [J]. IEEE Transactions on Signal Processing, 2011, 59(4): 1491-1054.

[128] AHU K G, ELDAR Y C. Time delay estimation from low rate samples: A union of subspaces approach [J]. IEEE Transactions on Signal Processing, 2010, 58(6): 3017-3031.

[129] DAUBECHIES I, GROSSMANN A, MEYER Y. Painless nonorthogonal expansions [J]. Journal of Mathematical Physics, 1986, 27(1): 1271.

[130] CHRISTENSEN O. Pairs of dual Gabor frame generators with compact support and desired frequency localization [J]. Applied and Computational Harmonic Analysis, 2006, 20(3): 403-410.

[131] LAUGESEN R S. Gabor dual spline windows [J]. Applied and Computational Harmonic Analysis, 2009, 27(2): 180-194.

[132] CHRISTENSEN O, KIM H O, KIM R Y. Gabor windows supported supported on [−1, 1] and compactly supported dual windows [J]. Applied and Computational Harmonic Analysis, 2010(28): 1.

[133] BAR-ILAN O, ELDAR Y C. Sub-Nyquist radar via doppler focusing [J]. IEEE Transactions on Signal Processing, 2014, 62(7): 1796-1811.

[134] HERMAN M A, STROHMER T. High-resolution radar via compressed sensing [J]. IEEE Transactions on Signal Processing, 2009, 57(6): 2275-2284.

[135]方晟, 吴文川, 应葵, 等. 基于非均匀螺旋线数据和布雷格曼迭代的快速磁共振成像方法 [J]. 物理学报, 2013, 62(4): 048702-048701-048707.

[136]宁方立, 何碧静, 韦娟. 基于 l_p 范数的压缩感知图像重建算法研究 [J]. 物理学报, 2013, 62(17): 174212-174201-174208.

[137]张京超, 付宁, 乔立岩, 等. 一种面向信息带宽的频谱感知方法研究 [J]. 物理学报, 2014, 63(3): 030701-030701-030711.

[138] RAZZAQUE M A, BLEAKLEY C, DOBSON S. Compression in wireless sensor networks: A survey and comparative evaluation [J]. ACM Transactions on Sensor Networks (TOSN), 2013, 10(1): 5.

[139] BLU T, DRAGOTTI P L, VETTERLI M, et al. Sparse sampling of signal innovations: Theory, algorithms, and performance bounds [J]. IEEE Signal Processing Magazine, 2008, v25(3): 31-40.

[140]曲长文，何友，刘卫华，等．框架理论及应用［M］．北京：国防工业出版社，2009.

[141] UNSER M, BLU T. Cardinal exponential splines Part Ⅰ: Theory and filtering algorithms [J]. IEEE Transactions on Signal Processing, 2005, 53(4): 1425-1438.

[142] UNSER M. Cardinal exponential splines Part Ⅱ: Think analog, act digital [J]. IEEE Transactions on Signal Processing, 2005, 53(4): 1439-1449.

[143] KLOOS T, ST CKLER J. Zak transforms and Gabor frames of totally positive functions and exponential B-splines [J]. Journal of Approximation Theory, 2014, 184(5): 209-237.

[144] DAUBECHIES I. Ten lectures on wavelets [M]. Philadelphia: PA: Society for Industrial and Applied Mathematics, 1988: 909 - 996.

[145] WILLIAMS A B, TAYLOR F J. 电子滤波器设计［M］．北京：科学出版社，2008.

[146]赛尔吉欧·佛朗哥．基于运算放大器和模拟集成电路的电路设计［M］．西安：西安交通大学出版社，2009.

[147] BARANIUK R G, CEVHER V D, HEGDE C M. Model-based compressive sensing [J]. IEEE Transactions on Information Theory, 2010, 56(4): 1982-2001.

[148] QIU S, FEICHTINGER H G. Discrete Gabor structures and optimal representations [J]. IEEE Transactions on Signal Processing, 1995, 43(10): 2258-2268.

[149] BEN-HAIM Z, ELDAR Y C, ELAD M. Coherence-based performance guarantees for estimating a sparse vector under random noise [J]. ArXiv: 09034579v2 [mathST] 2 Dec 2009, 2009, 12.

[150] SIMON M K. Probability distributions involving gaussian random variables [M]. Springer Science + Business Media, LLC, 2006.

[151] GIRYES R, ELAD M. Can we allow high correlations in the dictionary in the synthesis Framework? [C]. 2013 IEEE International Conference on Acoustics, Speech and Signal Processing (ICASSP): IEEE, 2013: 5459-5463.

[152] LEVIATAN D, TEMLYAKOV V N. Simultaneous greedy approximation in Banach spaces [J]. Journal of Complexity, 2005, 21(3): 275-293.

[153] NATARAJAN B K. Sparse approximate solutions to linear systems [J]. SIAM Journal on Computing, 1995, 24(2): 227-234.

[154] CANDÈS E J, TAO T. The Dantzig selector: Statistical estimation when p is much larger than n [J]. Annals of Statistics, 2007, 35(6): 2313-2351.

[155] PISIER G. Probabilistic methods in the geometry of banach spaces [M]. LETTA M P, editor. Berlin Heidelberg: Springer, 1986: 167-241.

[156] BEN-HAIM Z, ELDAR Y C. The Cramér-Rao bound for estimating a sparse parameter vector [J]. IEEE Transactions on Signal Processing, 2010, 6(58): 3384-3389.

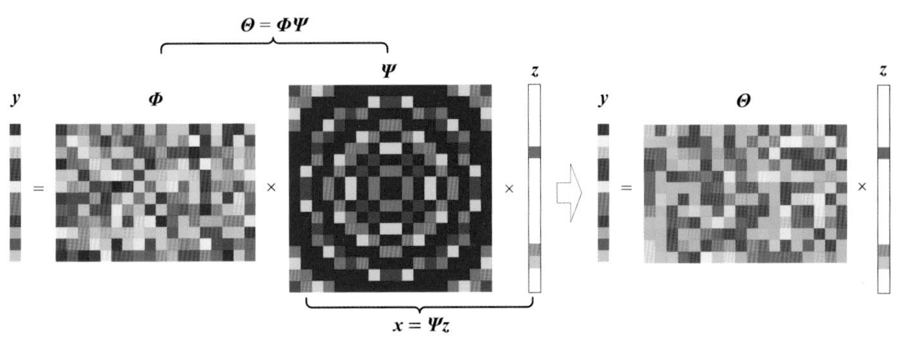

图 1-3　CS 理论模型

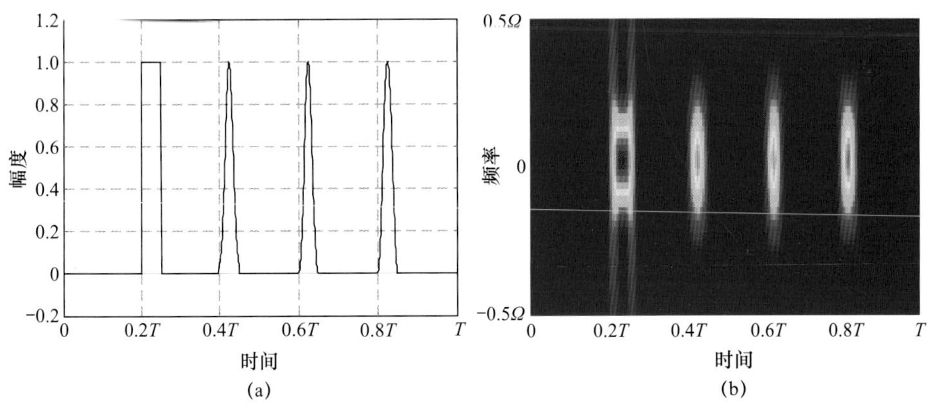

图 2-2　脉冲串信号的时域波形和时频特性

（a）时域波形图；（b）时频特性图。

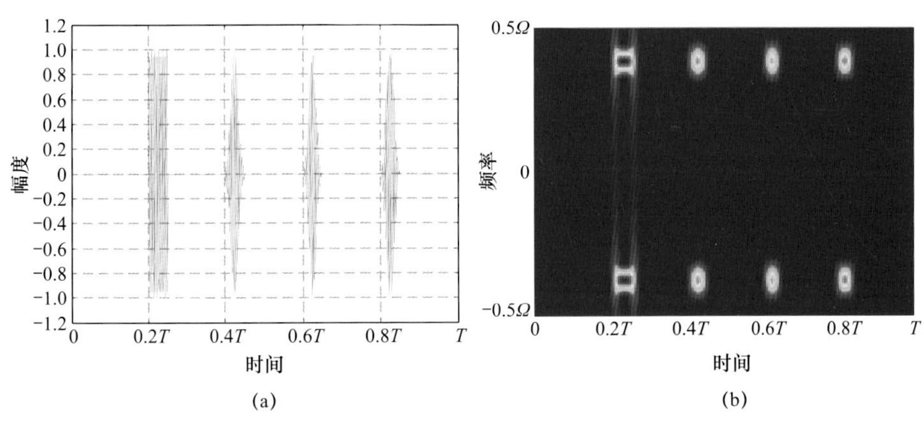

图 2-3　带载频的脉冲串信号的时域波形和时频特性

（a）时域波形图；（b）时频特性图。

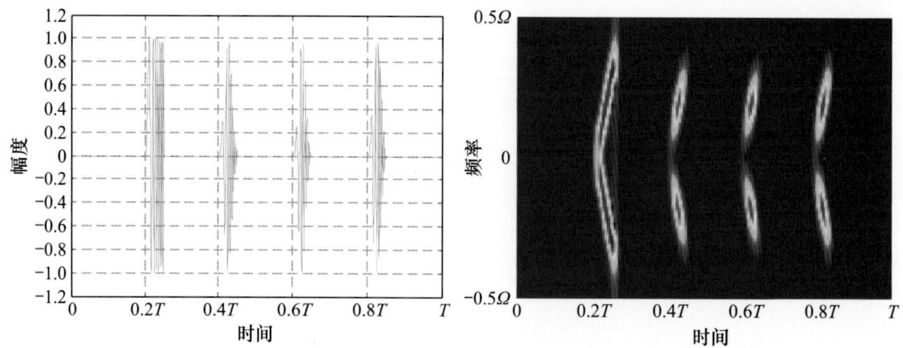

图 2-4　带多普勒频率的脉冲串信号的时域波形和时频特性

（a）时域波形图；（b）时频特性图。

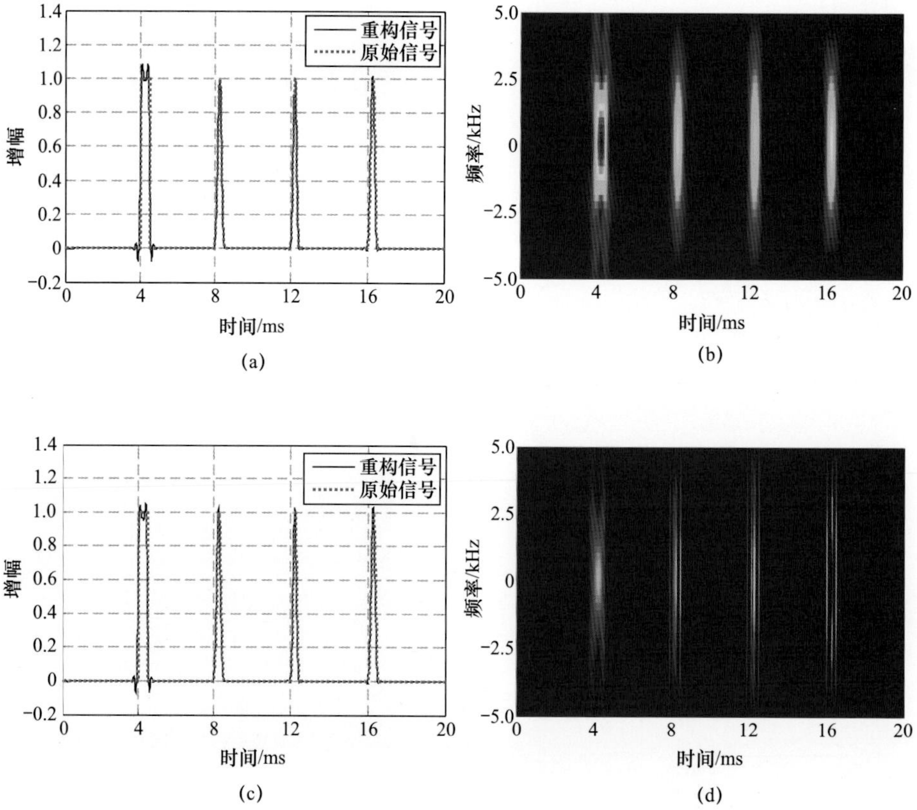

(a)

(b)

(c)

(d)

图 3-3　不同 S 条件下信号的波形图和时频特性

（a）重构信号波形图（S=S'）；（b）时频特性图（S=S'）；

（c）重构信号波形图（S=0.3S'）；（d）时频特性图（S=0.3S'）。

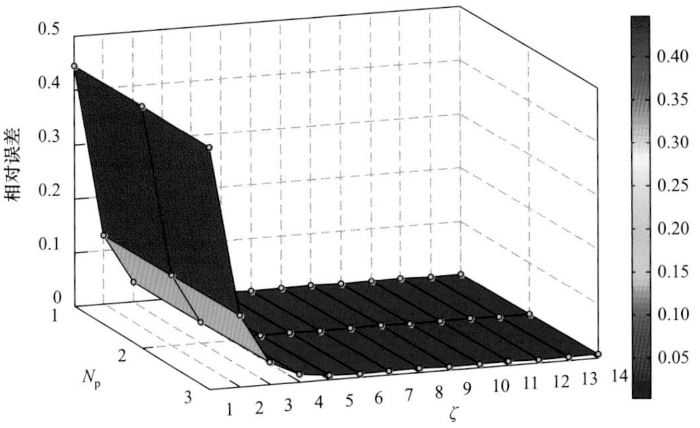

图 3-5　不同 ζ 条件下的重构相对误差（$b=1/\zeta W$）

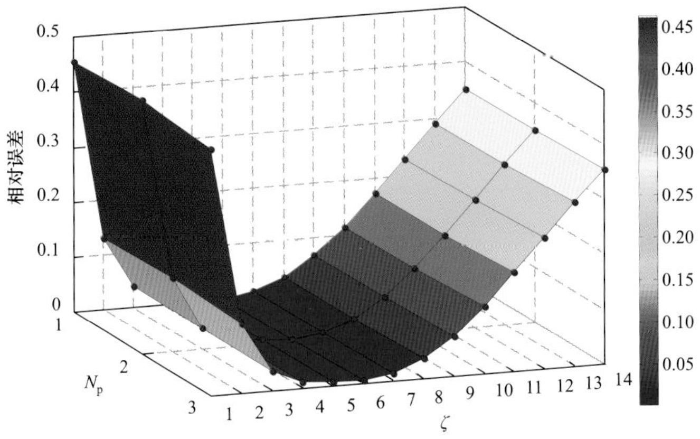

图 3-6　不同 ζ 条件下的重构相对误差（$b=1/W$）

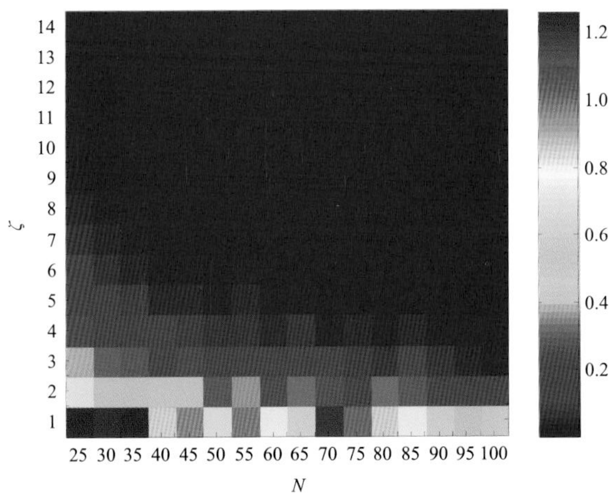

图 3-7　不同窗函数平滑阶数条件下的重构相对误差（$b=1/W$）

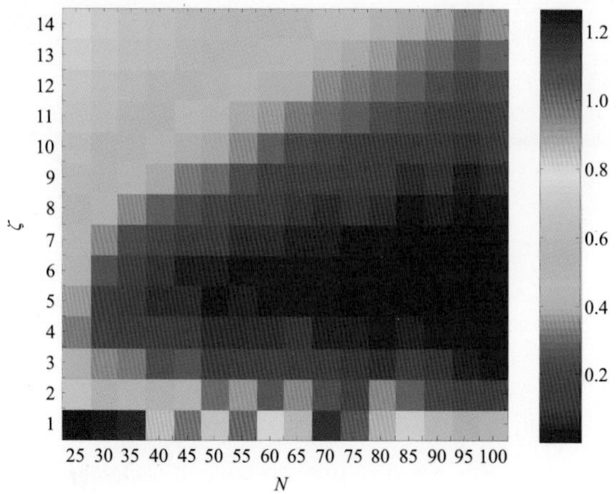

图 3-8 不同窗函数平滑阶数条件下的重构相对误差（b=1/W）

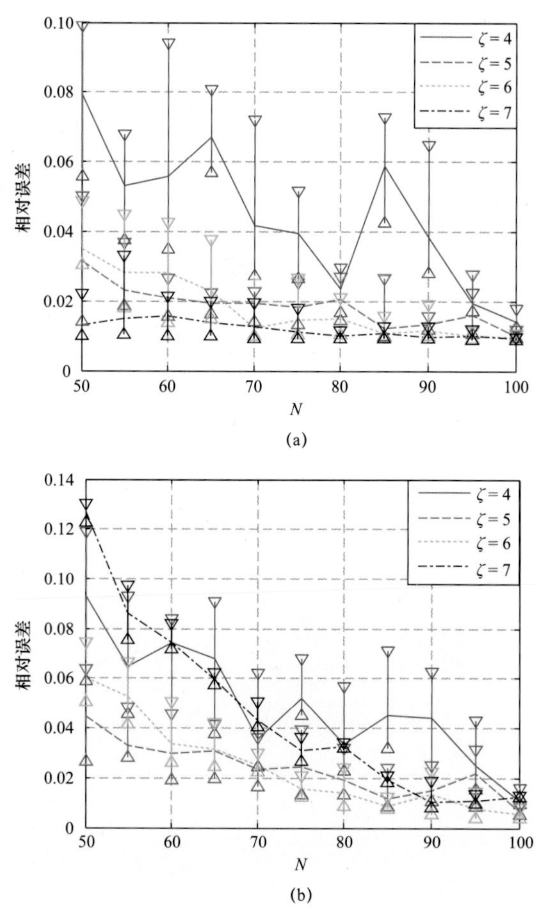

图 3-9 不同支撑集压缩尺寸条件下的重构相对误差分布范围

（a）$b=1/\zeta W$；（b）$b=1/W$。